高 等 学 校 专 业 教 材

中国轻工业"十四五"规划立项教材

食品科学与工程专业导论

纵 伟 主编

中国轻工业出版社

图书在版编目（CIP）数据

食品科学与工程专业导论／纵伟主编. — 北京 ：中国轻
工业出版社，2022.10
ISBN 978-7-5184-4078-8

Ⅰ.①食… Ⅱ.①纵… Ⅲ.①食品科学—高等学校—教
材②食品工程学—高等学校—教材 Ⅳ.①TS201

中国版本图书馆 CIP 数据核字（2022）第 130674 号

责任编辑：马　妍　潘博闻
策划编辑：马　妍　　责任终审：白　洁　　封面设计：锋尚设计
版式设计：砚祥志远　　责任校对：朱燕春　　责任监印：张　可

出版发行：中国轻工业出版社（北京东长安街 6 号，邮编：100740）
印　　刷：三河市万龙印装有限公司
经　　销：各地新华书店
版　　次：2022 年 10 月第 1 版第 1 次印刷
开　　本：787×1092　1/16　印张：17
字　　数：392 千字
书　　号：ISBN 978-7-5184-4078-8　定价：45.00 元
邮购电话：010-65241695
发行电话：010-85119835　传真：85113293
网　　址：http://www.chlip.com.cn
Email：club@ chlip.com.cn
如发现图书残缺请与我社邮购联系调换
201648J1X101ZBW

本书编写人员

主　　编　纵　伟　　郑州轻工业大学

副 主 编　王小媛　　郑州轻工业大学

　　　　　刘梦培　　郑州轻工业大学

参编人员（按姓氏笔画排列）

　　　　　马萨日娜　内蒙古农业大学

　　　　　王　昱　　郑州轻工业大学

　　　　　王　静　　陕西科技大学

　　　　　李翠翠　　南阳理工学院

　　　　　焦天慧　　集美大学

审　　稿　王小媛　　郑州轻工业大学

前言 | Preface

　　食品科学与工程专业导论作为一门食品科学与工程专业的导论课，近年来，在食品科学与工程专业的课程设置中越来越受到重视。本教材涵盖了食品科学与工程专业教学的核心内容，包括食品科学与工程专业的发展沿革与现状，我国食品工业发展的现状与趋势，基于食品科学与工程教育专业认证的培养方案解读，食品科学与工程中的生物学，食品科学与工程中的化学，食品的加工工艺学，食品开发、管理与营销，食品科学与工程中的新技术，食品文化、职业道德与规范方面的内容。本教材在保持学科系统性和科学性的前提下，紧密联系食品科学生产的科研实际，穿插案例，多用图表，简明易懂，各章都有明确的教学目标，并融入课程思政元素，且配备有思考题供读者练习。

　　本教材由郑州轻工业大学、陕西科技大学、内蒙古农业大学、南阳理工学院、集美大学五所院校从事食品科学与工程教学和研究工作的教师共同编写。本教材共九章，分别由陕西科技大学王静（第一章、第四章第二、三节和第七章），内蒙古农业大学马萨日娜和集美大学焦天慧（第四章第一节），郑州轻工业大学纵伟（第二章第二、三节），南阳理工学院李翠翠（第三章），郑州轻工业大学王小媛（第五章和第六章第五节），郑州轻工业大学王昱（第六章第一至第四节），郑州轻工业大学刘梦培（第二章第一节、第八章和第九章）撰写。

　　本教材适用于我国食品科学与工程、食品质量与安全等专业的本科教学，也适合非食品专业背景的研究生和食品从业人员的转型学习和终身学习。

　　本教材的编写参阅了国内外有关专家的论著、教材和文献资料，得到了郑州轻工业大学、陕西科技大学、内蒙古农业大学、南阳理工学院、集美大学等高校师生的热情帮助，在编写和审稿过程中也听取了不少同行专家、学者和在读学生的宝贵意见。

　　由于本教材内容涉及面广，编者水平有限，书中错误、疏漏和不足之处在所难免，敬请诸位同仁和广大读者斧正，以便修订时进一步完善。

编　者

2022 年 6 月

|目录| Contents

第一章　　CHAPTER 1

食品科学与工程专业的发展沿革与现状

本章学习目的与要求

1. 掌握食品科学与工程学科的内涵；
2. 了解我国食品科学与工程学科的发展历程；
3. 了解国外食品学科的发展概况，培养国际视野；
4. 了解食品科学与工程学科的就业方向。

第一节　专业的内涵及发展历史沿革

一、食品科学与工程学科的内涵

食品科学与工程学科是一门多学科交叉的应用型学科，它包含了微生物学、营养学、生物化学等众多学科理论知识，在知识创新、人才培养、社会服务及产业发展中发挥了重要作用，是产业发展的基础保障。

食品科学与工程学科是以食品原材料和食品作为研究对象，以工学、理学、农学和医学作为主要科学基础，研究食品原材料和食品的物理、化学和生物学特性，涉及营养、品质、安全、工程化技术的一门多学科交叉的一级学科。

食品科学与工程学科是以物理、化学、生物学和工程学的基础理论和方法为基础，以食品原材料与食品生产、加工、包装、贮藏、流通、消费等涉及的基础理论和关键技术为主要研究内容，以提高食品营养、品质、安全特性为目标。主要研究领域包括：食品原材料营养和品质控制的理论与技术，食品加工理论与工程化技术，食品加工、贮藏与流通过程中物理、化学、生物特性及其变化以及营养和安全控制的理论与技术，食品的感官科学与饮食文化，食品营养与健康的理论和实践，食品风险预防与控制的理论和技术，新食品研发理论与技术等。

随着经济与社会的发展和人类生活水平的提高，消费者对于健康、营养、安全、方便的食品的需求已经成为主流。为了研制出营养更合理，食用更方便快捷，安全更有保障的食品，许多高新技术已在现代食品产业中得到了越来越广泛的应用。这些变化和融合，极大地促进了食品科学与工程学科的发展。在解析食品原材料在加工中的内在各种变化规律的同时，食品营养和食品安全正成为研究的重点和人们关注的焦点。

经过多年的建设与发展，食品科学技术学科的知名度与品牌影响力日益彰显，在学科方向特色、学术团队结构、科学研究水平、人才培养质量、社会服务等各个方面已经成为在国内外均具有较大影响力的学科。

二、 我国食品科学与工程学科的发展历史

1902 年，中央大学农产与制造学科的诞生标志着我国食品科学学科的萌芽。20 世纪 60 年代，我国开始重视食品科学的专业性研究，在高校中逐步开设研究生课程。20 世纪 80 年代，食品科学博士、博士后研究点相继建成，培养出一批又一批的食品科学与工程专业技术人才，使得中国食品科学与工程学科的专业教育处于世界领先地位。我国食品学科的发展历史大致可分为四个阶段。

第一阶段为 1952 年以前：1902 年创办的中央大学农产与制造学科及 1912 年原吴淞水产学校水产制造学科被认为是我国食品专业的雏形。我国正式建立食品学科始于 20 世纪 40 年代，当时的南京大学、复旦大学、武汉大学、浙江大学等 10 多所院校设有与食品相关的系、科。

第二阶段为 1952 年至 20 世纪 80 年代初：1952 年，全国院系调整后，一些大学开始独立设置食品专业，如南京工学院（现东南大学）、华南工学院（现华南理工大学）、大连水产学院（现大连海洋大学）等。1958 年南京工学院食品工业系东迁无锡，建立无锡轻工业学院（现江南大学），设立食品工程、粮食工程和油脂工程等专业。同期，天津轻工业学院（现天津科技大学）、大连轻工业学院（现大连工业大学）等轻工院校都设立了食品工程相关专业，我国农业院校的食品学科大多是在农学、园艺学以及畜牧兽医等学科的基础上建立的。早期的专业主要有畜产品加工、园艺产品加工、果蔬加工、蜂产品加工等。原四川省立教育学院设有农产品制造系，于 1950 年并入西南农学院（现西南大学）；1952 年，山东农学院（现山东农业大学）设立农产品贮运与加工专业；1953 年，沈阳农学院（现沈阳农业大学）设果蔬贮藏加工专业；1958 年，东北农学院（现东北农业大学）设畜产品加工专业等。1980 年，郑州轻工业学院（现郑州轻工业大学）、杭州商学院（现浙江工商大学）、天津商学院（现天津商业大学）等相继建立食品工程专业。

第三阶段为 20 世纪 80 年代初至 90 年代中期：20 世纪 80 年代初，国内农业院校相继在农学、园艺学以及畜牧兽医等学科的基础上建立了农产品贮运与加工专业或食品科学系或食品工程（食品加工）专业，20 世纪 80 年代后期和 90 年代初期又发展成为食品科学与工程专业，这其中包括中国农业大学、吉林农业大学、南京农业大学、华中农业大学、山西农业大学、西北农学院（现西北农林科技大学）、上海农学院（现并入上海交通大学）、福建农业大学、四川农业大学、内蒙古农业大学等多所农业院校以及西北轻工业学院（现陕西科技大学）、上海水产大学（现上海海洋大学）、淮海工学院（现江苏海洋大学）等。

第四阶段为 20 世纪 90 年代中期以后：1998 年全国专业目录进行调整后，将原先的食品工程、食品科学、食品卫生与检验、食品分析与检验、粮食工程、油脂工程、粮油储藏、烟草工程、制糖工程、农产品贮运与加工、水产品储藏与加工、冷冻冷藏工程、蜂学（部分）

等 13 个专业合并，统一按照"食品科学与工程"一级专业招生。20 世纪 90 年代中期以后又有很多高校相继增设了食品科学与工程专业。2002 年新增 11 所院校，2003 年又增 18 所院校，其中一些学校是由专科或高职升为本科。江南大学在国内第一个开办酿酒专业后，齐鲁工业大学、内蒙古农业大学等高校也相继开设了该专业。2002 年杭州商学院、西北农林科技大学在食品科学与工程专业基础上率先获准设立食品质量与安全专业。2007 年经教育部批准，全国首次增设了"乳品工程"专业，截至 2017 年，已有东北农业大学、扬州大学等 6 所高校开设了乳品工程专业。郑州轻工业大学等高校开设了食品科学与工程（烟草科学与工程）专业。新时期有许多高校还相继开设了葡萄与葡萄酒工程、食品营养与检验教育、烹饪与营养教育、食品安全与检测、食品营养与健康、食用菌科学与工程、白酒酿造工程等特色专业。截至 2021 年，全国开设食品科学与工程类专业的本科院校共涉及 379 所（不含港澳台）。

近年来，食品营养与健康专业增设院校逐年增多，如中国农业大学、江南大学、南京农业大学、云南农业大学、中国药科大学、陕西师范大学、大连工业大学、渤海大学、广东海洋大学等多所院校相继都增设了该专业。此外，2020 和 2021 年，有多所院校增设了食品类专业，如塔里木大学、齐齐哈尔大学及新乡学院增设了酿酒工程专业；山西农业大学、集美大学、杭州医学院等增设了食品质量与安全专业；塔里木大学和江苏科技大学新增食品科学与工程专业。

食品科学与工程一级学科博士点、硕士点逐年增加，如 2021 年，郑州轻工业大学、陕西科技大学等高校新增为食品科学与工程一级学科博士点；华东理工大学等 7 所院校新增为一级学科硕士点。食品科学与工程类一流专业建设"双万计划"也已开展，并已选出了一批国家级和省级食品类一流专业，仅 2020 年教育部即公布了 48 个食品类专业国家级一流专业建设点。随着科技的发展和各学科的交叉融合，食品科学与工程学科体系正在逐步完善，使学科结构划分更加科学，学科交叉更加明显。

三、　我国食品科学与工程学科的发展现状

（一）食品科学与工程学科基本结构

我国食品科学与工程类学科作为工学门类下属的一级学科，目前已经具备了一定的规模，并形成了中职、高职、本科、硕士、博士、博士后多层次的人才培养体系。根据教育部最新颁布的《普通高等学校本科专业目录（2021 年版）》，食品科学与工程作为一级学科，下设 5 个专业，同时设置 7 个特设专业（葡萄与葡萄酒工程、食品营养与检验教育、烹饪与营养教育、食品安全与检测、食品营养与健康、食用菌科学与工程、白酒酿造工程）（表 1-1）。

表 1-1　教育部颁布的普通高等学校本科食品科学与工程类专业目录（2021 年版）

专业类	专业代码	专业名称	学位授予门类	修业年限	增设年份
食品科学与工程类	082701	食品科学与工程	农学、工学	4 年	—
食品科学与工程类	082702	食品质量与安全	工学	4 年	—
食品科学与工程类	082703	粮食工程	工学	4 年	—
食品科学与工程类	082704	乳品工程	工学	4 年	—

续表

专业类	专业代码	专业名称	学位授予门类	修业年限	增设年份
食品科学与工程类	082705	酿酒工程	工学	4 年	—
食品科学与工程类	082706T	葡萄与葡萄酒工程	工学	4 年	—
食品科学与工程类	082707T	食品营养与检验教育	工学	4 年	—
食品科学与工程类	082708T	烹饪与营养教育	工学	4 年	—
食品科学与工程类	082709T	食品安全与检测	工学	4 年	2016 年
食品科学与工程类	082710T	食品营养与健康	工学	4 年	2019 年
食品科学与工程类	082711T	食用菌科学与工程	工学	4 年	2019 年
食品科学与工程类	082712T	白酒酿造工程	工学	4 年	2019 年

注：1. 本目录是在《普通高等学校本科专业目录（2012 年）》基础上，增补近几年批准增设的目录外新专业而形成。

2. 特设专业在专业代码后加 T 表示。

全国食品科学与工程学科专业高校分布从学科层次来讲，主要包括博士点院校、硕士点院校、本科院校以及高职院校。从院校层次看，涵盖了 985 高校，985 优势学科创新平台院校，以及 211 院校。从院校类型来看，包含了综合类、农林类、理工类、师范类、财经类、民族类、医药类及其他共八大类。从院校地理分布来看，我国食品科学与工程专业高校大多集中在沿海经济发达地带。

我国已经形成了以高职、本科和研究生教育为主体、全方位的食品科学与工程人才培养体系。近年来，全国普通高校本科毕业生已经超过了 3 万人/年的规模。基于全国食品工业、食品科学与工程学科的快速发展，以及得益于研究生招生规模的持续扩大，我国食品与工程学科研究生规模也在不断增大。目前，食品科学与工程领域已形成了一支由院士领衔，国家千人计划、长江学者和国家杰出青年补充的高层次人才队伍。

学科评估是教育部学位与研究生教育发展中心（简称学位中心）按照国务院学位委员会和教育部颁布的《学位授予和人才培养学科目录》（简称学科目录）对全国具有博士或硕士学位授予权的一级学科开展整体水平评估。学科评估是学位中心以第三方方式开展的非行政性、服务性评估项目，2002 年首次开展，截至 2017 年完成了四轮。第四轮学科评估于 2016 年 4 月启动，食品科学与工程学科参评高校共计 79 所，评估结果见表 1-2。

表 1-2   全国第四轮学科评估（食品科学与工程学科）结果

第四轮学科评估等级	学校名称
A+	中国农业大学、江南大学
A	南昌大学
A−	南京农业大学、浙江大学、华中农业大学、华南理工大学

续表

第四轮学科评估等级	学校名称
B+	天津科技大学、大连工业大学、东北农业大学、上海海洋大学、江苏大学、中国海洋大学、华南农业大学、西北农林科技大学
B	北京工商大学、内蒙古农业大学、沈阳农业大学、吉林大学、浙江工商大学、合肥工业大学、福建农林大学、西南大学
B-	河北农业大学、吉林农业大学、哈尔滨商业大学、上海交通大学、南京财经大学、河南工业大学、武汉轻工大学、广东海洋大学
C+	哈尔滨工业大学、黑龙江八一农垦大学、浙江工业大学、集美大学、郑州轻工业学院、河南农业大学、中南林业科技大学、暨南大学、四川大学
C	渤海大学、福州大学、河南科技大学、海南大学、西华大学、四川农业大学、云南农业大学、陕西科技大学、宁波大学
C-	上海理工大学、安徽农业大学、青岛农业大学、长沙理工大学、甘肃农业大学、扬州大学

资料来源：教育部学位与研究生教育发展中心，2017.

参考 2021 年软科世界大学一流学科排名（食品科学与工程学科）、U. S. News 全球最佳大学排行（农业学科）结果，均在前十排名的中国高校有 5 所，分别为中国农业大学、华南理工大学、江南大学、浙江大学和南京农业大学。尤其突出的是江南大学和中国农业大学，在两类排名中均位列世界前五（表 1-3）。2021 年，科睿唯安公布的全球高被引科学家名单中，国内食品领域科学家有 17 名入选农业科学榜。

表 1-3　国内食品类主要高校食品科学与工程学科国内和国际排名情况

学校名称	是否入选 2017 年"双一流"建设高校	是否入选 2017 年"双一流"建设学科	2021 年软科世界大学一流学科排名（食品科学与工程学科）	2021 年 U. S. News 全球最佳大学排行（农业学科）
江南大学	是	是	1	4
中国农业大学	是	是	2	2
南昌大学	是	否	9	16
南京农业大学	是	是（农学）	6	8
浙江大学	是	否	5	6
华中农业大学	是	否	13	19
华南理工大学	是	是（农学）	4	3

我国食品科学与工程学科发展至今，已经具有完备的体系，形成了国家、部门、地方三

级较为完善的学科研发体系。随着经济发展、社会进步，该体系在不断完善。民以食为天，食品科学与工程学科发展是保障民生的基础性工程，国家大力扶持该学科的发展，加大对于该学科研究的财政投入。正是由于政策上的支持，高校人才的培养，以及食品企业的良好发展，目前，我国食品科学与工程学科的发展处在良好势头。

（二）中外合作办学

改革开放以来，中外合作办学已经发展成为一种新的办学教育模式，逐渐在我国原有的教育体系内起步发展，成为继民办教育、公办教育之后的第三大教育形式。中外合作办学作为我国推动教育国际合作与交流的重要形式，越来越多的高校通过开展中外合作办学，与国外高校进行科研、师资、人才培养等多方面深层次的合作，提高学校国际化办学水平。同时，通过引进国外高校课程、师资、科研、教学方法等，学生可以在大学期间不出国门，享受与国外大学同等的教育资源。

根据中华人民共和国教育部教育涉外监管信息网发布的信息，截至 2020 年 12 月，92.0% 的原"211 工程"高校开展中外合作办学；原"985 工程"高校中仅有中国科学技术大学和中国人民解放军国防科技大学尚未涉足，其他高校均开展了中外合作办学；首批 137 所"双一流"建设高校中开展中外合作办学的高校占比 87.6%。当前高等教育中外合作办学正进入宽领域、多层次及注重质量效益提升的新发展阶段。目前，中外合作办学目前有"4+0、3+1、2+2"模式，模式灵活，自主选择。

2+2 模式：即在国内学两年，国外学两年。学生在国内须完成国外大学一二年级的大部分课程，包括一些专业课程，其余课程在国外大学完成。

3+1 模式：即在国内学三年，国外学一年。学生在国内须完成国外大学前三年的大部分课程。最后一年到国外大学完成部分专业课程。

4+0 模式：即完全不出国的"本土留学"。所有本科课程全部在国内学习，由外国合作院校提供教材和部分师资，按照外国院校的本科计划授课。

四、　国外食品科学与工程学科的发展概况

国外高校食品学科的发展是以食品生产和加工过程中涉及的相关知识为基础，逐步发展壮大。国外高校食品学科在悠久的办学历程中，根据自己的办学特点和发展规划形成了不同的优势发展方向和特色专业标志。例如，食品科学基础和食品安全是美国普渡大学的优势子学科，碳水化合物研究和食品微生物检测为其特色方向。食品胶体化学则是英国利兹大学食品领域的优势方向。美国有多所食品专业的高校，也是世界各国高校中食品研究发表文章最多的国家。以美国食品专业高校为例，食品科学基础子学科主要分布在普渡大学、威斯康星大学、阿肯色州立大学和加州大学戴维斯分校，而这四个大学的特色方向分别为碳水化合物、蛋白质化学、食品生物化学以及食品多样性。食品微生物与质量控制子学科分布在康奈尔大学、普渡大学和明尼苏达大学，其特色方向分别为乳品微生物学与安全、食品微生物检测、食品致病菌污染与控制。食品加工技术学科主要分布在宾夕法尼亚州立大学、堪萨斯州立大学、北卡罗来纳州立大学和威斯康星大学，其特色方向分别为食品原料贮藏、粮食加工、肉制品加工和乳品加工。食品营养与健康主要分布在纽约大学和得克萨斯农工大学，其特色方向分别为营养与饮食和饮食与癌症的关系。

第二节　食品科学与工程学科发展前景

一、食品科学与工程学科的作用

（一）保障基本民生问题

近年来在社会经济快速发展的过程中，民生科技受到广泛重视，已经成为国家科学技术发展中的重要部分，尤其在与公共安全、环保等层面相关的问题，与民生问题存在直接的联系。在此情况下，食品科学与工程学科的技术发展，能够有效解决民生问题，为消费者提供保障。一方面，食品安全问题和消费者的身体健康、生命安全和经济存在直接联系，也会对国家利益造成直接影响。如果不能确保食品的安全性，将会导致消费者的切身利益受到威胁，从而降低消费者对企业、政府的信任度，出现很多间接性的损失。另一方面，如果不能确保食品的营养性，将会导致消费者的身体健康受到不利的影响。而在食品科学与工程学科实际发展的过程中，可以利用先进的科学技术全面分析食品是否存在安全问题和隐患，从根本上消除食品安全方面的问题，这样在一定程度上可以营造安全的食品环境氛围，提升食品的安全性，维护消费者的身心健康与生命安全。

（二）促进"三农"问题有效解决

新时期社会快速发展的背景下，党中央已经提出了解决"三农"问题的方式方法，其中最重要的就是全面巩固农业的地位，坚持走中国特色农业现代化道路，构建出城乡社会快速发展的良好格局。在此情况下，解决"三农"问题对科学技术的需求也逐渐增多，尤其是农业生物技术、信息技术与基础设施技术等。而在食品科学与工程学科快速发展的过程中，可为农业技术的发展提供帮助，全面研究新型的农作物品种与基础设施，为农村区域的种植领域与养殖领域提供更多新技术，促使农业领域向专业化、产业化的方向发展。

（三）促使技术与产业转型升级

食品科学与工程学科的快速发展，可为新型技术的研发提供帮助，能够促使信息科学、生物学与纳米学技术的快速发展，研发出更多产业发展过程中所需要的高新技术，促使技术与产业的转型升级。

（四）促进社会节能发展

食品科学与工程学科的快速发展，有助于构建出良好的节能型社会，保护各种资源，提升资源的利用率，在科学技术与基础设施的支持下，有效节约能源，预防出现环境污染的问题，形成环保发展的格局。我国食品科学与工程学科技术的改革创新、良好发展，能够打破传统高能耗、污染性的食品加工技术的局限性，采用节能性、环保性的食品加工技术措施，节约能源，提升各方面能源的利用率，满足当前的环保发展需求。与此同时，在食品科学与工程学科快速发展的过程中，还能通过研发先进的节能技术、节约生产技术等，在食品生产的领域中融入更多的节能技术措施，节约生产能源，预防环境污染问题，确保有效开展各方面的节约生产工作，提升各种食品生产资源的利用率。

二、 食品科学与工程学科发展的政策支撑

国家开始逐步重视食品科学研究，加大了对食品学科的资助力度。"十五"期间启动的"农产品深加工技术与设备研究开发"重大科技专项，是我国首次在国家层面上对食品科技领域立项资助，产生了重大的经济效益和社会效益，并有力推动了我国食品科技的发展。

在"十一五"国家科技支撑计划中，设置了9个食品领域科技支撑计划项目，108个课题，总投入经费超过6亿元人民币，主要资助领域包括食品质量安全控制关键技术研究与示范、食品加工关键技术研究与产业化、特色果品贮藏保鲜新技术及产业化示范、农产品贮藏保鲜关键技术研究与示范、保健食品基础及关键技术研究、肉制品加工关键技术研究与新产品开发、乳品加工关键技术及设备的研究与产业化开发等。

"十二五"期间，国家部署了"现代食品工程化技术与装备""低值蛋白资源生物转化及精制关键技术研究与开发"及"食品新酶创制及生物加工关键技术研究及创新应用"等5个863项目，以及"大宗粮食绿色加工技术与产品""果蔬食品制造关键与产业化""动物源食品安全加工科技工程"等19个相关科技支撑计划项目。通过这些项目的实施，在食品科学与工程理论、方法、技术及产品等方面取得了系列进展，获取了一批具有自主知识产权的成果和技术，培育了一批优秀人才，形成了一批创新基地及创新联盟，显著增加了食品工业的原始创新能力。

"十三五"开局之年，"现代食品加工及粮食收储运技术与装备"成为国家优先启动的重点研发计划，该计划从2016年开始分3批启动了44个项目，投入中央财政资金11.63亿元，针对食品加工及粮食收储运全过程，开展基础研究、关键技术研发及示范应用。2017年6月，科技部发布的《"十三五"食品科技创新专项规划》提出了"十三五"期间重点任务是着力发展食品高新技术产业，提升食品产业竞争力；优化食品科技创新平台布局，培养食品科技人才，提升食品科技创新能力；推进食品产业科技发展，构筑食品科技创新先发优势；加强全链条过程控制，提高食品安全保障水平；强化技术成果转化服务，实现科研成果产业化。

2021年度"十四五"国家重点研发计划重点专项中涉及食品及相关领域共获批24项，包括乡村产业共性关键技术研发与集成应用，绿色生物制造，合成生物学，国家质量基础设施体系，食品制造与农产品物流科技支撑等。项目内容涉及方便主食食品的规模化加工、油料绿色加工及副产物利用关键技术研究，农食产品质量控制及分级国际标准研究，食品安全检测的合成生物传感系统研究，人造肉、食品工业酶创制技术研究，果蔬、豆类、食用菌等产业化关键技术研究等。2021年，国家还制定了加快发展农产品初加工的意见以及促进农业与食品产业融合发展的意见，将发展农产品初加工、发展农产品精深加工和综合利用、建设农业食品创新平台等项目列为重点扶持项目，旨在培育一批生产标准、技术集成、管理科学、品牌知名和产业集聚的农产品加工企业以及综合利用主体；力争搭建一批平台，形成一套机制，攻克一批技术，转化一批成果，创制一批装备，推广一批先进实用技术，建设数个中国农业食品创新产业园。这些项目、政策为实现食品产业转型升级和可持续发展提供了科技支撑。"十四五"其他研究项目将于后续陆续部署启动。

国家自然科学基金（NSFC）是我国基础研究和应用基础研究的重要支撑之一，对我国科技人才培养、梯队搭建、成果积累和传承都起到了巨大作用，是国家科技创新体系的重要

组成部分。为了推动食品科学基础研究的发展，国家自然科学基金委员会（基金委）自1986 年成立之日起即在相关学科设置了食品研究领域相关申请代码。2009 年基金委在现生命科学部设立食品科学学科，从 2010 年开始受理和评审食品科学领域的项目。近年来，食品科学学科的资助数量均呈逐年上升趋势。食品科学与工程学科国家自然科学基金资助涵盖面上项目、青年科学基金项目、地区科学基金项目、重点项目资助、国家杰出青年科学基金项目、优秀青年科学基金项目。自然科学基金的支持大大促进了我国食品科学基础研究和应用基础研究的发展，为食品工业的科技创新及食品产业的快速发展提供强有力的科技支撑。

近年来，围绕国家战略发展需求，加强学科建设、科学研究以及人才培养，特别是在新理论、新方法、新成果和新技术方面取得了许多重大突破，还建立了一批产业化示范基地。近年来，食品类项目入选中国轻工业联合会技术发明奖、科技进步奖等学术奖励众多，食品界多位科学家获国务院食品安全委员会公布的食品安全工作先进个人奖，食品领域荣获科技创新奖多项奖项。我国食品科学基础研究水平不断提高，逐渐缩小了与发达国家的差距。近年来，我国在自然科学三大顶级期刊 *Cell*、*Nature* 和 *Science* 发表多篇食品相关论文。基于 WOS 数据库统计，我国在食品科技领域方面发表论文数量巨大，在全球占有一席之地。我国一批关键技术实现了国外输出，例如，超高压、挤压重组技术等；部分装备占领国际市场，例如，万吨油脂加工装备、肉品加工装备等；部分产品在国际市场占主导地位，例如，浓缩苹果汁占世界市场的 60%，番茄酱占世界市场的 25%。

对近年来授权专利进行分析发现，食品行业的授权专利主要集中在涉及食品、食料的制备与处理、食品包装、保鲜、安全检测等。综合研究热点发现，目前食品科技领域的研究主要围绕食品营养与健康开展。人们对于食品的需求已经从基本的"保障供给"向"营养健康"转变。尤其是后疫情时代的到来，人们对卫生与健康表现出前所未有的关注，刺激了对健康食品的浓厚兴趣。未来食品科技应与营养学交叉，实现食品营养健康的新突破，使其成为食品发展的新动能。这些基础理论的发展、技术进步与创新，为我国食品工业的发展提供了技术保障。国内食品科学的发展在促进食品加工基础研究的同时，也促进了对食品安全、食品营养与品质、食品保鲜基础理论的研究，技术创新不断加强。

三、　食品科学与工程学科发展的趋势

（一）多学科资源整合发展

食品科学研究工作开展时，不仅是对食品进行单一研究，在实际研究工作开展时，将涉及到多个学科，如生物学、生理学、营养学等。由此可见，食品科学研究发展时，应当突出多学科的整合发展。通过多学科的交叉整合，有效解决食品学科在实际发展中遇到的问题，以保证食品科学研究的科学性与合理性，发挥出食品科学的最大社会价值。未来食品科学与工程学科发展过程中，应当基于食品科学的研究领域与方向，主动与其他学科如大数据、云计算、物联网、基因编辑等信息、工程、人工智能、生物技术等深度交叉融合，保证多学科交叉研究工作的可行性。未来食品科学是新型的前沿交叉学科，以食品合成生物学、食品大数据、感知科学、智能装备制造等交叉学科领域为主要研究方向，旨在引领世界食品科学基础研究，开发食品领域颠覆性技术，助推我国进入世界食品领域强国行列。

（二）理论和科研结合

我国重视产学研相结合，在国家大力倡导"五位一体全面建成小康社会"的今天，食品

科学与工程学科产学研相结合显得尤为重要。研发新产品、新技术，将优秀的研究成果应用到实际的生产中，充分利用现有资源，提高产品质量和产量，促进食品产业的全方位立体式发展。

（三）提升教育师资团队实力

在实际食品学科发展过程中，为保证人才培育的可靠性，应当不断提高师资教育力量。由于我国对食品科学的认知深度、研究广度、掌握程度都存在一定局限性，在实际教学工作开展时，人才视野受到一定约束。为保证后继人才的培育质量，有效促进我国食品科学的发展，应当建设专业的师资团队，保证师资团队的综合实力，为人才培育提供基础支持。

第三节   食品科学与工程专业人才需求

一、 人才需求

（一）食品工业技术的快速发展急需大量的专业人才

食品工业是我国国民经济的重要支柱产业，快速发展的食品行业对高水平的食品技术应用人才的需求会有较大幅度的需求，同时，对食品行业高技术应用人才的知识、能力和综合素质等也有新的要求。调查研究发现，食品企业所需的专业人才中生产操作人员、销售人员以及基层管理人员的数量相对较大，而这其中具有高等教育水平的应用型食品专业人才比较少，这就需要高等院校加强食品专业技术人才的培养与教育。

（二）提高食品的营养与安全急需大量的专业人才

食品安全问题关系着亿万人民群众的身体健康以及社会的稳定，受到全球的广泛关注。随着国民经济的发展，全球的食品安全问题层出不穷，如美国的"李斯特菌肉制品"以及国内"三聚氰胺""瘦肉精"事件等严重危害居民的身心健康，成为全世界各国普遍重视的一个全球性问题。随着国家对食品安全问题的重视，需要大量高素质专业人才，即要求国家培养大批高素质的具有食品质量与安全知识的专业人才。因此，大力发展与培养符合我国需要的食品专业人才是关系亿万国民健康的重大问题。

（三）合理的营养与膳食急需食品专业技术人才

随着城乡居民生活水平的不断提高，人们对食品的要求也已经从"吃饱""吃好"转变到"吃出健康"，与此同时，我国食品工业的快速发展，对食品专业人才的需求也日益增加。现代食品企业为了改变传统的食品生产，进行食品深层次加工，并开发出一系列的新产品，不断提高食品的质量与营养价值，尽量减少食品营养成分的损失，这就要求食品专业的学生除了具有食品方面的相关知识外，还必须具有营养保健以及医学方面的相关知识。因此，培养优秀的食品质量、营养与安全方面的相关人才势在必行，功在当代，利在千秋。

（四）产业结构调整急需食品专业技术人才

食品工业的主要原材料以动植物的副产品为主，因此，食品工业与农、林、水产业有着密切的联系。而在全国主要农产品加工业发展规划中指出，农产品加工技术基础相对薄弱，这样就会导致企业发展的后劲不足，同时企业相关的食品专业技术人员缺乏，并且高学历技术人才相对较少。可见，国家进行产业结构的调整，大力发展农产品以及食品的加工业，急需食品专业技术人才。为了适应社会发展的需要，构建以培养能力及提高素质为一体的综合、开放式的新型人才培养模式，使该专业的人才在充满挑战的竞争中处于优势和主动，是食品专业教育快速健康发展的必由之路。

（五）国际贸易的发展需要大批食品专业技术人才

经济的全球化促使大量的食品企业向全球化发展，食品的进出口贸易涉及的产品及范围也越来越广，监督和管理措施也变得越来越具体。为了提高食品的质量与安全，国家提高了进出口食品的检测标准，使得国际贸易的食品技术门槛逐渐提高，食品质量与安全控制技术如食品安全快速检测技术、微生物检测技术、食品安全风险评估等的应用也逐渐向多元化方向发展。因此，竞争激烈的食品国际贸易需要大批具有专业知识、英文水平高的应用型食品专业技术人才，要不断提高企业的知名度和国际化水平，使其具备国际市场的竞争能力。

因此，根据社会经济发展的需要，国家需要适应食品企业生产需要的应用型专业技术人才，能够在工作现场或者生产一线从事生产技术管理、品质控制以及产品开发等一系列工作。应从知识、能力、素质的角度综合全面考虑，按照"理论+实践+技能"的人才模式，培养社会需要的食品专业人才。

二、　就业方向

食品行业巨大的产业规模、发展速度、企业数量等为食品类专业毕业生就业提供了基本保障。目前食品科学与工程专业就业不存在市场饱和问题，特别是新形势下人才需求的岗位类型发生了变化，技术应用型人才出现较大缺口，各类食品企业对食品专业毕业生的就业要求也在不断变化。在市场竞争日益激烈的今天，食品企业经营的中心已经由过去的重视生产向生产与销售并重，甚至重视销售方面转移，因此急需具备专业知识又掌握销售策略与技巧的复合型人才。

虽然在竞争压力逐渐增大的社会背景下，就业率的增长比较缓慢，但节奏平稳、形式明朗、方向多元，就业层次也得到了明显的提高。就业方向方面，学生毕业后能从事各类食品的工程设计、新产品开发（绿色、有机、功能性食品）、食品营养研究、食品质量检测、食品品质控制、技术管理、技术监督、食品机械设备管理、食品包装设计、食品贮藏管理、食品运输管理、企业经营管理、食品的科学研究和成果推广工作；或从事食品药品监督管理局、海关、商检、卫生防疫、进出口、工商局、质量技术监督局等相关部门中产品分析、检测、技术监督、执法、管理等工作；或在相关的国家机关、大专院校、科研院所从事教学科研的工作等。

以往大学生就业地区主要集中在沿海开放城市和经济发达城市，但随着国家鼓励大学生去西部就业等政策的推出，不少有识之士把目光重新投向西部地区。同时，随着经济发展，出国留学越来越便利，考研、留学人数的比例近年来呈增长趋势。

▽　思政案例

番茄是世界第一大蔬菜作物，我国以鲜食为主，然而近年来消费者常抱怨"现在的番茄没有以前的味道"。为了解决这一问题，研究人员对100多种番茄进行了多次严格的品尝实验，并利用数据模型分析确定了 33 种影响消费者喜好的主要风味物质，这些物质包括葡萄糖、果糖、柠檬酸、苹果酸和 29 种挥发性物质，揭示了番茄风味的物质基础。在此基础上，研究人员分析了来自世界各地 400 多份番茄的风味物质含量，并进行基因组测序和生物信息学分析，获得了控制风味的 250 多个基因位点，从而首次阐明了番茄风味的遗传基础。其中2 个控制含糖量的基因位点、5 个控制酸度的基因位点，发现了一些挥发性物质能够提高果实的甜感，另一些可以赋予果实花香的气味。研究团队进一步发现，之所以"番茄没有以前的味道了"，是由于在现代育种过程过于注重产量、外观等商品品质，导致了控制风味品质的部分基因位点丢失，造成 13 种风味物质含量在现代番茄品种中显著降低，最终使得番茄口感下降。这项成果为培育美味番茄提供给了切实可行的路线图。目前研究团队和育种家们合作已经培养出了含糖量提高的番茄新品种，也正力争恢复番茄原来的浓郁风味，使美味番茄早日进入人们的餐桌。

课程思政育人目标：敬畏科学的力量，严谨的治学态度，持之以恒的科学精神，诚实、热忱，追求真理，敢于创新。

🔍 **本章思考题**

1. 食品科学与工程学科目前开设了哪些特色专业？
2. 食品科学与工程学科有哪些就业方向？
3. 简述食品科学与工程学科在国民经济发展中的重要作用。
4. 谈谈你对中外合作办学的看法。
5. 你认为食品专业人才需要具备哪些素质？

第二章

我国食品工业发展的现状与趋势

本章学习目的与要求

1. 了解食品与食品工业的基本概念，认识食品工业的重要性；
2. 熟悉我国食品工业的发展现状；
3. 了解我国食品工业发展的趋势和面临的挑战。

第一节　食品与食品工业

一、　基本概念

（一）食品的概念

生活中我们一般认为，食品是指各种供人食用或者饮用的成品和原料，是人类生存和发展的最基本物质。食品对人体的作用主要有两大方面，即营养功能和感官功能，有的食品还具有维持、改善或调节人体代谢机能的作用。

美国关于食品的定义主要包括：供人和动物食用或饮用的各种物品；口香糖；用于制作上述食品的原料，包括但不限于水果、蔬菜、鱼、乳制品、蛋类、动物饲料（包括宠物食品）、食品及配料的添加剂、可饮用食品包装及其他与食品接触的物品、食品补给品及其配料、婴儿喂养乳、饮料（包括含酒精饮料和瓶装水）、活的动物、烧烤食品、小吃、糖果、罐头食品等。

欧盟关于食品的定义则是经过整体的加工，或局部的加工，或未加工，能够作为或可能预期被人摄取的任何物质和产品。食品，包括饮料和其他任何用来在食品生产、准备和处理中混合的物质（包括水）。食品不包括：①饲料；②活动物（除非是用于市场供给日常消费的）；③未收割的作物；④医学产品；⑤烟草和烟草产品；⑥农药残留和污染物。

GB/T 15091—1994《食品工业基本术语》对食品的定义为：可供人类食用或饮用的物质，包括加工食品，半成品和未加工食品，不包括烟草或只作药品用的物质。

我国2021年4月修订的《中华人民共和国食品安全法》第一百五十条赋予食品的法律

定义为：食品，指各种供人食用或者饮用的成品和原料以及按照传统既是食品又是中药材的物品，但是不包括以治疗为目的的物品。从食品卫生立法和管理的角度，广义的食品概念还涉及所生产食品的原料、食品原料种植、养殖过程接触的物质和环境、食品的添加物质、所有直接或间接接触食品的包装材料、设施以及影响食品原有品质的环境。实际上食品定义有三层意思：①食品是指供人（高级动物）食用或饮用的物品，不包括动物（低级动物）吃、喝的物品，那些物品应称为饲料；②食品既包括成品又包括半成品和原料；③天然食品和加工食品中，有一些食品具有一定药用功能，既可以食用又可以治疗（食疗）某些疾病，这些属食品范畴。而在进出口食品检验检疫管理工作中，通常还把"其他与食品有关的物品"列入食品的管理范畴。

从食品的定义来看，我国同美国或欧盟等关于食品定义的主要区别在于我国食品是指供人类食用的各种物品；而美国等国家的食品质量安全法，将供动物食用或饮用的各种物品即饲料，也纳入食品范畴。上述内容不同的定义及理解，为我国市场出现食品安全问题、食品安全管理的判断及国际市场经济贸易法律界定带来一系列难以解决的问题。

1. 食品种类

根据食品的不同类别，GB/T 15091—1994《食品工业基本术语》也对各类食品做了详细定义，具体如下。

（1）动物性食品（Animal food）　指动物体及其产物的可食部分，或以其为原料的加工制品。

（2）植物性食品（Plant food）　指可食植物的根、茎、叶、花、果、籽、皮、汁，以及食用菌和藻类；或以其为主要原料的加工制品。

（3）传统食品（Traditional food）　指生产历史悠久，采用传统工艺加工制造，反映地方和/或民族特色的食品。

（4）干制食品（Dehydrated food）　指将动植物原料经过不同程度的干燥制成的食品。同义词：脱水食品。

（5）糖制食品（Confectionery）　指以糖、乳、油脂、谷物、果仁、豆类、水果为主要原料，添加香料或其他食品添加剂制成的含糖量较高的食品。同义词：糖食品。

（6）腌制品（Curing food）　指采用腌制工艺制成的食品。

（7）烘焙食品（Bakery）　指采用烘焙工艺制成的食品。

（8）熏制食品（Smoking food）　指采用烟熏工艺制成的食品。

（9）膨化食品（Extruded food）指采用膨化工艺制成的食品。

（10）速冻食品（Quick-frozen food）　指采用速冻工艺制成的食品。

（11）罐藏食品（Canned food）　指将原料或半成品加工处理后装入金属罐、玻璃瓶或软包装容器中，经排气、密封、加热杀菌、冷却等工序，制成的商业无菌食品。同义词：罐头食品。

（12）方便食品（Fast food, Prepared food, Instant food）　指用工业化加工方式，制成便于流通、安全、卫生的即食或部分预制食品。

（13）特殊营养食品（Food of special nutrients）　通过调整食品的营养素的成分和（或）含量比例，以适应某类特殊人群营养需要的食品，包括婴幼儿食品（Infant or baby food）和强化食品（Nutrient fortified food）。前者指适应婴幼儿生理特点和营养需要的食品，后者指经强化工艺制成的食品。后者同义词：营养强化食品。

（14）天然食品（Natural food） 指生长在自然界，经粗（初）加工或不加工即可食用的食品。

（15）模拟食品（Imitation food） 指用人工方法加工制成的，具有类似某种天然食品感官特性，并具有一定营养价值的食品。同义词：人造食品。

（16）预包装食品（Prepackaged food） 指预先包装于容器中，以备交付给消费者的食品。

2. 食品属性

（1）安全性 食品首先必须是无毒、无害、无副作用的，应当防止食品污染和有害因素对人体健康的危害。食物中会天然存在或无意污染一些有毒有害物质，存在引起健康损害的危险。因此在食品加工过程中，从原料到使用的工器具和设备、工艺处理条件、环境及操作人员的卫生，须采取一定的预防措施控制或减少危害，以使食品在可以接受的危险范围内，不会对健康造成损害。有资料表明，大约有92%的食物中毒是由致病菌引起的，经加工过的食品造成的食物中毒只占所有食物中毒的一小部分。

（2）方便性 食品作为日常的快速消费品，应切实从消费者的实际出发，具有方便实用性，便于食用、运输及保藏。食品通过加工可以提供方便性，如液体食物的浓缩、干燥可节省包装，为运输和储藏提供方便性。近年来，伴随着食品科技的发展，食品的食用方便性得到了快速发展，在包装容器及外包装上的不断发展则反映了方便性这一特性。食品的方便性充分体现了食品人性化的一面，将直接影响食品消费者的可接受性，是食品不容忽视的一个重要方面。

（3）保藏性 食品营养丰富，因此也导致其极易腐败变质。最初的食品加工起源于对食物的保藏，为了保证持续供应和地区间交流及最重要的食品品质和安全性，食品必须具有一定的保藏性，在一定的时期内食品应该保持原有的品质或加工时的品质或质量。食品的品质降低到不能被消费者接受的程度所需要的时间为食品货架期或货架寿命。

一种食品的货架期取决于加工方法、包装和储藏条件等许多因素。例如，牛乳在低温下比室温储藏的货架期要长；罐装和高温杀菌牛乳可在室温下具有更长的货架期。食品货架期是生产商和销售商必须考虑的指标及消费者选择食品的依据之一，这是商业化食品所必备和要求的。

3. 食品的功能

食品的功能是指食品对人类所发挥的作用。食品的功能一般包括营养功能、感官功能（嗜好性）、保健功能（生理功能）和文化功能四类。营养功能是食品功能的基础；感官功能是食品的表征；保健功能是食品的重要方面；文化功能则是食品的灵魂。

食品的第一功能为营养功能。食物中的蛋白质、碳水化合物、脂肪、维生素、矿物质、膳食纤维等营养素可满足人体营养需要。食品的营养价值不仅取决于营养素的全面和均衡，而且还体现在食品原料的获取、加工、储藏和生产全过程中的稳定性和保持率及营养成分的生物利用率方面。

为了满足视觉、触觉、味觉、听觉的需要，人类对食物物理、化学和心理反应的感官功能，为食品的第二功能。食品的外观包括食品的大小、形状、色泽、光泽、稠度等特性；食品的质构包括食品的硬度、黏性、弹性、酥脆性等物理指标；食物的风味则包括食物的气味，酸、甜、苦、辣、咸、涩、鲜等味觉触感。食品的感官功能不仅能满足消费者的心理享受需求，而且还有助于促进食品的消化吸收。

长期以来的医学研究证明，饮食与健康存在密切关系。保健功能是食品的第三功能，起到增进健康、抑制疾病、延缓衰老、美容养颜等效果。含有功能因子和具有调节机体功能作用的食品被称为保健食品或功能性食品。功能性食品越来越受到人们的重视，全世界在食品科学领域对食品功能作用的研究已取得一定的研究进展。

人类饮食作为文明和文化的标志，渗透到政治、经济、军事、文化、宗教等各个方面。例如，大到外交的国宴、民族节日，小到朋友聚餐、人生纪念，都少不了食品，以及通过食品对文化的展示。生日蛋糕、长寿面、中秋月饼、火鸡宴，都反映了不同的文化内涵。国家的各种节日庆典，食品更是一种文化的象征，往往发挥了主要作用。某些食品禁忌，甚至成了一些民族宗教的原则。这些是食品的第四功能——文化功能所赋予食品的内涵。

（二）食品工业的概念

食品工业（Food industry）主要以农业、渔业、畜牧业、林业或化学工业的产品或半成品为原料，制造、提取、加工成食品或半成品，具有连续而有组织的经济活动工业体系。根据 GB/T 4754—2017《国民经济行业分类》，我国食品工业涵盖农副食品加工业，食品制造业，酒、饮料和精制茶制造业及烟草制品业 4 个大类、21 个中类和 64 个小类（表 2-1），共计数万种食品，众多细分产业和丰富的产品供应，有效保证了 14.1 亿人口对安全、营养、方便食品的消费需求。

表 2-1　　　　　　　　食品工业的主要分类

大类	中类	小类
农副产品加工业	谷物磨制	稻谷加工，小麦加工，玉米加工，杂粮加工，其他谷物磨制
	饲料加工	宠物饲料加工，其他饲料加工
	植物油加工	食用植物油加工，非食用植物加工
	制糖业	制糖业
	屠宰及肉类加工	牲畜屠宰，禽类屠宰，肉制品及副产品加工
	水产品加工	水产品冷冻加工，鱼糜制品及水产品干腌制加工，鱼油提取及制品制造，其他水产品加工
	蔬菜、菌类、水果和坚果加工	蔬菜加工，食用菌加工，水果和坚果加工
	其他农副食品加工	淀粉及淀粉制品制造，豆制品制造，蛋品加工，其他未列明农副食品加工
食品制造业	焙烤食品制造	糕点、面包制造，饼干及其他焙烤食品制造
	糖果、巧克力及蜜饯制造	糖果、巧克力制造，蜜饯制造
	方便食品制造	米、面制品制造，速冻食品制造，方便面制造，其他方便食品制造
	乳制品制造	液体乳制造，乳粉制造，其他乳制品制造

续表

大类	中类	小类
食品制造业	罐头食品制造	肉、禽类罐头制造，水产品罐头制造，蔬菜、水果罐头制造，其他罐头食品制造
	调味品、发酵食品制造	味精制造，酱油、食醋及类似制品制造，其他调味品、发酵制品制造
	其他食品制造	营养食品制造，保健食品制造，冷冻饮品及食用冰制造，盐加工，食品及饲料添加剂制造，其他未列明食品制造
酒、饮料和精制茶制造业	酒的制造	酒精制造，白酒制造，啤酒制造，黄酒制造，葡萄酒制造，其他酒制造
	饮料的制造	碳酸饮料制造，瓶（罐）装饮用水制造，果蔬汁及果蔬汁饮料制造，含乳饮料和植物蛋白饮料制造，固体饮料制造，茶饮料及其他饮料制造
	精制茶加工	精制茶加工
烟草制品业	烟叶复烤	烟叶复烤
	卷烟制造	卷烟制造
	其他烟草制品制造	其他烟草制品制造

二、　食品工业的重要性

食品消费是人们最基本的消费，食品工业的发展直接关系到人民生活、社会稳定和国家发展。在我国国民经济工业各门类中，食品工业是名副其实的第一大产业，是我国国民经济发展的重要支柱产业。在推进全民健康、提高全社会健康水平上有着举足轻重的地位，尤其是在大力倡导全民健康的大健康背景下，食品工业的发展意义重大。

（一）食品工业是我国经济稳定增长的重要保障

随着我国人民生活从温饱到小康的转变，恩格尔系数逐步降低，人们对一般食品的需求量在减少，但对工业化食品，对高质量、高档次、多功能和方便快捷食品的需求量则不断增长。而且，在一定时期内，国内的人口还在不断增加，加之传统农业向产业化方向发展，以及食品生产新技术、新产品、新行业不断涌现等因素，都进一步刺激食品工业的发展，增强其在国民经济中的支柱作用。

2021年，面对国内外风险挑战明显上升的复杂环境，我国食品工业全面深入贯彻落实党中央和国务院各项决策部署，坚持新发展理念，推动高质量发展，扎实推进供给侧结构性改革，行业质量效益持续改善，在保障民生、拉动内需、促进社会和谐稳定等方面做出了巨大贡献。根据工信部公布的数据，2021年1~10月，全国规模以上食品工业企业实现营业收入

73184.1亿元，同比增长12.3%；利润总额4757.0亿元，同比增长4.0%。其中，农副食品加工业实现营业收入43183.9亿元，同比增长13.3%，利润总额1324.8亿元，同比下降10.0%；食品制造业实现营业收入16960.4亿元，同比增长9.5%，利润总额1275.2亿元，同比下降3.5%；酒、饮料和精制茶制造业实现营业收入13039.8亿元，同比增长12.7%，利润总额2157.0亿元，同比增长21.2%。

根据中投产业研究院对我国2021—2025年中国食品行业发展报告披露的数据，2020年1~9月，中国食品制造行业营业收入为14108.6亿元，同比增长2.4%。之后五年（2021—2025年）年均复合增长率约为3.68%，2025年将达到23711亿元，如图2-1所示。2020年1~9月，中国食品制造行业利润总额为1316.9亿元，同比增长11.9%。之后五年（2021—2025年）年均复合增长率约为7.96%，2025年将达到2922亿元，如图2-2所示。

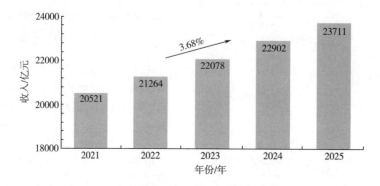

图2-1　2021—2025年中国食品制造行业营业收入预测

资料来源：中投产业研究院，2021.

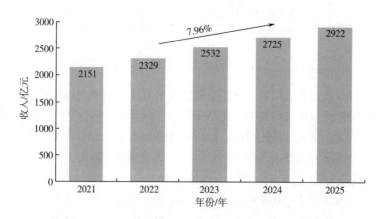

图2-2　2021—2025年中国食品制造行业利润总额预测

资料来源：中投产业研究院，2021.

我国经济结构正处于由中国制造向中国智造转型升级的过程之中，发展方式由粗放型转变为集约型；在经济大国向经济强国转型的重要阶段，可持续的经济增长对高质量发展显得尤为重要。食品是居民生存的基础，食品工业发展水平不仅事关军需民食、国计民生、社会安定，也是国民经济的重要构成。我国食品工业的大力发展必然影响参与国际市场竞争与合作的能力，也有利于国民经济的稳步提升。

（二）食品工业可促进经济均衡发展

　　食品工业具有第一、二、三产业融合与协同发展的天然优势，能够引导农业生产结构的合理调整，体现市场利益共享、产业单元共赢，从而推进产业链的延伸、分化、融合，催生更多新业态、新模式、新产业，更好带动农业增效、农民增收、农村经济发展以及贫困地区脱贫致富。这些都是促进经济均衡发展的重要方面。目前，我国食品工业逐步形成东部地区、西部地区、中部地区、东北地区四大板块协调发展的格局。东部地区继续保持领先和优势地位，中部地区借助农业资源优势，努力将其转化为产业优势，食品工业快速发展；西部地区借助政策优势，食品工业发展进入快车道，区域结构布局更加合理。2019年我国食品工业省、自治区、直辖市排名见表2-2。

表2-2　　　　　　　2019年我国食品工业省、自治区、直辖市排名表

省份 （自治区、直辖市）	规模以上企业数/个	营业收入/亿元	同比增长率/%
山东省	3775	7875	0.08
四川省	2421	7228.3	9.9
广东省	1997	7008.27	1.8
河南省	2548	6649.95	−3.7
福建省	2372	6648.9	10.1
湖北省	2313	6379	4.5
湖南省	2614	5189.4	4.0
江苏省	1797	4931.14	3.44
吉林省	1016	4907.64	−3.3
广西壮族自治区	830	4663.73	3.96
安徽省	2489	3222.2	−1.4
云南省	110	3208.7	7.2
河北省	1165	3045.18	8
浙江省	1228	2842.06	3.52
陕西省	1265	2708.9	5.8
上海市	390	2402.02	3.7
辽宁省	909	2299	11.9
江西省	944	2252.93	−3.25
贵州省	934	2230.86	5.2
黑龙江省	1142	2091.4	12.6
内蒙古自治区	395	1786.5	8

续表

省份 （自治区、直辖市）	规模以上企业数/个	营业收入/亿元	同比增长率/%
重庆市	720	1515	15.4
北京市	264	1227	-2.7
天津市	272	991.22	0.31
新疆维吾尔自治区	566	810.66	8
山西省	281	592.4	-1.1
甘肃省	297	520.33	7.4
宁夏回族自治区	178	302.3	12.9
海南省	93	215.2	1.17
青海省	85	76.32	17
西藏自治区	30	24.18	-0.09

资料来源：中国食品工业年鉴，2020.

（三）食品工业可促进环境可持续发展

绿色制造与加工技术创新实现低碳生产生活，成为食品工业可持续发展的重要助力，如高效分离、物性修饰、食品微生物、食品发酵工程、食品酶工程等技术应用正在兴起。加强食品质量规范建设、改善食品发展环境、推动食品高质量发展，是促进生态环境健康与可持续发展的迫切要求。

（四）食品工业可保障社会公平发展

食品安全是公共安全的重要组成部分，事关居民幸福安康，也体现了社会发展的公平正义。食品安全事件频发会影响消费者对食品行业的信任，经过我国相关部门更加专业、更为严格地实施食品监管，增强了社会各界的食品安全管理与维护意识，为食品工业发展提供规范、和谐、有序、稳定的社会环境。

据我国市场监管总局披露，近年来，全国市场监管部门对食品安全进行抽检结果显示，食品安全总体不合格率有所降低。针对监督抽检发现的不合格样品，我国市场监管部门及时向社会公布监督抽检结果，并督促有关生产经营企业下架、召回抽检不合格批次产品，严格控制食品安全风险，按有关规定进行核查处置并公布信息，切实保障我国人民的健康。

（五）食品工业发展有利于产业优化升级

食品工业的发展必将伴随着研发、生产、销售、物流等细分方向的持续完善，也意味着产业规模不断壮大、现代化食品产业链体系基本健全。虽然当前经济形势面临压力，外部环境较为复杂，但我国食品工业宜积极顺应市场变化，寻求生产平稳增长以保障市场供应充足，稳妥提升产业规模。食品行业应引导产业组织结构优化、产业结构合理调整，并与市场要素、关联行业协调发展。优化产业结构，要求产品由量的优势转变为质的提升，促使市场主体注重提升产品附加值，即从低附加值、高资源消耗的初级加工转向高附加值、高科技含量的精深加工。高质量发展的目标是提高供给体系质量，其本质在于创新驱动。坚持创新融合原则，以改革创新驱动食品工业的转型升级，建立技术创新引领、要素协同发展的产业体系。确保经济平稳与合理增长，平衡食品工业的质量成本与经济效益，坚持供给侧和需求侧双向发力，努力实现量的合理增长、质的稳步提升。

（六）食品工业发展有利于提高我国食品企业的经营能力，增强市场竞争力

面对经济全球化带来的新机遇，国际食品贸易保持高速成长，我国食品企业参与国际市场竞争成为发展重点。面向广阔市场，竞争力是食品企业高质量发展的直观表现，竞争力不强、不稳，则企业很难把握全球化进程中的发展机遇。提高我国食品企业的全球竞争力，对于食品工业高质量"走出去"具有关键意义。持续保持产品质量的安全性、稳定性、可靠性，从源头控制食品质量，才能支持食品企业竞争力提升和稳步发展。持续创新是食品企业的生存之本，这是因为食品作为日常必需品，具有消耗迅速、样式繁多的特点，唯有持续地更新产品、创造"需求"，才能适应消费市场对食品种类的要求。

对于食品企业而言，拥有高知名度的品牌，有助于提升市场主动权和引领力，在激烈竞争态势下保持稳健发展。创立和维护好更多具有国际影响力的品牌，将对我国食品工业高质量发展起到重要的助推作用。管理和技术是食品企业经营的重要依托，完善食品企业生产管理制度并体现行业特性，提升食品生产的关键技术水平和技术革新能力，既是食品企业生存和发展的需求，也是提高生产水平和市场信誉的源头。

（七）食品工业发展可改善全民健康状况

居民营养与慢性病状况是反映国家经济社会发展、卫生保健水平和人口健康素质的重要指标，而食品工业的发展可改善全民健康状况。2021 年上半年我国食品工业产值实现了 16%的增长，其中，健康食品产值增长更是高达 40% 以上，中国食品科技对健康的探索和创新从未止步，而大众对健康食品的旺盛需求已成为大趋势。中国营养学会组织编写的《中国居民膳食指南科学研究报告（2021）》指出，新中国成立 70 多年来，我国居民营养不足与体格发育问题持续改善，但膳食不平衡问题仍突出。膳食组合或结构的不同，或某些食物长期摄入过多或过少，将造成所供给的能量或营养素与机体需要之间不平衡的状态，有充足证据说明，膳食因素与机体免疫水平、慢性病的发生风险有密切关系。与主要健康风险降低相关联的膳食因素主要有：全谷物、蔬菜、水果、大豆及其制品、乳类及其制品、鱼肉、坚果、饮水（饮茶）等，证据等级均为 B 级。过多摄入可增加不良健康风险的膳食因素主要有：畜肉、烟熏肉、食盐、饮酒、含糖饮料、油脂等。

第二节　食品工业发展现状

一、　发展概况

（一）我国食品工业发展历程

1. 恢复元气，起步缓慢（1949—1978 年）

新中国成立初期，由于我国的食品工业基础比较薄弱，因此发展比较缓慢，食品工业主

要以粮食生产加工为主，技术十分落后。在原料供应一端，粮食供应严重短缺，食品生产长期在低水平徘徊。在业态上，仍以传统的手工操作、作坊生产为主，当时，仅在沿海一些大城市，有少量实行工业化生产的食品加工厂，所用的设备均从国外进口。在粮食加工方面，以面粉的工业化生产加工为主，所使用的也几乎全是国外设备。全国几乎没有一家像样的专门生产食品机械的工厂。从食品消费角度看，新中国成立初期，物资极度匮乏，粮食无法敞开供应。中国百姓仍处于小农经济的自给自足状态，食品种类以初级农产品为主，加工食品的消费比例非常小。

鉴于上述情况，在资金十分短缺的环境下，国家仍对食品工业进行了较大规模的投资。1958—1978 年间全国食品工业完成基本建设投资 67.38 亿元，在事关人民群众生活的重点食品行业，国家投资兴建了一大批食品工业企业。与此同时，我国积极发展农业生产，努力为食品工业发展提供重要原料。1978 年，我国粮食总产量达到 3047.5 亿 kg，比 1952 年增加 85.94%；油料总产量达到 52.2 亿 kg，比 1952 年增加 24.44%；糖料总产量达到 238.2 亿 kg，比 1952 年增加 213.63%。

2. 快速发展，总量扩大（1979—1992 年）

改革开放初期，国家决定对轻纺工业发展实施"六个优先"政策，即原材料、燃料、电力供应优先，挖潜、革新、改造措施优先，基本建设优先，银行贷款优先，外汇和引进技术优先，交通运输优先。同时，率先推行了投资体制和商品流通体制的改革，将固定资产投资从拨款改为贷款，实现了投资渠道多元化；将生产的指令性计划变为指导性计划，逐步放开了产品的经销权，企业可以根据市场需求自主组织产品的生产和销售，促进企业从生产型向生产经营型转变；开展了以经营承包责任制为主要内容的企业改革，改革用人和分配制度；落实集体经济政策，恢复了集体企业的经营自主权。

1990 年，食品工业总产值达到 1360 亿元。12 年间生产持续增长，平均每年递增 9%。我国食品工业出口额达到 56.45 亿美元，比 1980 年增长了 1.48 倍，年均增长 9.5%。而且与过去主要出口初级加工品不同，此阶段国家开始重视精制加工制成品出口，鼓励并支持食品产业参与国际竞争，食品工业出口战略发生了重大变化。

3. 适应市场，体制改革（1993—2012 年）

1992 年，党的十四大确立了市场经济体制的改革目标，中国食品工业发展开始全面提速。1993—1998 年食品工业总产值由 3428.66 亿元增加到 5900 亿元，年均增长 11.60%。2000 年总产值达到 8165 亿元，食用植物油产量 835.3 万 t，味精产量 70 万 t，柠檬酸产量 37 万 t，均居世界第一位；制盐产量 3128 万 t，啤酒产量 2231.3 万 t，均居世界第二位；食糖产量 700 万 t，居世界第三位。食品工业已发展成为门类比较齐全，既能基本满足国内市场需求，又具有一定出口竞争能力的现代产业。

跨入新世纪，改革开放的红利进一步释放，中国食品工业呈现高速增长态势，龙头企业市场地位不断突出；2002 年，中国食品工业产值超过 1 万亿元，2005 年超过 2 万亿元，2010年超过 6 万亿元。这一时期，食品行业细分品类不断壮大，龙头企业加速发展。

4. 转型升级，科学发展（2013 年至今）

2013 年，规模以上食品工业企业主营业务收入突破 10 万亿之后，中国食品工业开始从高速增长阶段进入中高速增长阶段，粗放式的规模扩张逐渐终结，迎来了以质量安全为主导的新时代。2014 年，中国食品工业实现产值 11.27 万亿元，同比增速降低到个位数。2015 年和 2016 年，中国食品工业增加值同比增长分别达到 6.5%、7.2%，与当年 GDP 增速基本持平。因此，积极推进供给侧结构性改革，为市场提供高品质食品成为食品工业集约发展的必由之路。

随后，受互联网经济、电子商务和生产经营成本上涨影响，食品企业的发展模式开始多元化，国际化视野不断增强，我国食品工业发展质量明显提高，经济和综合效益稳步提升。由表 2-3 可知，2021 年我国食品制造业主要产品生产情况良好，除了方便面产量略微下滑，糖果、速冻米面、乳制品等产量均保持增长。

表 2-3　　　　　　　　　2021 年中国食品制造业主要产品产量完成情况

主要指标	产量同比增长/%	主要指标	产量同比增长/%
糖果	10. 13	罐头	0. 09
速冻米面食品	8. 33	酱油	11. 39
方便面	−6. 80	冷冻饮品	5. 91
乳制品	9. 44	食品添加剂	10. 50

资料来源：2021 年 1~12 月食品制造业主要产品产量完成情况 . 中国轻工业信息网，2022.

综上所述，食品工业在我国既是一个历史悠久的传统工业，又是一个不断脱胎换骨的新兴工业，根据近年来的发展状况，我国的食品工业还正处于不断发展的时期，目前还是以农副食品原料的初加工为主，精细加工的程度比较低，正处于成长期。食品工业已成为我国国民经济第一大支柱产业和基础产业。从世界范围看，目前国际食品工业已经成为世界上的第一大产业，每年的营业额已远远超过汽车、航天及电子信息工业。在发达国家，农产品的加工产值是农业产值的 2~3 倍，而在我国前者只是后者的 30%~40%。我国食品加工业的产值占食品工业总产值的 45%，食品制品在居民食品消费支出中仅占 30%，而其中烟酒又占了一半，这与发达国家相比差距较大。我国每年工业食品用粮约 4000 万 t，不足原粮的 1/10；肉制品产量 200 多万 t，只占肉类总产量的 3%。我国粮油、水果、豆类、肉蛋、水产品等产量均居世界第一位，但深加工率仅 30%，且技术手段落后，相关研究也滞后，而食品工业发达的国家达到 70%。我国食品行业为完全竞争行业，集中度较低，中小企业比例高，技术水平低，同质化严重，价格竞争激烈，利润空间狭小，随着行业整合及行业成熟度的提高，行业利润向大企业迅速集中，未来，行业龙头企业将担当起行业资源整合的重任。因此，我国的食品工业仍然具有很大的发展空间。

（二）产业规模

目前我国已建立独立的、门类基本齐全的现代食品工业体系，食品工业更成为我国现代工业体系中排名第一的产业。2019 年，我国拥有规模以上食品工业企业 36881 家，食品工业资产占全国工业 6.2%，实现营业收入 92279.2 亿元，同比增长 4.5%。2019 年，我国食品工业营业收入占全国营业收入的 8.7%，实现工业增加值占全国工业增加值的比重为 10.5%，实现利润总额占全国 10.8%，对全国工业增长贡献率 7.7%，拉动全国工业增长 0.4 个百分点。据工业和信息化部统计数据，2020 年全国食品工业规模以上企业实现利润总额 6206.6 亿元，同比增长 7.2%，高出全部工业 3.1 个百分点。面对严峻复杂的国际形势、新型冠状病毒肺炎疫情的严重冲击，食品工业规模以上企业保持了稳定发展，体现了食品行业的韧劲和可持续性（表2-4和表2-5）。

表2-4 　　　　　　　　　　2020年食品工业经济效益指标和投资情况

行业	营业收入/亿元	同比增长/%	利润总额/亿元	同比增长/%	营业收入利润率/%	成本费用利润率/%	投资同比增长/%
食品工业总计	82328.3	1.2	6206.6	7.2	7.5	8.3	—
农副食品加工业	47900.0	2.2	2001.2	5.9	4.2	4.4	-0.4
食品制造业	19598.8	1.6	1791.4	6.4	9.1	10.1	-1.8
酒、饮料和精制茶制造业	14829.6	-2.6	2414.0	8.9	16.3	20.6	-7.8

表2-5 　　　　　　　　　　2020年食品工业主要产品产量

产品	产量/万t	同比增长/%
精制食用植物油	5476.2	2.5
成品糖	1431.3	3.0
鲜肉、冷藏肉	2554.1	-10.0
乳制品	2780.4	2.8
白酒（折65度，商品量）/万kL	740.7	-2.5
啤酒/万kL	3411.1	-7.0
葡萄酒/万kL	41.3	-6.0
饮料	16347.3	-7.7

资料来源：食品工业发展报告（2020年度）.

食品工业全面进入结构优化阶段。食品行业得益于较早实施市场化，企业经营机制普遍灵活高效；以市场为导向调整结构、配置资源、组织生产，产业竞争力不断提高。2000年前后，我国食品市场基本告别短缺状况，由卖方市场转变为买方市场，部分产品的产量位居世界前列；特别是加入世界贸易组织（WTO）后，国家对外开放力度不断加大，国内市场与国际市场基本接轨，食品工业的市场化进程提速。食品深加工程度逐渐提高，新型工业技术在食品生产中获得积极应用，支持了食品工业深加工发展，食品工业产值与农业产值的比例已经由2004年的0.5:1提高到2020年的1.2:1。从需求侧看，精深加工食品通常具有美味、方便、货架期稳定、低成本等特征，受到消费者青睐，服务居民生活质量提升。从供给侧看，我国食品市场竞争日趋激烈，大型企业尚有竞争优势，而众多小型企业、成本把控不佳的企业利润空间狭小，面临生存危机；食品企业受市场压力驱使转而开发具有高附加值的产品，在基础研究、技术开发、营养保健食品研发、食品原材料利用与精深加工方面进行重点布局。例如，在马铃薯主食方面，国内企业已经突破了薯泥、薯浆、面条类和米制品类产品的关键加工技术，创建了马铃薯中式主食系列生产线，提高了马铃薯主食的利用率。

二、科技创新

（一）技术进展

近年来，我国食品产业科技在基础研究、前沿技术和集成示范、重大共性关键技术与核心装备研发、人才创新和团队建设、基地和平台建设等方面都取得显著成效，为食品产业的快速发展提供了强大的科技支撑。我国一批关键技术实现了国外输出，例如，超高压、挤压重组技术等；部分装备占领国际市场，例如，万吨油脂加工装备、肉品加工装备等。

我国食品研发投入与技术体系明显增强，与世界先进水平的差距稳步缩小，在中华传统食品工业化、食品生物工程、营养健康食品加工、大宗粮食转化、食品装备制造等方向取得了一批科技创新成果。根据第六次食品领域国内外技术竞争评价调查问卷结果，我国食品工业目前处于"跟跑""并跑""领跑"的技术占比分别为58%、32%、10%，食品领域实现了核心关键技术由"跟跑"向"跟跑""并跑""领跑"并存的重大转变。食品智能制造出现萌芽。据工业和信息化部统计数据，近年来我国遴选出的305个智能制造试点示范项目，生产效率平均提升37.6%，能源利用率平均提升16.1%，运营成本平均降低21.2%，产品研制周期平均缩短30.8%。行业主管部门致力于推动食品工业转型升级，促进食品行业智能化应用水平提升。物联网、大数据、移动互联、云计算等新兴技术在食品领域应用拓展，智能制造态势初显。高新技术提高食品行业效益，多种高新技术引入食品工业，用于改造升级传统食品产能，拓展新兴市场发展空间，增强食品工业的可持续发展能力。食品工业的不同子行业，其技术密集程度差异明显，一些子行业对高新技术敏感度高、引入和应用积极，使得技术进步快速，行业竞争力增强。受技术进步驱动，在食品工业的53个子行业中，包括饮料、营养食品、发酵食品在内的26个子行业实现了利润总额增长。

（二）创新资源

在供给侧结构性改革方针的指导下，我国食品科技创新更趋活跃，企业创新的主体地位也日益巩固，高等学校、科研院所等科研机构的研发水平大幅提高。目前，已形成科研结构合理、人员力量雄厚的良好局面。与此同时，国家高度重视食品工业关键技术的研发。"十四五"规划提出，要"全面推进健康中国建设"，2021年的政府工作报告也提出，要"持续推进健康中国行动"。在实施健康中国战略的过程中，食品产业将担负起更为重要的使命和担当。政府的主导将促进食品产业科技水平的快速提升、产品结构深度调整、食品产业高质、高效发展，食物营养功能评价研究将得到快速发展和落地应用，食品安全监管与供应链质量控制将得到进一步加强。

我国在高等教育层面食品类专业建设和科研实力的发展也取得了不俗成绩。2020版教育部普通高等学校本科专业目录的数据显示，目前我国食品科学与工程作为一级学科，下设5个专业，同时设置7个特设专业，包括葡萄与葡萄酒工程、食品营养与检验教育、烹饪与营养教育、食品安全与检测、食品营养与健康、食用菌科学与工程和白酒酿造工程。在食品领域拥有一批院士、长江学者、优秀青年、杰出青年等各类高层次人才，极大提高了我国食品工业的研发实力。

第三节   食品工业发展的趋势

目前，中国食品工业增长迅速，经济效益不断提高，产业竞争力逐渐上升。近年来，我国规模以上食品企业营收呈不断增长的趋势。伴随着消费新趋势的不断涌现，在接下来的时间里，食品工业还将继续进行调整、转型、升级。与此同时，行业内也将涌现更多的龙头企业。在国家政策、消费市场、行业巨头等的支持和带领下，我国食品工业将会出现多个发展新趋势。

一、   合成生物食品制造

合成生物食品制造是 21 世纪兴起的一门研究，包括基因剪切、遗传密码构建等。通过构建食品细胞工厂，以可再生生物质为原料，利用细胞工厂生产肉类、牛乳、鸡蛋、油脂、糖等，颠覆传统的食品加工方式，形成新型生产模式。目前，合成生物在医药领域的发展较为深入，但近两年，它在食品的生产制造中也开始得到应用。例如，现在常见的转基因食品，就是在合成生物学、基因工程等理论基础上实现的食品制造。

如今，合成生物在食品领域的研究不断深入，未来发展前景广阔。例如，在人造肉领域，可通过取得动物肌肉上的干细胞来人工培育肉类，这种趋势在不少国家都非常受资本青睐；又如，低热量甜味剂的生产领域，利用合成生物的方法进行生产的成本远低于在自然界寻找、培养相关植物并生产低卡糖的成本；再如，如今市面上的人造肉多采用大豆、豌豆等蛋白质进行生产，但植物蛋白肉存在着的豆腥味使其味道始终难以接近动物肉。根据科研人员介绍，通过分离、提取等设备或能使植物肉中以乙醛类为主的腥味物质和植物蛋白分离。对此，相关设备制造商还需进一步增强设备的分离效率，使设备在分离腥味物质的同时，保留住产品中的蛋白质，从而解决人造肉的异味问题。

二、   全程质量安全主动防控

在食品产业链中，食品质量安全是非常重要的一环，通过提升过程控制水平和检测溯源，构建新食品安全的智能监管将是未来食品工业发展的重点之一。比如，基于非靶向筛查、多元危害物快速识别与检测、智能化监管、实时追溯等技术来实现食品安全监管向智能化、检测溯源向组学化、产品质量向国际化方向发展。此外，食品工业中微生物检测也变得更加多样化、精细化，如食品微生物代谢技术、食品微生物免疫检测技术、食品微生物抗体检测技术等新技术的应用将会更广泛。

三、   食品机械的智能化发展

自人工智能、大数据、区块链等新型信息技术开发以来，智能制造已成为食品工业的大趋势。并且，随着企业越来越重视生产环节的降低成本、提质、增效，智能机械的应用率持续增长。如今，在技术人员的努力下，国内智能化食品加工机械层出不穷，如码垛机器人、协作机器人、智慧厨房等，为食品加工企业提供了技术支撑。但对于食品机械制造企业来

说，要想搭上去往工业 4.0 的"顺风车"，还需加快智能技术与食品机械的融合，完成智能制造的转型升级。例如，基于快速自动成型增材制造、图像图形处理、数字化控制、机电和材料等工业化数字化技术，生产传统食品和新型食品；提高传感器性能，使底层生产数据的采集更加精确；结合大数据、区块链等技术，让生产数据的分析、记录更加准确；融入人工智能来帮助企业建立生产模型，生产实现高度自动化。

四、 食品精准营养与食品个性化制造

营养健康是一个国家或地区发达程度的重要标志，也是人类社会全体成员内在追求的永恒主题。我国经济的飞速发展带动了人民生活水平的提高，与此同时，消费者对食品需求也在变得健康化、多样化、个性化。根据不同群体或个体的营养需求，制定科学合理的个性化饮食指南，将有利于改善居民的营养状况。对于生产企业而言，产品的柔性化生产成为新的需求，即基于食物营养、人体健康、食品制造大数据，靶向生产精准营养与个性化食品，依靠具有高度柔性的生产设备进行多品种的生产方式。它能帮助企业进行产品生产的快速转换，让企业能够快速适应市场需求，从而使产能得到进一步优化，增加企业的经济效益。

设备制造商在生产设备的时候，也要注重提高设备的柔性生产能力。首先，要优化设备的整体设计，增强设备零部件的精密度，使其在出现故障的时候能快速进行维修，恢复运行。其次，提升设备的灵活性和生产线的联结能力，使设备之间能够组成可动态组合生产线，减少生产企业的投资成本，缩短生产周期。

五、 多学科交叉融合创新产业链

食品科学是高度综合的应用性学科，其他科学领域的重大科技成果都会直接或间接带动食品工业的技术创新。大数据、云计算、物联网、基因编辑等信息工程、人工智能、生物技术深度交叉融合正在颠覆食品传统生产方式，催生一批新产业、新模式、新业态。通过利用多学科交叉融合创新提升我国食品科技的核心竞争，推动未来食品科技形成以食品组学（可集成基因组学、转录组学、蛋白质组学、代谢组学等）、食品感知学、食品合成生物学、食品安全调控学、个体和分子营养学等为代表的基础科学，产生食品细胞工厂、智慧厨房、智能制造和精准营养等新兴业态，真正突破食品科学技术瓶颈，推动我国食品产业的创新发展。食品与其他学科交叉示意图见图 2-3。

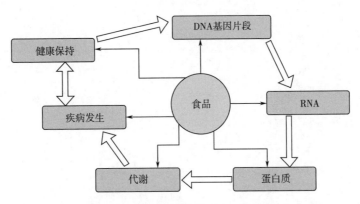

图 2-3 食品与其他学科交叉示意图

▽ 思政案例

2021 年 12 月 18 日，中国食品工业协会决定对 2020 年度"中国食品工业协会科学技术奖"优秀项目及先进个人予以表彰。决定授予内蒙古伊利实业集团股份有限公司金山分公司研发的"婴幼儿配方羊奶粉脱膻关键技术的研发与母乳构成模拟化应用"等 9 个项目"中国食品工业协会科学技术奖"特等奖；授予江西煌上煌集团食品股份有限公司研发的"江西特色酱卤禽肉制品的保鲜和冷链物流关键技术及产品研发"等 30 个项目"中国食品工业协会科学技术奖"一等奖；授予达利食品集团有限公司"豆本豆常温植物酸奶品类创新"等 40 个项目"中国食品工业协会科学技术奖"二等奖；授予赣南师范大学等单位联合研发的"柑橘酵素加工及副产物综合利用"等 41 个项目"中国食品工业协会科学技术奖"三等奖；授予白金梁等 23 位同志"全国食品工业科技创新领军人物"荣誉称号；授予于飞跃等 41 位同志"全国食品工业科技创新杰出人才"荣誉称号。

摘自中国食品工业协会官网《关于奖励 2020 年度"中国食品工业协会科学技术奖"优秀项目及先进个人的决定》。

课程思政育人目标：让学生结合本章内容更加深刻理解我国食品工业的快速发展，提高学生的社会责任感和自主创新的理念，增强学生的文化自信、民族自信，鼓励学生将来走上工作岗位后要为提高我国食品工业科技发展整体水平为己任，增强自主创新能力，为我国的食品工业发展作出更大的贡献。

🔍 本章思考题

1. 什么是食品？食品是如何分类的？
2. 食品有哪些属性？食品有哪些功能？
3. 什么是食品工业？简述食品工业的重要性。

第三章

基于食品科学与工程教育专业认证的培养方案解读

3

1. 掌握食品科学与工程教育专业认证的理念；
2. 了解我国食品科学与工程教育专业认证；
3. 熟悉食品科学与工程专业的培养目标与毕业要求；
4. 熟悉食品科学与工程专业的课程体系设置与主要课程内容。

第一节　食品科学与工程教育专业认证

一、相关概念

认证是指由非政府、非营利的第三方组织对达到或超过既定的教育质量标准的教育机构或专业所做出的正式认可。

工程教育专业认证是指专业认证机构针对高等教育机构开设的工程类专业教育实施的专门性认证，由专门职业或行业协会（联合会）、专业学会会同该领域的教育专家和相关行业企业专家一起进行的，针对高等教育本科工程类专业开展的一种合格评价。其含义有两层：第一，行业界与工程教育界共同实施、为保证从事工程职业工作的教育基础而进行的专业人才培养质量外部评价；第二，通过对专业人才培养标准及学生达成标准的可靠性、持续性进行评价，认可学生培养质量。

二、我国工程教育专业认证的发展历程

（一）工程教育专业认证的起源

工程教育专业认证起源于美国，始于 1936 年，哥伦比亚大学、康奈尔大学等高校的相关工程专业得到了首批认证，在经历了漫长的发展历史后，整个认证制度已较为完备和健全。

1989 年，为了提高高等工程教育质量，且建设国际通用标准，美国、英国、加拿大、爱

尔兰、澳大利亚、新西兰六国的工程教育质量评价团体，签署了一项工程教育本科专业认证的国际互认协议《华盛顿协议》，基本建立了国际认可的工程教育认证体系。

（二）我国工程教育专业认证的发展

我国工程教育专业认证工作时间较短，1992年开始认证试点工作，先由建设部在清华大学、同济大学、天津大学和东南大学4所学校的6个专业（建筑学、建筑工程管理、建筑环境与设备工程、城市规划、土木工程、给排水工程）进行试点。之后的6年时间，对21所高校的土木工程专业进行了认证，并使该专业评估成为"按照国际通行的专门职业性专业鉴定制度进行合格评估的首例"。接下来，建设部在不断总结专业认证试点工作经验的基础上，启动了建筑环境与设备、工程管理、城市规划、给排水工程专业的认证新探索。2006年，教育部正式启动了机械工程与自动化、电气工程及自动化、化学工程与工艺、计算机科学与技术4个专业的工程教育认证试点工作，完成了8所学校的工程教育专业认证。在2008年前后启动了申报加入《华盛顿协议》的工作。2013年6月，我国成为《华盛顿协议》的预备会员。2016年6月，中国成为该协议第18个正式成员（图3-1）。此举标志着我国工程教育专业认证走向了世界舞台，将全面参与《华盛顿协议》各项规则的制定，我国工程教育认证的结果也将得到其他成员的认可，即国内通过认证专业的毕业生在相关国家申请工程师执业资格时，将享有与协议成员毕业生同等待遇。

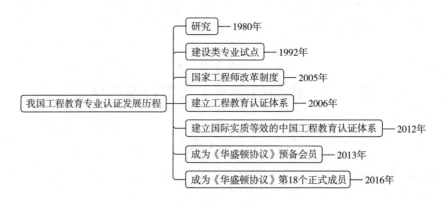

图3-1 我国工程教育专业认证发展历程

迄今为止，我国的工程教育认证已走过近40年的发展历程，认证专业领域从原来的土建类扩大到目前的机械类专业、仪器类专业、材料类专业、电气类专业、电子信息类专业、自动化类专业、计算机类专业、土木类专业、水利类专业、测绘类专业、化工与制药类专业、地质类专业、矿业类专业、纺织类专业、交通运输类专业、兵器类专业、核工程类专业、农业工程类专业、环境科学与工程类专业、食品科学与工程类专业、安全科学与工程类专业、生物工程类专业共22类专业领域。截至2020年底，全国共有257所高等学校的1600个专业通过了工程教育专业认证。

三、 我国工程教育专业认证的发展现状

（一）组织管理系统基本成熟

我国工程教育专业认证组织机构，在经过一个相对漫长的酝酿、探索、发展时期，到

2016 年正式加入《华盛顿协议》，中国工程教育认证协会的工作运转、规章制度等已经相对完善和较为成熟，形成了与国际实质等效的工程教育专业认证体系，我国工程教育专业认证组织结构如图 3-2 所示。我国工程教育专业认证基本和国际工程人才培养要求接轨并得到国外有关专家的充分肯定，正如澳大利亚工程师学会 Alan Bradley 教授所说，中国试点认证办法、标准、管理体系和过程都非常全面和严谨。

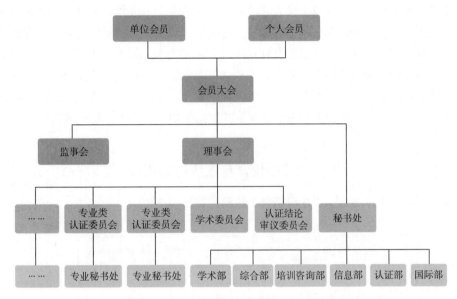

图 3-2　我国工程教育专业认证组织结构

资料来源：中国工程教育专业认证协会官网，2020.

（二）专业认证标准、程序趋于完善

在建立认证体系之初，我国就参照国际工程教育专业认证领域的惯用做法，遵照国际"实质等效"原则，制定了认证标准、认证程序等相关文件，这一做法得到了国外专家的充分肯定和支持，如英国工程委员会 Sunil Vadera 教授认为，中国以严格而合理的方法获得了一个良好的认证程序，相关的支持文件合理。美国工程技术评审委员会（ABET）专家、机械工程师协会 Mary E. F. Kasarda 教授对此也给予了充分肯定。经过不断修订完善，目前我国工程教育专业认证形成的标准及其相关文件较为完善，其标准部分由通用标准和专业补充标准构成。目标部分涵盖了 EC2000 等国际同行的 11 条毕业生能力要求，体现了《华盛顿协议》要求的结果导向性特点。重点看学生产出成就，课程体系、师资力量都是支撑学生产出的重要保证。专业补充标准是为满足各专业在 7 大要素中的特殊要求而制定，并不是单独的指标。认证标准体系以质量保证和质量改进为基本指导思想和出发点，注重学校或专业的多样性和个性化特点，以学生为本，重视对学生学业成就的评价，定性与定量的结合，注重发挥同行专业的作用。

（三）专业认证的重要作用越加凸显

从培养目标达成度看，工科专业培养目标基本达到国际实质等效的质量标准要求，用人单位参与高校人才培养目标的制定与评价的积极性、主动性越来越高，绝大多数高校人才培养目标能较好地体现行业对工程技术人才的需求。从近年来经济社会发展适应度看，工程教育能够较好地适应行业发展的实际需要。中国机械工程学会等 6 个行业组织的问卷调查结果表明，80%的用人单位能按照自己的意愿招聘到所需的工科毕业生，学以致用程度较高的工科本科毕业生接近 70%。

从目前的办学条件支撑度看，虽然不同层次高校存在较大差异，但总体来看，高校工科专业还是能够支撑工程人才培养需求。按照国际实质等效的质量标准要求，进一步理清并明确了以下几个重要问题：即支撑工科人才培养目标和学生学习成果达成的核心要素、关键要素、基础要素依次为课程体系、师资队伍、支持条件。从质量监测保障度看，其认证体系能够作为外部提升工科人才培养质量的良好保障（国际通行），高校内部也开始建立用于专业自我评价与监测的质量保障体系，并已着手建立用人单位、毕业生、行业企业广为深度参与的社会评价机制。从用户满意度看，用人单位对工程教育总体质量基本认可，总体满意度比较高。尤其是用人单位对毕业生的专业知识、获取信息能力、学习和适应能力、职业道德等较为满意。

四、 工程教育专业认证的程序

工程教育认证工作的基本程序包括以下阶段，如图 3-3 所示。

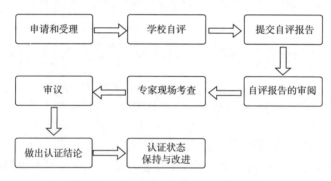

图 3-3　工程教育认证工作的基本程序

（一）申请和受理

按照教育部有关规定设立的工科本科专业，属于中国工程教育专业认证协会的认证专业领域，并已有三届毕业生的，可以申请认证。申请认证由专业所在学校向秘书处提交申请书。秘书处收到申请书后，会同相关专业类认证委员会对认证申请进行审核。重点审查申请学校是否具备申请认证的基本条件，根据认证工作的年度安排和专业布局，可做出以下两种结论，并做相应处理：受理申请，通知申请学校开展自评；不受理申请，向申请学校说明理由。

（二）学校自评与提交自评报告

自评是学校组织接受认证专业依照《工程教育认证标准》对专业的办学情况和教学质量进行自我检查，学校应在自评的基础上撰写自评报告。学校应在规定时间内向秘书处提交自评报告。

（三）自评报告的审阅

专业类认证委员会对接受认证专业提交的自评报告进行审阅，重点审查申请认证的专业是否达到《工程教育认证标准》的要求。可做出以下三种结论之一，并做相应处理：①通过审查，通知接受认证专业进入现场考察阶段及考察时间；②补充修改自评报告，向接受认证专业说明补充修改要求，经补充修改达到要求的可按①处理，否则按③处理；③不通过审查，向接受认证专业说明理由，本次认证工作到此停止，学校须在达到《工程教育认证标准》要求后重新申请认证。

（四）专家现场考查

现场考查是专业类认证委员会委派的现场考查专家组到接受认证专业所在学校开展的实地考查活动，以《工程教育认证标准》为依据，主要目的是核实自评报告的真实性和准确性，并了解自评报告中未能反映的有关情况。现场考查时间一般不超过3天，且不宜安排在学校假期进行。考查期间专家组按照《工程教育认证现场考查专家组工作指南》开展工作。现场考查的程序如图3-4所示。

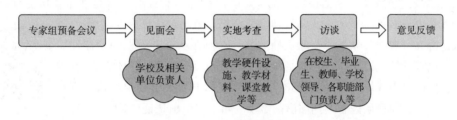

图3-4　现场考查的程序

工程教育认证现场考查报告，是各专业类认证委员会对申请认证的专业做出认证结论建议和形成认证报告的重要依据，需包括下列内容：①专业基本情况；②对自评报告的审阅意见及问题核实情况；③逐项说明专业符合认证标准要求的达成度，重点说明现场考查过程中发现的主要问题和不足，以及需要关注并采取措施予以改进的事项。专家组在现场考查工作结束后15天内向相应专业类认证委员会提交现场考查报告及相关资料。

（五）审议和做出认证结论

第一，专业类认证委员会将现场考查报告送接受认证专业所在学校征询意见。学校于15天内按要求向相应专业类认证委员会回复意见。第二，各专业类认证委员会召开全体会议，审议接受认证专业的自评报告、专家组的现场考查报告和学校的回复意见。第三，各专业类认证委员会采取无记名投票方式提出认证结论建议。全体委员2/3以上（含）出席会议，投票方为有效。同意票数达到到委员会人数的2/3以上（含），则通过认证结论建议。第四，提交工程教育认证报告和相关材料。各专业类认证委员会根据审议结果，撰写认证报告，连同自评报告、现场考查报告和接受认证专业所在学校的回复意见等材料，一并提交认证结论审议委员会审议。第五，认证结论审议委员会审议认证结论。认证结论审议委员会如对提交结论有异议，可要求专业类认证委员会在限定时间内对认证结论建议重新进行审议，也可直接对结论建议做出调整。第六，批准与发布认证结论。理事会召开全体会议，听取认证结论审议委员会对认证结论建议和认证报告的审议情况，并投票表决认证结论建议。第七，认证结论。认证结论分为三种：①通过认证，有效期6年；②通过认证，有效期6年（有条件）；③不通过认证，一年后允许重新申请认证。

（六）认证状态保持与改进

通过认证的专业所在学校应认真研究认证报告中指出的问题和不足，采取切实有效的措施进行改进。

认证结论为"通过认证，有效期6年"的，学校应在有效期内持续改进工作，并在第三年提交持续改进情况报告，认证协会备案，持续改进情况报告将作为再次认证的重要参考。

认证结论为"通过认证，有效期6年（有条件）"的，学校应根据认证报告所提问题，逐条进行改进，并在第三年年底前提交持续改进情况报告。认证协会将组织各专业类认证委员会对持续改进情况报告进行审核，根据审核情况给出以下三种意见：

（1）继续保持有效期　已经改进，或是未完全改进但能够在6年内保持有效期。

（2）中止认证有效期　未完全改进，难以继续保持6年有效期。

（3）需要进校核实　根据核实情况决定"继续保持有效期"或是"中止认证有效期"。对"中止认证有效期"的专业，认证协会将动态调整通过认证专业名单。

认证协会可根据工作需要，随机抽取部分专业在认证有效期内开展回访工作，检查学校认证状态保持及持续改进情况。回访工作参照原认证程序进行，但可以视具体情况适当简化。通过认证的专业如果要保持认证有效期的连续性，须在认证有效期届满前至少一年重新提出认证申请。《工程教育认证通用标准解读及使用指南（2020版，试行）》见二维码3-1。

二维码 3-1

五、 工程教育专业认证的理念

工程教育专业认证的三个理念：

（1）以学生为中心（Student centering, SC）　强调以学生为中心，围绕培养目标和全体学生毕业要求的达成进行资源配置和教学安排，并将学生和用人单位满意度作为专业评价的重要参考依据。

（2）成果导向（Outcomes-based education, OBE）　强调专业教学设计和教学实施以学生接受教育后所取得的学习成果为导向，并对照毕业生核心能力和要求，评价专业教育的有效性。

（3）持续改进（Continuous quality improvement, CQI）　强调专业必须建立有效的质量监控和持续改进机制，能持续跟踪改进效果并用于推动专业人才培养质量不断提升。

以学生为中心（SC）是宗旨，成果导向（OBE）是要求，持续改进（CQI）是机制。这一理念与传统的内容驱动、重视投入、重视结果的教育形成了鲜明的对比，是对教育理念的一种极大的改变。

（一）以学生为中心

"以学生为中心"强调了学生在学校里的主体地位（不否定教师在教学过程中的主导作用），提示了学校的一切教育教学活动应该从学生的需要出发这一基本原则（不排斥学校对于学生学习效果的评价与检核）。对于当代教育，特别是高等教育的改革具有一定的指导意义。

在实行工程教育专业认证过程中，重点考核申请学校的培养目标是否以学生为中心，是否有利于学生今后发展，课程内容是否符合社会的期盼，是否满足学生的期望，毕业时具备的能力是否达到预期，培养方案、课程体系、教学过程、师资水平、支撑条件、质量监控以及持续改进机制等是否为达到学生预期目标而设置，是否针对全体学生而不是部分学生等。

（二）成果导向（OBE）

成果导向教育，又称能力导向教育、目标导向教育或需求导向教育，是一个以学习产出为动力的系统，重视学生学习成效，强调以成果为导向来设计教育教学，以持续改进来推进教育教学，并以基础性的标准来要求、规范、检查教育教学。这也是它与传统教育模式的本质区别（图3-5、图3-6、表3-1）。

图3-5 传统的教育模式（课程导向）

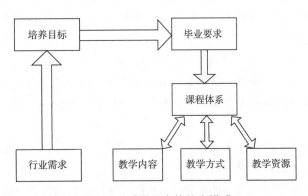

图3-6 成果导向的教育模式

表3-1 OBE教育模式与传统教育模式比较

类型	OBE教育模式	传统教育模式
价值观	关注产出：学会什么——学习成果、如果取得学习成果、如何评估学习成果	关注输入：教了什么——教学内容、学习的时间、学分、学习的过程
核心理念	以学生、活动为中心	以教师、教科书为中心
教学方式	主动学习：以学生不断反馈为驱动，强调学习结果，教学和学习过程可持续改进	被动学习：以教师的个性为驱动，强调教师个人希望的学习内容，缺乏连续性
学习方式	基于学习结果，经过预评估，实现学分互认，可以在多个专业领域、不同学校间学习，增强辅修计划、学生交换的灵活性	学生只能在一个学校、一个专业领域学习

资料来源：周杰，黄小卉，2018.

成果导向教育具有如下 6 个特点：①成果并非先前学习结果的累计或平均，而是学生完成所有学习过程后获得的最终结果；②成果不只是学生相信、感觉、记得、知道和了解，更不是学习的暂时表现，而是学生内化到其心灵深处的过程历程；③成果不仅是学生所知、所了解的内容，还包括能应用于实际的能力，以及可能涉及的价值观或其他情感因素；④成果越接近"学生真实学习经验"，越可能持久存在，尤其是经过学生长期、广泛实践的成果，其存续性更高；⑤成果应兼顾生活的重要内容和技能，并注重其实用性，否则会变成易忘记的信息和片面的知识；⑥"最终成果"并不是不顾学习过程中的结果，学校应根据最后取得的顶峰成果，按照反向设计原则设计课程，并分阶段对教学成果进行评价。

（三）持续改进

工程教育专业认证的过程，就是一个持续改进的过程。如果一个专业的持续改进做到位了，那么满足工程教育专业认证要求进而通过专业认证就成了必然。这要求被认证的专业建立一种具有"评价—反馈—改进"反复循环特征的持续改进机制，从而实现"3 个改进、3 个符合"的功能，即能够持续地改进培养目标，以保障其始终与内、外部需求相符合；能够持续地改进毕业要求，以保障其始终与培养目标相符合；能够持续地改进教学活动，以保障其始终与毕业要求相符合。

工程教育专业认证的通用标准有 7 条，包括：学生、培养目标、毕业要求、持续改进、课程体系、师资队伍、支持条件。其中第 4 条标准专指持续改进，但应该指出的是，在评价专业的持续改进时不能孤立地考查第 4 条标准，而是以第 4 条标准为核心、结合其余 6 条标准进行全面考查。

工程教育专业认证标准的 7 条标准项的关系如图 3-7 所示，最终的教育出口为学生能力，以此为依据制定专业培养目标和毕业要求，逆向设计支撑培养目标和毕业要求达成的课程体系，并利用师资队伍和支持条件对课程体系进行保障，其遵循的原则和理念即以学生为中心，以成果为导向，而持续改进则是贯穿整个认证体系，在各个环节都渗透着持续改进的理念，是学校教育质量管理体系中重要的一环。

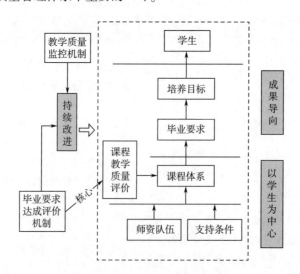

图 3-7　工程教育专业认证标准中 7 条标准项的关系示意图

资料来源：盛婧，2021.

六、 工程教育专业认证的标准

我国的工程教育认证标准由通用标准和专业补充标准两部分构成，内容覆盖了《华盛顿协议》提出的毕业生素质要求，具有国际实质等效性。其中，通用标准规定了专业在学生、培养目标、毕业要求、持续改进、课程体系、师资队伍和支持条件 7 个方面的要求；专业补充标准在课程体系、师资队伍和支持条件 3 个方面规定了相应专业类的特殊要求（图 3-8）。认证标准各项指标的逻辑关系为：以学生为中心，以培养目标和毕业要求为导向，通过足够的师资队伍和完备的支持条件保证各类课程教学的有效实施，并通过完善的内外部质量保障机制保证质量的持续改进和提升，最终使学生培养质量满足要求。

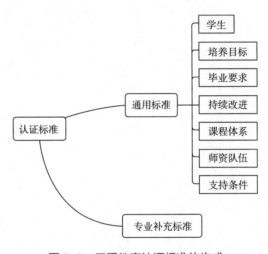

图 3-8　工程教育认证标准的构成

OBE 理念下认证通用标准 7 个部分之间的关系可以用图 3-9 表示，每项要求的背后是对培养目标和毕业要求达成的支撑，核心是学生表现，通过学生反馈进行持续改进，形成教学体系闭环控制。这就要求培养方式一定是以学生为中心，以有利于达成培养目标和毕业要求为导向，以能实现培养目标和毕业要求达成的课程体系为基础，以师资与其他支撑条件为保证，以持续改进机制作为质量控制的有力手段。

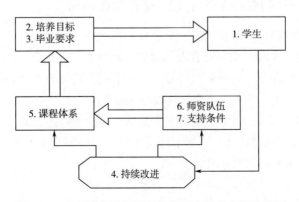

图 3-9　工程教育认证通用标准 7 个部分之间的关系

以目前参与认证高校需要填写的自评报告第四部分"持续改进"为例，标准达成度评价体系见图3-10，旨在促进学校和教师对培养目标、毕业要求、整个教学过程进行评价，构建长效的持续改进机制。

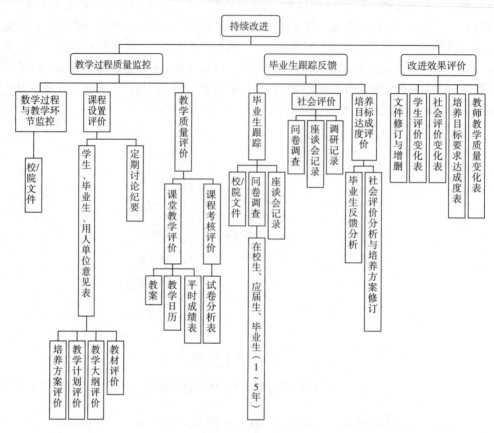

图3-10　"持续改进"部分标准达成度评价体系

资料来源：张振林，2019.

《工程教育认证标准（2017版）》请见二维码3-2。

七、 我国食品科学与工程专业教育认证

二维码3-2

目前，我国已有数百所大学及学院设立了食品科学与工程专业，尽管该专业属于工科性质，开设院校却有着农业大学、师范大学、综合大学等不同背景，导致各学校专业培养体系差异较大，而工程教育认证标准注重工程训练，突出实践环节。因此，有大量院校的食品科学与工程专业因达不到此类要求而未能通过认证。根据2021年6月中国工程教育专业认证协会发布的数据，目前我国食品科学与工程专业共有43所高校通过认证，远低于开设本专业的院校数量。因此，我国的食品科学与工程专业认证的发展空间依然很大。

第二节　基于工程教育专业认证的食品科学
与工程专业培养目标与毕业要求

　　培养目标是人才培养的出发点和归宿，是构建课程体系和开展教学活动基本依据。毕业要求是学生通过学习可以具备什么、能够做成什么的具体要求，是学生毕业时在知识、能力、素质等方面的学业成果，能够全面系统的支撑人才培养目标的达成。确立培养目标和毕业要求是优化人才培养方案的前提条件，规定着高校应用型人才培养的性质和方向。

一、　应用型人才培养目标

（一）应用型人才培养目标的确立

　　应用型人才培养目标受到社会对应用型人才业务规格、类型的需要与学生全面发展要求的共同制约。既反映了教育与社会的关系，即社会对人才的需求，又体现了教育与学生的关系，即学生全面发展的需求。应用型人才培养目标是对学生毕业五年左右能够取得的职业与专业成就的总体描述，即高校对应用型人才五年后具备的知识、能力、素质的整体规划，统筹推进。人才培养目标依据高校的服务面向、自身优势、未来需求等进行确立。

　　1. 服务面向

　　高校要合理估计近期和远期的国家或地方政治、经济、文化、科技等方面的发展的前沿趋势，对照地区对应用型人才素质和特点的要求及高校自身在人才培养方面的实际情况，确定应用型人才培养目标，使应用型人才培养规格符合国家或地方发展需要，要实现服务国家或地方发展的重要职能和使命，要明确应用型人才培养思路，设计培养路径，提高人才培养的针对性、实效性、契合度，为国家或地方支柱产业培养应用型人才，提供高水平科技文化服务支撑力度，使国家或地方高校成为促进经济社会发展的动力源泉。

　　2. 自身优势

　　高校在履行教育教学、科学研究和社会服务的过程中，逐渐形成本校独特的，优于其他高校的，被社会大众认同接受的办学特色、培养理念、培养方式。通过依托区域经济发展趋势，行业企业发展需要，努力在高校自身优势与区域特色之间找准高校未来发展的"着力点"，善于发现和挖掘自身潜在的办学特色，通过进一步努力将潜在特色发展成为显性竞争优势。积极与行业企业合作，依据地方资源特色，满足行业企业需求，共同研发优质校本课程，优化教学内容，走出一条独具特色的可持续发展之路。

　　3. 未来需求

　　随着科学技术发展和产业结构优化重组，行业不断提升对应用型人才的培养层次、知识储备、能力结构的需求。高校切实把满足国家或地方发展需求和促进学生的全面可持续发展作为出发点，积极开展对行业市场、同类高校、毕业学生的调研，获得用人单位和社会对未来应用型人才需求的可靠资料。必须加强与工业界和企业界的联系，积极开展人才需求状况调查，分析预测未来行业市场对应用型人才素质和特点的要求，充分聆听教师与学科专家、学生与校友、工业界等利益相关者的期望与建议，明确应用型人才的业务规格要求和标准，不断更新应用型人才培养目标，培养出满足未来社会发展趋势的应用型人才。

（二）2020版我国工程教育专业认证通用标准中对培养目标的描述

2020版我国工程教育专业认证通用标准中对培养目标的描述为：有公开的、符合学校定位的、适应社会经济发展需要的培养目标。培养目标是对该专业毕业生在毕业后5年左右能够达到的职业和专业成就的总体描述，应体现德智体美劳全面发展的社会主义事业合格建设者和可靠接班人的培养总目标。专业制定培养目标时必须充分考虑内外部需求和条件，包括学校定位、专业具备的资源条件、社会需求和利益相关者的期望等。专业应通过各种方式使利益相关者（特别是专业教师）了解和参与培养目标的制定过程，在培养目标的内涵上达成共识。专业应有明确的公开渠道公布和解读专业的培养目标，使利益相关者知晓和理解培养目标的含义。

（三）基于培养目标建立合理的课程教学目标

对于本科教学来讲是学生毕业后的最低能力标准，是学校和专业对社会的承诺，是培养工程技术人才的基础。传统的教学已经形成了非常成熟的知识体系和教学流程，将知识体系划分成相对独立、界限分明的知识模块，教师更多的是以知识体系为基础，参考现有的知识模块、相关资料、学校与专业定位，结合教师自身的体会完成课程教学目标的设计和教学的实施，较少参考社会、行业及用人单位的需求。而且在学校、教师、学生甚至是企业之间普遍存在一种观点，即在学校学习阶段，学生更多的是通过识记接受、储备专业基础知识，并通过课后作业、训练项目、考试等方式培养学生自学的能力。教师只需按流程和知识体系进行教学，学生只需按教学计划进行学习即可，很少顾及知识的整体性及学生学习效果，更遑论与其他关联课程之间的关系。

而随着科技和生产力的急速发展以及人们观念的更新，传统的教学模式不能再满足社会发展需求，在当前的本科教学过程中，"产学研用"模式的推进，要求学生毕业即有一定的专业实践及应用能力，这种转变使得课程教学亟须打破旧的观念，需在课程教学过程中考虑行业、企业的应用需求，考虑学生毕业后具备迅速将知识转化成生产力的能力。在教学过程中考虑学生的学习成效，要求学生在学习伊始就有明确的目标和预期表现，每门课程都是走向最终目标的一块砖、一片瓦。教师则应该明确所授课程对学生最终目标的贡献，通过课程目标、课程内容、教学方法等设计来帮助和引导学生更好地实现目标，并通过合理的考核对学生的学习成效进行评价，以保证学生能力的最终达成。

因此，在基于培养目标的课程教学过程中，教师应详细深入地了解学校定位、专业培养目标及毕业要求，理解所教授课程在学生能力体系中的位置及作用，了解本专业用人单位对毕业生能力需求中哪些与所教授课程相关，结合课程相关参考资料，建立课程教学目标，使其按照一定的逻辑由浅入深、由简入繁，易于学生理解，易于教学安排，易于学习效果评价，同时也应该了解如何与其他课程协同帮助学生实现对应能力的培养。

二、基于工程教育认证的食品科学与工程专业毕业要求

（一）基于工程教育认证的食品科学与工程专业毕业要求的制定

毕业要求是对学生毕业时所具备的知识、能力、素质结构的具体描述，是学生完成学业时所取得的学习成果的基本要求。基于工程教育认证的食品科学与工程专业毕业要求主要依据应用型人才培养目标进行制定，并能够全面支撑应用型人才培养目标的达成。将毕

业要求分解成多个可衡量、可评价、有逻辑性的指标点，细化毕业要求有利于指导教师有针对性地教学，学生有目的性地学习。教师能从指标点中找到本课程应承担的责任，知道如何组织教学，如何通过考核评价判定其达成状况。学生能从指标点中看出自己应具有的能力，知道如何通过作业、试卷报告、论文等提升自己相应的能力。工程教育专业认证通用标准中 12 条毕业要求细分为 4 个维度，包括知识维度、解决问题能力维度、技能维度、态度维度。

工程教育专业认证通用标准的 12 条毕业要求中仅有 5 条关于工程知识和解决问题的能力，而有 7 条指向相关技能、态度领域，毕业要求知识、能力、素质覆盖更全面，更细化且可考查。解答学生做成什么，是学生的专业知识、技能和分析问题、解决问题的能力；学生该做什么，是学生的思想道德价值取向、社会责任感和人文关怀；学生能做什么，是学生应具备的综合素质和职业发展能力。通用标准具有一般性，普遍适用于工程学科的应用型人才培养，毕业要求知识、能力、素质覆盖更全面，更细化且可考查，为制定应用型人才培养的毕业要求提供参照标准。应用型人才的知识维度，具备熟练掌握英语、计算机等通用工具性知识，具有一定的人文社会与自然科学知识，相对系统和扎实的专业基础知识，拥有岗位所需的专业实践知识；应用型人才的解决问题能力维度，具备将专业知识、专业理论转化的应用能力，拥有解决实际问题的专业实践能力；应用型人才的技能维度，岗位适应能力，胜任职业岗位需求的能力，进行职业转换、迁移的能力，持续的学习能力、创新能力；应用型人才的态度维度，拥有自我身心调适能力，具有团队合作精神、良好的职业道德、高尚的社会责任感。

（二）2020 版我国工程教育专业认证通用标准中对毕业要求的描述

专业必须有明确、公开、可衡量的毕业要求，毕业要求应能支撑培养目标的达成。专业制定的毕业要求应完全覆盖以下内容。

1. 工程知识

能够将数学、自然科学、工程基础和专业知识用于解决复杂工程问题。

本标准项对学生的"工程知识"提出了"学以致用"的要求。包括两个方面，其一，学生必须具备解决复杂工程问题所需数学、自然科学、工程基础和专业知识；其二，能够将这些知识用于解决复杂工程问题。前者是对知识结构的要求，后者是对知识运用的要求。

2. 问题分析

能够应用数学、自然科学和工程科学的基本原理，识别、表达、并通过文献研究分析复杂工程问题，以获得有效结论。

本标准项对学生"问题分析"能力提出了两方面的要求：其一，学生应学会基于科学原理思考问题；其二，学生应掌握"问题分析"的方法。前者是思维能力培养，后者是方法论教学。

本标准项描述的能力可通过数学、自然科学、工程基础、专业基础类课程的教学来培养和评价。教学上应强调"问题分析"的方法论，培养学生的科学思维能力。

3. 设计/开发解决方案

能够设计针对复杂工程问题的解决方案，设计满足特定需求的系统、单元（部件）或工艺流程，并能够在设计环节中体现创新意识，考虑社会、健康、安全、法律、文化以及环境等因素。

本标准项对学生"设计/开发解决方案"的能力提出了广义和狭义的要求，广义上讲，学生应了解"面向工程设计和产品开发全周期、全流程设计/开发解决方案"的基本方法和技术；狭义上讲，学生应能够针对特定需求，完成单体和系统的设计。

本标准项描述的能力可通过设计类专业课程、相关通识课程，以及课程设计、产品或过程设计、毕业设计等实践环节来培养和评价。

4. 研究

能够基于科学原理并采用科学方法对复杂工程问题进行研究，包括设计实验、分析与解释数据，并通过信息综合得到合理有效的结论。

本标准项要求学生能够面向复杂工程问题，按照"调研、设计、实施、归纳"的思路开展研究。

本标准项描述的能力可通过相关理论课程、实验课程、实践环节，以及课内外各类专题研究活动来培养和评价。

5. 使用现代工具

能够针对复杂工程问题，开发、选择与使用恰当的技术、资源、现代工程工具和信息技术工具，包括对复杂工程问题的预测与模拟，并能够理解其局限性。

本标准对学生"使用现代工具"的能力提出了"开发、选择和使用"的要求。现代工具包括技术、资源、现代工程工具和信息技术工具。

本标准项描述的能力可通过相关的专业基础课程、专业课程和实践环节来培养和评价。

6. 工程与社会

能够基于工程相关背景知识进行合理分析，评价专业工程实践和复杂工程问题解决方案对社会、健康、安全、法律以及文化的影响，并理解应承担的责任。

本标准项要求学生关注工程与社会的关系，理解工程项目的实施不仅要考虑技术可行性，还必须考虑其市场相容性，即是否符合社会、健康、安全、法律以及文化等方面的外部制约因素的要求。标准中提及的"工程相关背景"是指专业工程项目的实际应用场景。标准中所指的"对社会、健康、安全、法律以及文化的影响"不是一个宽泛的概念，是要求学生能够根据工程项目的实施背景，针对性的应用相关知识评价工程项目对这些制约因素的影响，理解应承担的相应责任。

本标准项描述的能力可通过相关通识课程，专业课程和实习、实训等实践环节来培养和评价。

7. 环境和可持续发展

能够理解和评价针对复杂工程问题的工程实践对环境、社会可持续发展的影响。

本标准项要求学生必须建立环境和可持续发展的意识，在工程实践中能够关注、理解和评价环境保护、社会和谐，以及经济可持续、生态可持续、人类社会可持续的问题。

本标准项描述的能力可通过涉及生态环境、经济社会可持续发展知识的相关课程，以及专业课程和实践环节来培养和评价。

8. 职业规范

具有人文社会科学素养、社会责任感，能够在工程实践中理解并遵守工程职业道德和规范，履行责任。

本标准项对工科学生的人文社会科学素养、工程职业道德规范和社会责任提出了要求。

"人文社会科学素养"主要是指学生应树立和践行社会主义核心价值观,理解个人与社会的关系,了解中国国情,明确个人作为社会主义事业建设者和接班人所肩负的责任和使命。"工程职业道德和规范"是指工程团体的人员必须共同遵守的道德规范和职业操守,不同工程领域对此有更细化的解读,但其核心要义是相同的,即诚实公正、诚信守则。工程专业的毕业生除了要求具备一定的思想道德修养和社会责任,更应该强调工程职业的道德和规范,尤其是对公众的安全、健康和福祉,以及环境保护的社会责任。

本标准项描述的能力可通过思想政治、人文艺术、工程伦理、法律、职业规范等课程,以及社会实践、社团活动等实践环节来培养和评价。工程职业道德的培养应落实到学生基本品质的培养,如诚实公正(真实反映学习成果、不隐瞒问题、不夸大或虚构成果等);诚信守则(遵纪、守法、守时、不作弊、尊重知识产权等)。考核评价应更关注学生的行为表现。

9. 个人和团队

能够在多学科背景下的团队中承担个体、团队成员以及负责人的角色。

本标准要求学生能够在多学科背景下的团队中,承担不同的角色。强调"多学科背景"是因为工程项目的研发和实施通常涉及不同学科领域的知识和人员,即便是某学科或某个人承担的工程创新和产品研发项目,其后续的中试、生产、市场、服务等也需要不同学科的人员协作,因此学生需要具备在多学科背景的团队中工作的能力。

本标准项描述的能力可通过课内外的各种教学活动,通过跨学科团队任务,合作性学习活动来培养和评价,并通过合理的评分标准,评价学生的表现。

10. 沟通

能够就复杂的工程问题与业界同行及社会公众进行有效沟通和交流,包括撰写报告和设计文稿、陈述发言、清晰表达或回应指令,并具备一定的国际视野,能够在跨文化背景下进行沟通和交流。

本标准对学生就专业问题进行有效沟通交流的能力,及其国际视野和跨文化交流的能力提出了要求。

本标准项描述的能力可通过相关理论和实践课程、学术交流活动、专题研讨活动来培养。通过合理的评分标准,评价学生的表现。

11. 项目管理

理解并掌握工程管理原理与经济决策方法,并能在多学科环境中应用。

本标准所述的"工程管理原理"主要是指按照工程项目或产品的设计和实施的全周期、全流程进行的过程管理,包括多任务协调、时间进度控制、相关资源调度,人力资源配备等。"经济决策方法"是指对工程项目或产品的设计和实施的全周期、全流程的成本进行分析和决策的方法。

本标准项描述的能力可通过涉及工程管理和经济决策知识的相关课程,以及设计类、研究类、实习实训类实践环节来培养和评价。

12. 终身学习

具有自主学习和终身学习的意识,有不断学习和适应发展的能力。

本标准强调终身学习的能力,是因为学生未来的职业发展将面临新技术、新产业、新业态、新模式的挑战,学科专业之间的交叉融合将成为社会技术进步的新趋势,所以学生必须建立终身学习的意识，具备终身学习的思维和行动能力。

第三节　基于工程教育认证的食品科学与工程专业课程体系

课程是实现培养目标的重要载体，是知识、能力与价值观培养的集合，每门课程的设置都要对基于工程教育认证的食品科学与工程专业应用型人才培养目标的知识、能力、素质具有明确的支撑关系，或者说每门课程都要对应用型人才培养目标的达成具有明确的贡献度。课程设置和课程体系在整个应用型人才培养方案中占据十分重要的地位，优化课程设置与课程体系，以期提高应用型人才培养质量。

一、基于 OBE 的课程体系

（一）基于 OBE 的课程体系的构建

OBE 理念即成果导向教育理念，它要求课程体系围绕"成果"形成尽可能量化的专业设计与课程开发，以用来支撑毕业要求的达成。因此，课程设计要跳出学科中心和教师中心，课程评价不再过多关注学生的课程分数，而是讲究课程的实用性，关注课程结束后学生真正具备的能力。因此，通过绘制课程地图，让学生清楚知道自己要学什么，怎么学，能学到什么程度。从课程体系设计上，要实现从"讲得明白"到"明白地讲"转变，即让学生明白课程目标、专业目标、教学活动、教学内容、学习方式、考核办法、评价方式等。这就要设计一套与培养目标、毕业要求、课程设置、知识掌握程度、教学策略、考核办法以及评价方式等相匹配的一系列课程体系逻辑结构框架（表 3-2）。

表 3-2　　　　　　　　　　OBE 理念下课程体系逻辑结构框架

培养目标	毕业要求	课程设置		教学策略	考核办法	评价方法	……
		课程名称	支撑度				
	要求 1	指标点 1					
		指标点 2					
		……					
目标 1	要求 2	指标点 1					
		指标点 2					
		……					
	要求……	……					
目标 2	要求 1	指标点 1					
		指标点 2					
		……					

续表

培养目标	毕业要求	课程设置		教学策略	考核办法	评价方法	……
		课程名称	支撑度				
		指标点 1					
目标 2	要求 2	指标点 2					
		……					
	要求……	……					
目标……	……	……					

资料来源：周杰，黄小卉，2018.

这种课程设计结构在西方称为课程地图（Curriculum mapping），这是一种"以课程规划指引学生未来升学与就业的发展方向，是为让学生了解课程规划与未来职业生涯选择的关系，以便学生进行自我生涯规划，理清职业生涯选择，进而改善学生的学习成就与提升学习兴趣，并聚焦学生学习历程档案"。它兴起于 20 世纪 80 年代的美国，其初衷是为了保证制定的学习成果能够在教学计划、课程教学和学业测评中落到实处，从而保证人才培养的最低质量要求。课程地图要求学校为学生设计未来的职业生涯、升学与就业所做的课程路线规划图，利用这个规划图，帮助学生根据自己的发展意向去选择课程的学习路径，从而少走弯路。利用课程地图，课程计划和教学过程可以通过图表方式可视化地表现出来，从而活化传统的教学计划和教师教案，目的与 OBE 理念如出一辙。

（二）课程体系的优化

高校依据应用型人才培养目标和毕业要求，依托学科、面向应用，以能力为本，职业为导向，统筹知识、能力和素质一体化、多样化课程，将课程体系进行分层，按一定的结构、比例、顺序优化课程设置，融合相关学科领域知识，构建完善、合理的课程体系。课程体系大致分为理论课程、实践课程两大类，促进应用型人才的全面发展，增强应用型人才的社会适应性，满足行业企业的现实需求。

1. 加强理论课程应用性，开发学生运用知识能力

在课程体系优化的过程中，依据应用型人才培养目标的要求，自身师资力量、学生基础等实际情况，对理论课程进行调整和优化，打破课程之间的壁垒，减少课程内容的烦琐与重复。地方本科高校理论课程，从纵向上划分为通识课程+专业课程+学科基础课程三类，从横向上划分为必修课和选修课两类。理论课程重视知识的应用性，加强理论课程整合，实现课程资源优化配置。地方本科高校加强通识限选课程、通识任选课程比例，为学生提供广泛的选课面，拓宽知识基础，沟通文理修养，开阔学生学术视野，激发学习兴趣，为学生个性发展提供广阔的空间，培养学生的可持续发展能力和健全人格；专业课程是每个专业最核心的部分，以跨学科的方式选择课程内容、组织和整合课程，注重知识结构的系统性和知识点布局的全面性，培养学生掌握学科专业基础知识，专业基本技能；学科基础课程注重不同学科知识的相互渗透、融合，培养学生的多元化的思维方式，强调能力的复合性和可迁移性，提高学生多视角解决问题的能力，满足学生职业发展的需要及学生终身学习的需要。

2. 提高实践课程实效性，增强学生解决问题的能力

实践课程是以培养应用型人才探究能力、应用能力、解决问题能力为重点的课程，是培养应用型人才最直接、最有效的方式。实践课程体系以"高校育人"与"企业用人"为主线，把理论与实践相结合，增强学生知识应用、知识转化和技能操作等解决问题能力的培养。实践课程体系在纵向上主要包括实验类、实习实训类、毕业设计（论文）与综合训练等；在横向上分为必修与选修两类。对原有实践课程进行优化重组，增加设计性、综合性和创新性的实验和实训课程，加大实践课程学时学分比例，要求实践课程比重不低于总体课程比重的30%。高校与企业、高校与科研院所、高校与高校共同建设基础实践、专业实践、创新实践课程模块，将企业实际工程项目引入到实践课程中，鼓励学生积极参加工程项目的开发、设计和研究。由高校与企业中实践经验丰富的工程师和高级技术人员，共同开发选修实践课程，突出选修实践课程的应用性，积极增开与地方经济社会发展结合紧密的特色选修课，实现选修课程的专题化、多样化和个性化，培养学生分析问题和解决问题的能力。

（三）2020 版工程教育认证标准中对课程体系的描述

课程设置能支持毕业要求的达成，课程体系设计有企业或行业专家参与。课程是实现毕业要求的基本单元，课程能否有效支持相应毕业要求的达成是衡量课程体系是否满足认证标准要求的主要判据。

本项标准项的核心内涵是要求专业的课程体系应围绕立德树人根本任务，将思政课程与课程思政有机结合，实现全员全程全方位育人，课程设置能够"支持"毕业要求的达成。所谓"支持"包括两层含义：其一，整个课程体系能够支撑全部毕业要求，即在课程矩阵中，每项毕业要求指标点都有合适的课程支撑，并且对支撑关系能够进行合理的解释。其二，每门课程能够实现其在课程体系中的作用，即课程大纲中明确建立了课程目标与相关毕业要求指标点的对应关系；课程内容与教学方式能够有效实现课程目标；课程考核的方式、内容和评分标准能够针对课程目标设计，考核结果能够证明课程目标的达成情况。合理的课程体系设计应以毕业要求为依据，确定课程体系结构，设计课程内容、教学方法和考核方式。要求企业或行业专家参与课程体系设计过程的目的是保证课程内容及时更新，与行业实际发展相适应。

需要注意的是，通用标准的12项毕业要求中特别强调培养学生"解决复杂工程问题的能力"，而课程支持与否是该能力培养是否真正落实的重要判据，因此支持毕业要求的所有课程都应该将"解决复杂工程问题"的能力培养作为教学的背景目标，各类课程应各司其职，共同支撑该能力的达成。

课程体系必须包括：

1. 与本专业毕业要求相适应的数学与自然科学类课程（至少占总学分的15%）

这是针对数学与自然科学类等基础课程设置提出的要求。内涵包括三个方面：一是该类课程学分比例应不低于15%；二是课程设置应该符合专业补充标准要求；三是课程的教学内容和效果应该能够支撑相应毕业要求达成。

2. 符合本专业毕业要求的工程基础类课程、专业基础类课程与专业类课程（至少占总学分的30%）

工程基础类课程和专业基础类课程能体现数学和自然科学在本专业应用能力培养，专业类课程能体现系统设计和实现能力的培养。

内涵包括三个方面，一是该类课程学分比例不低于 30%；二是课程设置应该符合专业补充标准要求；三是课程的教学内容和效果应该能够支撑其在课程矩阵中的作用，工程基础类和专业基础类课程的教学内容能体现运用数学、自然科学和工程科学原理分析、研究专业复杂工程问题的能力培养，专业类课程能体现系统设计和有效实现复杂工程问题解决方案的能力培养。

3. 工程实践与毕业设计（论文）（至少占总学分的 20%）

设置完善的实践教学体系，并与企业合作，开展实习、实训，培养学生的实践能力和创新能力。毕业设计（论文）选题要结合本专业的工程实际问题，培养学生的工程意识、协作精神以及综合应用所学知识解决实际问题的能力。对毕业设计（论文）的指导和考核有企业或行业专家参与。

这是对实践教学环节提出的要求。专业应建立完善的实践教学体系，包括全体学生参与的综合实验项目、实习、实训、课程设计等工程实践和毕业设计（论文）等教学环节，有质量控制标准和管理规范。实践教学环节学分比例不低于 20%，实践训练内容符合专业补充标准要求。实习、实训过程实施状况和实际效果应该能够支撑其在课程矩阵中的作用，能体现培养学生的实践能力和创新能力。毕业设计（论文）选题应结合本专业的工程实际问题，能体现培养学生的工程意识、协作精神以及综合应用所学知识解决实际问题的能力；有企业或行业专家参与毕业设计（论文）的指导和考核。

4. 人文社会科学类通识教育课程（至少占总学分的 15%）

以上是针对通识教育课程设置提出的要求。内涵包括三个方面：一是该类课程学分比例不低于 15%；二是课程设置应该符合专业补充标准要求；三是课程教学内容和效果应该能够支撑其在课程体系能力矩阵中的作用，帮助学生树立正确的价值观，使学生在从事工程设计时能够考虑经济、环境、法律、伦理等各种制约因素。

（四）课程教学质量评价体系

高校课程教学质量评价在"以学生为中心""成果导向（OBE）"和"持续改进"原则下通过多样化的评价方式对学生学习成效、实际能力的获得、课程目标以及毕业要求的达成进行合理评价，形成促进教学质量和学生实际能力提升的良性循环机制，为专业培养目标和毕业要求达成情况评价提供持续有效的数据支撑。

1. 课程教学质量评价责任机构

在课程教学质量评价体系中建立由院系领导、专业负责人、教学管理人员、课程组成员及任课教师组成的责任机构，对课程教学质量评价进行组织、管理、评价和监督。其职责是制定、修订课程教学质量评价相关制度，组织并实施课程教学质量评价活动，对课程教学质量相关数据进行收集、整理、评价并提出相应的改进措施，对教学质量评价的组织、实施、评价、执行及归档情况进行监督和协助，同时为课程教学质量评价的顺利开展提供咨询、指导、保障等服务。在这里需要特别说明的是，责任机构必须成立由熟知本专业教学工作的专家和教师组成的课程质量评价依据与结果的合理性审核机构，负责对课程教学大纲、评价方法及内容、评价结果的合理性进行审核，以确保整个课程教学质量评价是在以学生为中心、以成果为导向的基础上设计、实施及评价的。

2. 制度性文件

为了保障课程教学质量评价顺利开展，专业需形成明确的制度性教学管理文件，明确课程教学质量评价的组织、实施方法及执行的原则，并体现教学质量要求及其与专业毕业要求的关联要求等内容，如《课程教学质量评价实施方法》《课程教学大纲制修订办法》《课程教学监督管理办法》《课程教学目标达成情况评价办法》等。通过制度性文件的制定和实施保障课程教学质量评价的顺利实施。

3. 评价主体和评价方法

为了客观、全面地对课程教学质量进行评价，课程教学质量评价体系中应设置多元化的评价主体，并提出与之相对应的包含直接评价和间接评价在内的多种考核评价方法，明确各评价方法在评价过程中的地位、实施途径、收集和数据处理办法等。评价主体应包含课程教学组织者、监督管理者及其他利益相关者，如院校教学督导、院系教学负责人、专业负责人、课题组组长、同事、学生、行业企业单位等。教学评价方法可以分为直接评价法和间接评价法两大类，其中直接评价法可包含作业、课堂测验、阶段性测试、实验、专题报告、期末考试、绩效评估等，间接评价法可包含问卷调查、座谈与访谈、专题讨论等。

4. 评价指标体系及评价周期

专业应针对课程性质及其在课程体系中的地位和作用制定合理的评价指标体系，评价指标体系包含教师教学态度、教学能力、课程教学方式方法、课程考核内容、考核指标、考核评价标准、学生学习状态及结果等内容，但无论是对教师教学的评价还是对学生学习的评价，都应遵循以学生学习成效为核心进行设计和实施的原则。根据课程授课周期提出课程教学质量评价的周期，如1学期或1学年。

5. 课程教学质量评价过程

专业规定课程教学质量评价过程主要包括：课程的设置及合理性评价，课程教学文件（如教学大纲、教案、教学计划、教学课件等）制定及合理性评价，课程考核实施及合理性评价，课程教学质量评价结果数据的收集、整理、分析及合理性评价，教学改进措施提出与合理性评价及反馈等内容。在教学实施前，评价责任人对课程目标的设置及其是否与专业毕业要求相匹配进行评价，对课程教学内容、教学方法、课程考核及评价标准的合理性及其是否能够支撑课程目标的达成进行评价。课程教学实施过程中，院系领导、教学督导、其他教师、学生通过听课、作业、阶段性测试、问卷调查等方式对教学过程进行评价，随时对课程教学过程中发现的问题进行梳理并及时做出调整。课程结束后，教师结合课程目标制定课程考核内容、考核方法、考核结果收集、处理方法，经合理性评价机构审核后实施，对评价结果进行整理并提出课程持续改进措施，经审核合格后实施。

二、 课程设置

（一）课程设置的依据和原则

1. 课程设置的依据

课程设置需重视课程结束后学生真正获得的能力，更加关注课程设置的实用性、科学性。从逻辑上看，围绕学生为中心，如果将培养目标看作横坐标，毕业要求看作纵坐标，二者便可构成一个二维空间。如果将标准和要求逐一细化，二者的交叉处便构成了具体的课程设置，从而形成一个纵横交错的课程设置坐标图（图3-11）。在坐标图中，培养目标与毕业要求可分解成若干个指标，每个指标须逐条落实到每一门具体课程中。

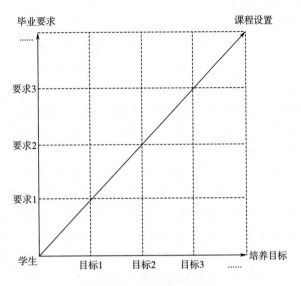

图 3-11 课程设置坐标图

资料来源：周杰，黄小卉，2018.

在坐标图中，以学生的需求为出发点，培养目标为导向，把毕业要求细分为若干个能力指标点来指导每门课程的设置。毕业要求的指标点能够与课程一一对应，并且每个能力指标点都有一门或多门课程进行支撑（表 3-3）。

表 3-3　　　　　　　　　课程与毕业要求指标点之间相互支撑映射关系表

毕业要求	课程体系			
	课程 1	课程 2	课程 3	……
毕业要求 1				
指标点 1.1			M（中）	
指标点 1.2	H（高）			
……				
毕业要求 2				
指标点 2.1			W（弱）	
指标点 2.2		H（高）		
……				

资料来源：何晓蓉等，2018.

基于工程教育认证下的应用型人才培养目标与课程设置关系密切，使得知识、能力、素质结构中的每一条要求都有多门课程进行支撑，或者说每门课程都要对实现毕业要求具有贡献。根据每门课程对各项毕业要求的支撑强弱程度，进行课程的优化合理设置，保证课程设置对学生毕业要求的全面支撑，既可以降低课程设置的盲目性和随意性，又可以缓解由于课程设置的不合理造成的课程资源重复、遗漏等问题。

2. 课程设置的原则

课程设置要满足学生主体发展的需要。在课程设置的整体思路上，改变以知识能力大纲对课程结构的布局要求，摆脱课程设置中学科知识的罗列堆砌，杜绝课程间的内容重复。将学生视为具有主动性、能动性和创造性的个体。学生是课程的主人，要重视调动学生的主观能动性，引导学生积极地参与课程学习、能动地获取知识、培养能力、提升素质，在学习课程的过程中实现全面的发展。不仅要明确每一门课程在应用型人才培养中贡献的高低，更要清晰每一项目标的实现需要哪些课程进行共同支撑。

课程设置要符合应用型人才培养目标的要求。应用型人才培养目标是对学生在知识、能力和素质方面提出的理想预期，课程设置必须支撑应用型人才培养目标的各项要求，是决定应用型人才培养目标是否达成的关键因素。课程设置要主动满足国家新型工业化发展的需求，重点加大工程及专业相关、工程实践课程设置比例，培养具有完整的科学知识结构，工程实践能力较强的应用型人才，保障应用型人才培养目标、毕业要求的达成。

课程设置要面向学科专业的未来发展的趋势。随着科技经济的发展、学科交叉融合与新兴学科的涌现，学科专业领域的知识和信息不断得到更新、交叉和融合，要及时认清学科发展形势和走向，准确把握学科专业的发展脉络及前沿信息，及时更新应用型人才培养的学科知识储备，吸收现代科学技术发展最新成果，满足应用型人才职业发展和行业企业未来需求。

（二）食品科学与工程专业课程设置

教育部高等学校食品科学与工程专业教学指导委员会颁布的《食品科学与工程类教学国家质量标准（2018年版）》对我国食品科学与工程专业知识体系和课程体系建议如下。

1. 通识类知识

必须包含的知识领域：外国语、体育、机械基础、工程基础、计算机与信息技术、经济与管理、法律基础、形势与政策等。除国家规定的教学内容外，人文和社会科学、外国语、计算机与信息技术、体育和艺术等内容由各校根据办学定位和人才培养目标确定。

2. 学科基础知识

必须包含的知识领域：主要包括数学、物理学和化学，以及生物化学、食品微生物学、食品营养学，在讲授相应专业基本知识领域和专业方向知识时，应讲授相关的专业发展历史和现状。

数学、物理学、化学的教学内容应不低于教育部相关课程教学指导委员会制定的基本要求。各高校可根据自身人才培养定位提高数学、物理学（含实验）和化学（含实验）的教学要求，以加强学生的数学、物理和化学基础。

3. 核心专业知识领域

食品化学与分析：食品组分的结构和性质；加工、贮藏和使用过程中发生的化学变化；食品和食品成分的定性和定量；物理、化学、生物分析的原理、方法和技术。

食品安全与微生物：食品中的致病性和腐败性微生物；食品体系中的有益微生物。食品体系对微生物生长和生存的影响；微生物的利用与控制。

食品加工与工程：食品原料的特征；食品保藏加工原理与技术；食品加工技术；工程原理：包括质量和能量平衡、热动力学、流体流动、传热和传质；包装材料和方法；食品机械与设备；食品工厂设计；清洁卫生；水和废物处理。

应用食品科学：食品科学原理的集成与应用（食品化学、微生物学、工程/加工等）；计算机技术；统计技术；质量保证；利用统计方法评定食品感官性质的分析和表达方法；食品科学的当前问题；食品法律法规。

成功技能：成功技能是指终身学习能力、批判思维能力和交流技能（如口头交流和书面表达、倾听、采访、展示，等），成功技能的培养必须在低年级课程中介绍，但尽可能在高年级课程中实践。

4. 理论教学基本内容

食品生物化学：生物体的有关物质组成、结构、性质和生物体内的化学变化、能量改变以及生物体内主要物质的代谢途径，生命新陈代谢过程的分子机制，遗传信息传递的分子过程，掌握蛋白质、核酸、酶、糖类、脂类的主要分析和分离方法。

食品化学：食品中主要成分的组成、理化性质及其在加工贮藏中的变化，食品风味成分及食品中有害成分，食品添加剂等。

食品微生物学：微生物的形态、结构、类群、鉴定，微生物的生命活动规律、新陈代谢、遗传变异、传染与免疫，以及对微生物引起的环境污染、食品污染与病害发生及微生物活动的控制等。

食品工程原理：食品工业生产中传递过程与单元操作的基本原理、常用设备及过程的计算方法，包括流体流动、流体输送机械、机械分离与固体流态化、传热、蒸发、蒸馏、传质设备简介，干燥、结晶与膜分离等。

食品工艺学：食品干燥、冷冻、热杀菌、腌制发酵、辐照、化学保藏原理，食品加工工艺以及对食品质量的影响，原料加工特性与产品质量控制。

食品营养学：各类营养素的功能、营养价值、能量平衡，营养与膳食，不同生理状况的营养要求，合理营养的基本要求及功能性食品等。

食品机械与设备：食品分选机械，食品原料的清理与清洗机械，食品输送机械与设备，食品粉碎机械，搅拌、混合及均质机械，蒸发浓缩设备，干燥及热处理机械与设备，食品杀菌设备等。

食品分析：化学分析、仪器分析等方法的原理，食品中各种成分的分析测定等。

食品工厂设计：食品工厂工艺设计，工艺计算，设备选型，公用工程，辅助部门与卫生环保，工业建筑，安全生产，企业组织，技术经济分析等。

食品安全性：动植物内源性天然有害物质，食品的腐败变质，微生物毒素的污染，环境有害物的污染，包装材料和容器中有害物的污染，转基因食品的安全性，危害分析与关键控制点体系等。

5. 实验教学基本内容

食品工艺实验：罐藏食品、果蔬制品、乳制品、大豆制品、肉制品、蛋制品、水产制品、软饮料、糖果和巧克力、粮油制品的工艺制作，食品产品开发与设计。至少选择4类制品实验。

食品分析实验：水分、灰分和矿物质的测定，脂类、碳水化合物、蛋白质的测定，微量元素及添加剂的测定。至少选择4个实验。

这里只列出了食品工艺实验和食品分析实验教学的基本内容，建议有条件的高校，应加强实践教学，还可开设食品化学或生物化学实验、食品微生物实验以及专业综合实验。鼓励各高等学校在完成基本内容的前提下，传授学科的基本研究思路和研究方法，引入基础和应用研究的新成果；根据学科、行业、地域特色和学生就业和未来发展的需要，介绍化学工程、生命科学、材料科学、能源科学、环境科学、药学、医学等相关学科的知识和相关实验仪器设备和实验技能；拓展学生的知识面、开阔视野，构建更加合理和多样化的知识结构，形成自身的特色和优势。

6. 主要实践性教学环节

具有满足教学需要的完备实践教学体系，主要包括实验课程、课程设计、实习、毕业设计（论文）及科技创新、社会实践等多种形式实验实践活动。

实验课程：在无机及分析化学、有机化学、物理化学、食品工程原理、微生物学、食品工艺学、食品分析、食品化学等学科基础课程和专业核心课程中必须包括一定数量的实验。

课程设计：至少完成机械基础、食品工程原理等2个有一定规模的课程设计。

实习与实践：进行必要的工程技术训练，如金工实习、生产实习、专业综合实验、工程实训等。

毕业设计（论文）（含毕业实习）：制定与毕业设计（论文）要求相适应的标准和检查保障机制；对选题、内容、学生指导、答辩等提出明确要求，保证课题的工作量和难度，并给予学生有效指导。选题要符合本专业培养目标要求，一般要结合本专业的工程实际问题，有明确的应用背景，培养学生的工程意识、协作精神以及综合应用所学知识解决实际问题的能力。

7. 专业类课程体系

（1）课程体系构建原则　课程体系是人才培养模式的载体，课程体系构建是高等学校的办学自主权，是体现学校办学特色的基础。结合各自的人才培养目标和培养规格，依据学生知识、素质、能力的形成规律和学科的内在逻辑顺序，体现学科优势或者地域特色。能够满足学生未来多样化发展需要。

（2）理论课程要求　食品科学与工程专业课1300~1700学时，其中选修课约300学时。课程的具体名称、教学内容、教学要求及相应的学时、学分等教学安排，由各高校自主确定。应设置体现学校、地域或者行业特色的相关选修课程。

（3）实践课程要求　实习与实践类课程在总学分中所占的比例不少于25%，实验教学不少于450学时，应加强实验室安全意识和安全防护技能教育，注重培养学生的创新意识和实践能力；构建专业基础实验-专业综合实验-专业研究性实验，多层次的实验教学体系。其中综合性实验和研究性实验的学时不少于总实验学时的20%。专业基础实验至少2人1组，综合实验、大型实验每组不超过6人，除需多人合作完成的内容外，学生应独立完成规定内容的操作。除完成实验教学基本内容外，应建设特色实验或者特色实验项目，满足特色人才培养的需要。

应根据人才培养目标，构建完整的实习（实训）、创新训练体系，确定相关内容和要求，多途径、多形式完成相关教学内容。食品工程方面应当提高实习的教学要求，加强工程训练的教学与实习，提高毕业设计要求，以增强学生的工程能力。欲获得食品科学与工程专业学士学位的学生，须通过毕业论文（设计）或者完成大学生创新实验计划项目等，形成从事科学研究工作或担负专门技术工作的初步能力。毕业论文（设计）应安排在第4学年，原则上为 1 个学期。

此外，建议各高校依据自身办学定位和人才培养目标，以适应社会对多样化人才培养的需要和满足学生继续深造和就业的不同需求为导向，积极探索研究型、应用型、复合型人才培养，或根据不同食品行业，或食品产业链不同环节对人才的需求，培养专门化食品人才。实行建立多样化的人才培养模式和与之相适应的课程体系和教学内容、教学方法，设计优势特色课程，提高选修课比例，由学生根据个人的兴趣和发展进行选修。

三、　食品科学与工程专业课程简介

（一）专业基础课

1. 食品科学与工程导论

食品科学与工程导论是食品科学与工程专业的专业基础课。通过本门课程的学习，要求学生了解食品科学与工程专业发展的沿革与现状、我国食品工业的发展现状与趋势、食品科学与工程中的生物学、食品科学与工程中的化学、食品的加工工艺学、食品开发、管理与营销、食品科学与工程中的新技术、食品文化、职业道德与规范等内容。

2. 食品生物化学

食品生物化学是食品科学与工程专业的专业基础课，它是一门研究食品在人体中变化的学科，主要研究内容包括食品的化学组成及结构、天然食品的代谢变化、食品在人体中的代谢及营养功能，以及加工过程对食品的影响。食品生物化学也是食品加工、食品质量与安全等专业必修的一门专业基础课，是各专业的主干课之一，它为后续专业课的学习打下理论基础，并提供实验技术和方法。

3. 食品微生物学

食品微生物学是食品科学与工程专业的专业基础课。是研究微生物与食品之间相互关系的一门学科，它融合了普通微生物学、工业微生物学、医学微生物学、农业微生物学等与食品有关的内容，同时又涉及到生物化学、免疫学、机械学和化学工程的相关内容。研究对象包括与食品生产、储藏、流通、消费等环节相关的各类微生物，主要是细菌、酵母菌、霉菌、放线菌。通过这门课程的学习掌握食品微生物学的基本知识和基本实验技能，辨别有益的、腐败的和致病的微生物。在食品制造和保藏中，充分利用有益的微生物，为提高产品的数量和质量服务；控制腐败微生物和病原微生物的活动，以防止食品变质和杜绝有害微生物对食品的危害；利用食品微生物学检验分析方法，制定食品中微生物指标，从而为食物中毒的分析和预防提供科学依据。

4. 食品化学

食品化学是食品科学的专业基础课，学习这门课程的目的是了解食品材料中主要成分的结构与性质，食品组分之间的相互作用，以及这些组分在食品加工和保藏中发生的各种变化对食品色、香、味、质构、营养和保藏稳定性的影响。通过这门课程的学习了解食品成分之间的化学反应机制、中间产物和最终产物的化学结构及其对食品的营养价值、感官质量和安全性的影响，掌握食品中各种物质的组成、性质、结构、功能和作用机制。掌握食品储藏与加工技术，开发新产品和新的食品资源等。

5. 食品营养学

食品营养学是食品科学的专业基础课，是营养学的一门分支学科，是研究食物组成成分及营养价值的科学，是研究食品营养与人体健康的一门科学，也是研究食品营养与食品储藏和食品加工关系的科学。通过这门课程的学习了解食品营养与健康的关系，在全面理解人体对能量和营养素的正常需要及不同人群食品的营养要求基础上，掌握各类食品的营养价值，并学会对食品营养价值的综合评定方法，能将评定结果应用于食品生产、食品新资源开发等方面，使我国食品工业在不断发展的同时提供具有高营养价值的食品原料、加工产品和一些新型食品，为调整我国居民的膳食结构、改善营养状况和健康水平服务。

6. 食品保藏原理与技术

食品保藏原理与技术是一门研究食品腐败变质的原因及食品保藏方法的原理和基本工艺，解释各种食品腐败变质现象的机制并提出合理的、科学的预防措施，从而为食品的保藏、加工提供理论基础和技术基础的学科。通过这门课程的学习，掌握食品保藏的基本原理、基础知识和基本技能，培养分析和解决食品保藏中出现问题的能力，发展开发食品保藏新工艺方面的创新思维，为今后学习其他专业基础课和专业课奠定基础。

（二）专业课

1. 食品工艺学

食品工艺学是一门运用化学、物理学、生物学、微生物学和食品工程原理等各方面基础知识，研究食品资源利用、生产和储运的各种问题，探索解决问题的途径，实现生产合理化、科学化和现代化，为人们提供营养丰富、品质优良、种类繁多、食用方便的食品的一门学科。根据研究内容，食品工艺学可划分为罐藏工艺学、果蔬加工工艺学、肉类加工工艺学、乳制品工艺学、饮料工艺学、糖果和巧克力工艺学等。

2. 食品机械与设备

食品机械与设备是一门运用所学的食品工程原理、食品工艺学等基本理论和基础知识，研究食品机械设备的结构、性能、工作原理、使用与维护、设备选型以及一些自动控制的应用等内容的应用型学科。其目的是通过系统地介绍食品工厂机械与设备方面的基础知识，培养学生的工程思维能力和创新思维能力，为日后学生步入食品行业从事食品加工工作打下理论和技术基础。食品机械与设备主要涉及输送、清洗和原料预处理、搅拌及均质、真空浓缩、干燥、装料及检重、排气及杀菌、空罐制造、封罐机、冷冻等单元操作的机械与设备以及典型食品生产线及其机械设备。

3. 食品工厂设计

食品工厂设计是食品科学与工程专业的一门专业课程。它是一门涉及经济、工程和技术等诸多学科的综合性和应用性很强的学科。其目的是使学生在学完食品科学与工程专业的所有课程后，能将所学的知识在食品工厂设计中综合运用，通过毕业设计使学生得到必要的基本设计技能训练。待学生走上工作岗位后既能担负起工厂技术改造的任务，又能进行车间或全厂的工艺设计。

食品工厂设计的内容一般包括：工厂总平面设计、工艺设计、动力设计、给排水设计、通风采暖设计、设备选型、管阀件设计、车间平面及立面设计、管路平面及剖面设计、自控仪表、三废治理、技术经济分析及概算等。

4. 食品分析

食品分析是建立在分析化学、无机化学、有机化学和现代仪器分析等学科基础上的一门综合性的学科。它是食品专业的专业课程之一，是食品产品质量控制、技术监督和卫生监督的理论根据。食品分析方法有感官检验法、物理分析法、化学分析法、仪器分析法、微生物分析法、酶化学分析法等。随着科学的发展，食品分析的方法不断得到完善、更新，在保证分析结果准确度的前提下，食品分析正向着微量、快速、自动化的方向发展。

5. 食品包装

食品包装是指采用适当的包装材料、容器和包装技术，把食品包裹起来，以使食品在运输和储藏过程中保持其价值和原有的状态。食品包装科学是一门综合性的应用科学，它涉及化学、生物学、物理学、美学等，更与食品科学、包装科学、市场营销学等密切相关。食品包装工程是一个系统工程，它包含了食品工程、机械力学工程、化学工程，包装材料工程以及社会人文工程等领域。

思政案例

2022 年 6 月 25 日，中国工程教育专业认证协会公布西南石油大学机械工程等 422 个专业完成了中国工程教育专业认证协会组织开展的学校自评、自评审核、专家组现场考查、结论审议等程序，通过了工程教育认证。其中 20 所高校食品科学与工程类专业通过 2021 年度工程教育认证。

摘自中国工程教育专业认证协会官网《关于公布西南石油大学机械工程等 422 个专业认证结论的通知》（工认协〔2022〕21 号）。

课程思政育人目标： 自 2016 年正式成为《华盛顿协议》成员国以来，中国工程教育认证工作稳步推进，从最近几年连续公布的名单可以看到我国高等工程教育快速前进的足迹。同时我们也应看到，通过认证的专业数量在增长，而且还有一大批专业在申请接受专业认证，但在数量背后，是中国高等教育提高教育质量的艰苦努力。尽管我们有世界上规模最大的工程教育体系，培养了最多的工程技术人才，较好满足了国家现代化建设的需要，但我们的人才培养质量与发达国家尚有不小的差距。让学生结合本章内容更加深刻理解我国高等教育面对的机遇与挑战，引导学生在生活中要善于接受新理念，在进步中找差距，在发展中谋改进，同时让学生学会辩证地分析问题、解决问题。

本章思考题

1. 工程教育专业认证的理念是什么？
2. 工程教育专业认证对人才培养有何作用？
3. 目前我国工程教育专业认证的基本程序是什么？

第四章

CHAPTER

4

食品科学与工程中的生物学

本章学习目的与要求

1. 了解生物体内组成物质的结构及分类，了解相关的疾病；
2. 了解食品微生物学的研究内容及任务；
3. 了解食品工业中有益微生物的应用及有害微生物的控制，树立辩证的科学观；
4. 了解现代生物技术在食品工业中的应用。

第一节　食品生物化学

食品生物化学属于生物化学学科的分支，生物化学是利用化学、物理学和生物学原理和方法，研究生物体的化学组成、结构和功能，生命活动中各种化学变化过程以及与环境之间相互关系的基础生命学科。食品生物化学主要是此基础上，结合食品学科的特点进一步增减，使其更符合食品学科。

食品生物化学是通过生物化学的原理和方法研究食品的组成及其变化与调控等方面的学科，其主要研究内容包括：生物体的基本组成成分（包括食品中的糖类、蛋白质、氨基酸、脂类、核酸、维生素、酶、功能性成分、生化反应产物以及与人体健康相关的小分子物质等）、结构、性质与功能；与食品成分相关的物质在其加工、贮藏等状态下的变化；食品的化学组成及其结构；加工过程对食品的影响等。

食品生物化学的根本任务是掌握食品组分的种类、结构及功能，并阐明其在食品加工、贮运等过程中的变化规律，以及对品质、营养、安全等影响的生物化学问题。食品生物化学可为食品生产、加工、保藏、运输、安全及工程和技术等诸多领域提供理论基础，已成为食品科学学科的重要组成部分。食品生物化学就是一门将生物化学理论和方法应用于食品科学研究而产生的交叉学科。食品生物化学研究成果的运用对人们生活产生了诸多积极的影响，因此，食品生物化学领域的研究一直以来都受到广大科学研究者的高度重视。

一、糖类及其代谢

糖类广泛存在于生物体内，是自然界中数量最多的一类有机化学物，按干重计，糖类物质占植物总质量的 85%~90%，占细菌总质量的 10%~30%，在动物体内所占比例小于 20%。动物中糖的含量虽然较少，但是动物生命活动所需能量主要来源于糖类物质。糖类物质是绿色植物通过光合作用形成的。大多数糖类物质只由 C、H、O 三种元素组成，且分子组成符合 $(CH_2O)_n$ 或 $C_n(H_2O)_m$ 模式，所以糖类物质有"碳水化合物"之称。但有些糖如鼠李糖 $C_6H_{12}O_5$ 和脱氧核糖 $C_5H_{10}O_4$ 等分子式组成并不符合上述模式，而某些非糖类物质如甲醛 CH_2O 和乳酸 $C_3H_6O_3$ 却符合这个模式，所以用碳水化合物表述糖类物质并不准确。

（一）糖类化合物结构和分类

根据来源可将糖类分为两类，植物性糖类（蔗糖、果糖、淀粉、纤维素等）和动物性糖类（乳糖、糖原等）。植物体内多糖的分布见图 4-1。根据糖的功能可分为支持性糖类，如纤维素；储备性糖类，如淀粉和糖原；凝胶性糖类，如果胶、琼脂等。根据糖类物质能否被水解和水解后的产物，将糖类物质分为单糖、聚糖和复合糖，其中聚糖可分为寡糖和多糖（表 4-1）。

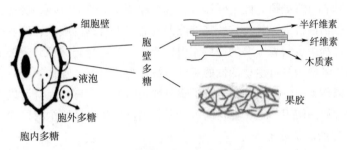

图 4-1　植物体内多糖的分布

表 4-1　　　　　　　　　　　　　糖类化合物的分类

分类	常见种类
单糖：简单的多羟基醛和多羟基酮类化合物，它是构成寡糖和多糖的基本单位，自身不能被水解成更简单的糖类物质	葡萄糖、果糖、半乳糖
	核糖、脱氧核糖
寡糖：由 2~6 个单糖分子缩合而成的糖类物质，寡糖水解后可以得到几分子单糖	二糖：蔗糖、麦芽糖、乳糖
	三糖：棉子糖、龙胆三糖
	四糖：水苏糖
	五糖：毛蕊花糖
	六糖：筋骨草糖
多糖：由许多单糖分子缩合而成的糖类物质	同多糖：淀粉、糖原、纤维素
	杂多糖：黏多糖和果胶
复合糖：由糖和非糖类物质共价结合而成的复合物	糖脂
	糖蛋白

（二）糖类化合物的生物学功能

1. 生物体的重要成分

植物的根、茎、叶含有大量的纤维素、半纤维素、木质素和果胶，这些物质作为构成植物细胞壁和植物体的主要成分，为植物的生长提供了一定的抗张强度。淀粉是植物体的重要储存成分。肽聚糖是构成细菌细胞壁的主要成分，是一类结构和组成十分复杂的杂多糖。壳聚糖是构成昆虫和甲壳类动物外壁的主要成分。

2. 生物体的主要能源

一切生物内的生命活动都需要消耗能量，这些能量主要是通过糖类物质在生物体内的分解代谢而释放的。生物体内重要的多糖是淀粉，在种子萌发或生长发育时，植物细胞将淀粉代谢为葡萄糖以氧化分解提供能量。糖原有"动物淀粉"之称，是储存在动物体内的重要能源物质。动物的肝脏和肌肉中糖原含量最高。

3. 生物体内合成其他物质的原料

有些糖及某些中间代谢产物可以为生物内合成其他生物分子，如氨基酸、核苷酸和脂肪提供碳骨架原料。

4. 寡糖具有特殊的生物功能

近年来，随着对寡糖研究的不断深入，其生理功能不断被发现。例如，某些寡糖能促进肠道内有益微生物菌群的生长；有些寡糖能促进老年人对钙的吸收，防止骨质疏松。寡糖在植物生长发育过程中也起着重要的调控作用，例如，植物受到病原体侵袭时，植物细胞壁中的某些多糖可以降解为具有生物活性的寡糖，被称为寡糖素。寡糖素是一类新型的植物调节分子，不仅可以作为植物体内的信号分子调节植物的生长发育，而且可以专一地诱导植物合成和分泌不同性质的防卫分子，在不同水平上起到抗病和防病的作用。

5. 细胞信号的识别分子

糖蛋白是一类在生物体中分布极广泛的复合糖。糖蛋白的糖链可以起信号分子的作用。随着分离分析和分子生物学的发展，对糖蛋白和糖脂中的糖链结构和功能有了更深入的认识。糖蛋白的糖链与细胞识别、代谢调控、受精机制、发育、癌变、衰老、器官移植等生理过程密切相关。

（三）糖类化合物代谢及相关疾病

1. 糖的消化和吸收

糖的消化发生在胞外。动物口腔中含有唾液腺分泌的 α-淀粉酶，但由于食物在口腔中停留的时间很短，仅有一小部分淀粉、麦芽糖被分解、食物进入胃后，在胃内酸性环境（pH 1~2）中，淀粉酶很快失活，淀粉的消化停止。小肠中含有胰腺分泌的 α-淀粉酶及合适的pH 环境（pH 6.7~7.2），成为淀粉消化的主要场所。此外，小肠黏膜上还存在 α-糊精酶、蔗糖酶和乳糖酶，分别可消化糊精、蔗糖及乳糖，生成相应的单糖。

所有微生物细胞都具有吸收单糖的能力，而动物对糖的吸收主要在小肠上段完成。所有单糖都可以被动物和微生物细胞所吸收，但吸收速率不同。

果糖、甘露糖、木酮糖及阿拉伯糖可能是通过单纯的扩散作用吸收，所以吸收速率较慢，葡萄糖和半乳糖的吸收还存在着主动运输过程，所以吸收较快。这是一种有载体蛋白参加，耗能的逆浓度梯度的吸收过程。

2. 糖的分解代谢

糖的分解代谢分为无氧代谢和有氧代谢。在无氧条件下，细胞分解单糖生成多种中间代谢物，在不同的环境条件下，这些中间代谢物进一步转化，形成各种不同的发酵产物。在有氧条件下，糖可以被彻底氧化为 CO_2 和 H_2O，同时为细胞的合成代谢和其他生命活动提供大量的能量，有氧代谢途径中的中间产物是细胞合成各种非糖物质的主要碳骨架来源。

（1）糖的有氧氧化　葡萄糖在有氧条件下氧化生成 CO_2 和水的过程称为糖的有氧氧化。大多数组织中的葡萄糖均以有氧氧化的形式分解供给机体能量，有氧氧化是糖分解代谢的主要方式。

（2）糖酵解　糖在氧气供应不足的情况下，经细胞液中一系列酶催化，最后生成乳酸和 ATP（三磷酸腺苷）的过程称为糖酵解。糖酵解有特殊的生理意义。例如，剧烈运动时，能量需求增加，糖分解加速，此时即使呼吸和循环加快以增加氧的供应量，仍不能满足体内糖完全氧化所需要的能量，这时肌肉处于相对缺氧状态，必须通过糖酵解过程以补充所需的能量。又如，人们从平原地区进入高原初期，由于缺氧组织细胞往往通过增强糖酵解获得能量。在某些病理情况下，如严重贫血、大量失血、呼吸障碍、肿瘤组织等，组织细胞也需通过糖酵解来获取能量。倘若糖酵解过度，可因乳酸产生过多而导致酸中毒。

3. 糖代谢障碍与疾病

血液中的糖称为血糖（Blood sugar），主要是葡萄糖。血糖的含量是反映体内糖代谢状况的一项重要指标。正常情况下，血糖含量有一定的波动范围，正常人空腹静脉血含葡萄糖 3.89~6.11mmol/L，然而，当血糖的浓度高于 8.89~10.00mmol/L，超过肾小管重吸收的能力时，就出现糖尿现象。进食后大量葡萄糖吸收入血，血糖升高，但一般在 2h 后又可恢复正常。轻度饥饿，血糖会稍低于正常，但短期内，即使不进食物，血糖也可恢复并维持正常水平。神经和激素的调节可使血糖处于动态平衡。

正常人体内糖代谢的中心问题之一是稳定血糖浓度。血糖含量维持一定水平对维持机体组织器官的正常机能非常重要，脑组织在血糖低于正常值的 1/3~1/2 时，就会发生机能障碍，甚至引起死亡。

糖摄入量不足时导致低血糖，因而出现头晕、无力、手颤、出冷汗、心悸、严重时昏迷。长期摄入不足导致机体消瘦、器官活动障碍、无力。然而，摄入过量时，导致热量过多，脂肪累积，长时间会导致肥胖症，进而引发动脉硬化、糖尿病、高血压、脂肪肝、脑卒中、冠心病以及儿童发育受阻。肝脏对血糖的调节见图4-2。

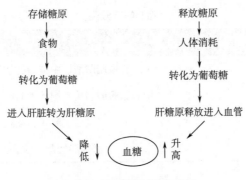

图4-2　肝脏对血糖的调节

乳糖不耐症：乳糖主要存在于哺乳动物的乳汁和经过加工的食品中。主要在小肠内水解、释放葡萄糖和半乳糖，经肠绒毛的毛细血管吸收入血。未分解的乳糖在肠内细菌作用下产生微量短链脂肪酸、乳酸及 H_2、CH_4、CO_2 等气体，引起腹胀、肠痉挛性疼痛、腹泻等消化道症状，严重时影响营养的摄入。当人体内乳糖酶含量不足或缺乏时，乳糖不能被水解而保留在肠内，即为乳糖吸收不良症；若食用乳糖后产生以消化系统为主的临床不适症状，称为乳糖不耐症。

二、脂类及其代谢

脂类又称脂质，与蛋白质和糖类一样，广泛存在于所有的生物体中，是维持生命所必需的营养物质和结构物质。但脂类不同于蛋白质和糖，它包括的范围很广，涵盖许多化学组成、分子结构和生物学功能差异较大的一大类化学物，其共同点是不溶于水而溶于有机溶剂。脂类不形成聚合物，但可形成聚合态，脂类正是以这种聚合态在生物膜的结构基质中起着尤为显著的作用。

（一）脂类的结构和分类

1. 脂类的分类

脂类泛指不溶于水但能溶于有机溶剂的各类生物分子。脂类一般是指由脂肪酸和醇组成，也有不含脂肪酸的，如萜类、固醇类及其衍生物。根据其分子组成和化学结构特点，可分为单纯脂类、复合脂类、衍生脂类 3 类：单纯脂类（脂肪酸和醇形成的酯，包括甘油三酯和蜡），复合脂类（复合脂类分子中除醇类和脂肪酸外，还含有非脂部分，可分为磷脂和糖脂），衍生脂类（单纯脂类和复合脂类的衍生物，或与之关系密切相关并具有脂类一般性质的物质，以及由若干戊二烯骨架构成的物质）。

2. 脂肪酸的分类

脂肪即酰基甘油酯，是由甘油分子中的羟基与长链脂肪酸的羧基发生酯化反应而形成的。根据酰基甘油酯上连接脂肪数的个数，可将其分为单脂酰甘油、二脂酰甘油和三脂酰甘油。三脂酰甘油（又称三酰甘油）即甘油三酯，是脂类中含量最为丰富的一类。

脂肪酸是由一条长的烃链和一个末端羧基组成的羧酸。从动植物和微生物中分离的脂肪酸有百余种。在生物体内，仅有少量脂肪酸以游离形式存在，绝大部分脂肪酸是以甘油三酯、磷脂、糖脂等结合形式存在。脂肪酸的分类见表 4-2。根据脂肪酸是否相同，将脂肪分为简单甘油三酯和混合甘油三酯两类。

表 4-2　　　　　　　　　　　　　脂肪酸的分类

分类标准	种类
碳链长度	长链脂肪酸、中链脂肪酸、短链脂肪酸
饱和程度	饱和脂肪酸、单不饱和脂肪酸、多不饱和脂肪酸
空间构型	顺式、反式
营养	必需脂肪酸、非必需脂肪酸

人体能合成多种脂肪酸，但不能合成亚油酸和亚麻酸。这两种脂肪酸对人体是必不可少

的，必须由食物供给，因此被称为必需脂肪酸。

按照脂肪酸双键的数目分为饱和脂肪酸（Saturated fatty acid，SFA）、单不饱和脂肪酸（Monounsaturated fatty acid，MUFA）和多不饱和脂肪酸（Polyunsaturated fatty acid，PUFA），不饱和脂肪酸的分子结构见图4-3。

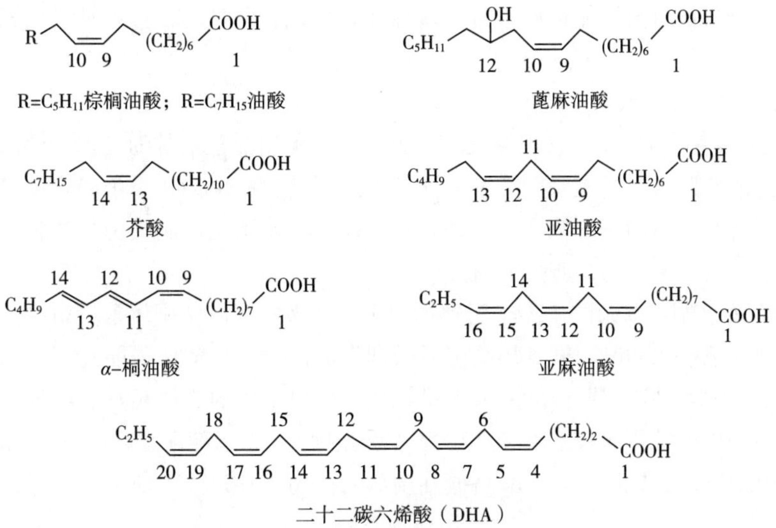

图4-3　不饱和脂肪酸的分子结构

（二）脂类的生物学功能

磷脂、糖脂和胆固醇是生物膜的重要结构成分，而生物膜又是物质进出细胞或亚细胞结构的通透性屏障，这对维持细胞正常的结构和功能是很重要的。脂肪是生物体内重要的供能和储能物质。1g脂肪在体内完全氧化产生39kJ的能量，是等量糖和蛋白质的2.3倍；同时脂肪又以高度疏水状态存在，1g脂肪所占体积为1.2mL，仅为等量糖或蛋白质的1/4左右。因此，脂肪是生物体内最有效的供能和储能形式。动物皮下和脏器周围的脂肪具有防止机械损伤和固定内脏的保护作用。脂肪不易导热，还有防止热量散失以维持体温的作用。对动物来讲，脂类物质是必需脂肪酸和脂溶性维生素的溶剂。某些萜类及类固醇类物质如维生素A、维生素D、维生素E、维生素K、胆酸及固醇类激素具有营养、代谢及调节功能。此外，蜡是海洋浮游生物体内能量物质的主要储存形式。羽毛、被膜及果实表面的蜡质对防水、减少外部感染、防止水分蒸发等均有重要作用。

（三）脂类化合物代谢及相关疾病

1. 脂类化合物代谢概述

食物中的脂肪在口腔和胃中不被消化，因唾液中没有水解脂肪的酶，胃液中虽含有少量脂肪酶，但胃液中的pH为1~2，不适于脂肪酶作用。脂肪的消化作用主要是在小肠中进行。脂肪组织中的甘油三酯，经激素敏感脂肪酶的催化，分解为甘油和脂肪酸运送到全身各组织利用。

脂肪酸在有充足氧供给的情况下，可氧化分解为CO_2和H_2O，释放大量能量，因此脂肪酸是机体主要能量来源之一。肝和肌肉是进行脂肪酸氧化最活跃的组织。

脂肪酸氧化是体内能量的重要来源。脂肪在体内的合成有两条途径，一种是利用食物中脂肪转化成人体的脂肪，另一种是将糖转变为脂肪，这是体内脂肪的主要来源，是体内储存能源的过程。

体内脂肪酸的来源一是机体自身合成，以脂肪的形式储存在脂肪组织中，需要时从脂肪组织中动员。饱和脂肪酸主要靠机体自身合成，另一来源系食物脂肪供给，特别是某些不饱和脂肪酸，动物机体自身不能合成，需从植物油摄取。它们是动物不可缺少的营养素，故称必需脂肪酸。

2. 脂类代谢异常与疾病

（1）高脂血症　血浆中所含的脂类统称血脂，它的组成包括甘油三酯、磷脂、胆固醇及其酯以及游离的脂肪酸等。血浆脂类水平处于动态平衡，能保持在一个稳定的范围。如在空腹时血脂水平升高，超出正常范围，称为高脂血症。因血脂是以脂蛋白形式存在，所以血浆脂蛋白水平也升高，又称为高脂蛋白血症。

（2）酮血症、酮尿症及酸中毒　正常情况下，血液中和尿中酮体含量很少，不能用一般方法测出。但在患糖尿病时，糖利用受阻或长期不能进食，机体所需能量不能从糖的氧化取得，于是脂肪被大量动员，肝内脂肪酸大量氧化。肝内生成的酮体超过了肝外组织所能利用的限度，血中酮体即堆积起来，临床上称为"酮血症"。患者随尿排出大量酮体，即"酮尿症"。酮体中的乙酰乙酸和 β-羟丁酸是酸性物质，体内积存过多，便会影响血液酸碱度，造成"酸中毒"。

（3）脂肪肝及肝硬化　由于糖代谢紊乱，大量动员脂肪组织中的脂肪，或由于肝功能损害，或者由于脂蛋白合成重要原料卵磷脂或其组成胆碱或参加胆碱合成的甲硫氨酸及甜菜碱供应不足，肝脏脂蛋白合成发生障碍，不能及时将肝细胞脂肪运出，造成脂肪在肝细胞中堆积，影响了肝细胞的机能，形成了"脂肪肝"。脂肪的大量堆积，甚至使许多肝细胞破坏，结缔组织增生，造成"肝硬化"。

（4）胆固醇与动脉粥样硬化　动脉粥样硬化斑的形成和发展与脂类特别是胆固醇代谢紊乱有关。

（5）肥胖症　除少数由于内分泌失调等原因造成的肥胖症外，多数情况下是营养失调所造成。由于摄入食物的热量大于人体活动需要量，体内脂肪沉积过多。轻度肥胖没有明显的自觉症状，而肥胖症则会出现疲乏、心悸、气短和耐力差，且容易发生糖尿病、动脉粥样硬化、高血压和冠心病等。

三、 蛋白质及氨基酸代谢

蛋白质是含氮的生物大分子，它不仅是生物体的主要成分，而且在生物体内具有广泛和重要的生理功能。根据蛋白质的分子组成、结构和功能等方面的特征，将蛋白质定义为一切生物体中普遍存在的、由氨基酸通过肽键连接而成的生物大分子。蛋白质的种类繁多，具有一定的相对分子质量、复杂的分子结构和特定的生物功能，是表达生物遗传性状的主要物质。

（一）蛋白质的分类与结构

1. 蛋白质的分类

在蛋白质研究的不同历史时期，出现了许多反映当时研究重点与水平的分类方法，但是这些方法如根据蛋白质分子形状、化学组成和溶解性等差异来进行分类，均为粗略的划分。

（1）根据分子形状分类　蛋白质按照其分子外形的对称程度分为球状蛋白质和纤维状蛋白质。球状蛋白质分子对称性较好，外形接近球形和椭圆形，溶解性较好，能结晶，大多数蛋白质属于这一类。纤维状蛋白质的分子对称性差，分子类似于细棒或纤维。它可以分为可溶性纤维状蛋白质（如肌球蛋白、血纤维蛋白原等）和不溶性纤维状蛋白质（如胶原、弹性蛋白、角蛋白及丝心蛋白等）。

（2）根据化学组成分类　蛋白质按其化学结构来说，是由 20 种基本氨基酸组成的长链分子。有些蛋白质完全由氨基酸构成，这类蛋白质称为简单蛋白质，其完全水解后的产物仅为氨基酸，如清蛋白（白蛋白）、球蛋白、组蛋白、精蛋白（硫酸鱼精蛋白）、硬蛋白、核糖核酸酶、胰岛素等。有些蛋白质除了蛋白质部分外，还含有非蛋白质部分，这类蛋白质称为结合蛋白质，如血红蛋白、核蛋白等。其中的非蛋白部分称为辅基。根据辅基的不同可将结合蛋白质分类（表4-3）。

表 4-3　　　　　　　　　　　　　　　结合蛋白质的分类

蛋白质名称	辅基	举例
核蛋白	核酸	染色体蛋白、病毒核蛋白
糖蛋白	糖类	免疫球蛋白、黏蛋白
色蛋白	色素	血红蛋白、黄素蛋白
脂蛋白	脂类	α-脂蛋白、β-脂蛋白
磷蛋白	磷酸	胃蛋白酶、酪蛋白
金属蛋白	金属离子	铁蛋白、胰岛素

（3）根据溶解性分类　按溶解性可分为可溶性蛋白、醇溶性蛋白质和不溶性蛋白质。可溶性蛋白质是可溶于水、稀盐酸和稀酸的蛋白质，如清蛋白、球蛋白、组蛋白和精蛋白等。醇溶性蛋白质是指不溶于水而溶于 70%~80% 乙醇的蛋白质，如醇溶谷蛋白。不溶性蛋白质是指不溶于水和一般有机溶剂的蛋白质，如角蛋白、弹性蛋白等。这样的分类有利于蛋白质的分离制备。

（4）根据功能分类　有学者提出根据蛋白质的生物功能将其分为活性蛋白质和非活性蛋白质两类。其中活性蛋白质大多数是球状蛋白质，它们的特性在于都有识别功能，包括在生命活动过程中一切有活性的蛋白质以及它们的前体，如酶、激素蛋白质、运输蛋白质、保护和防御蛋白质、受体蛋白、毒蛋白、控制生长和分化的蛋白质、膜蛋白等。非活性蛋白质则主要包括一大类对生物体起支持和保护作用的结构蛋白质，包括胶原蛋白、角蛋白、弹性蛋白和丝心蛋白等，还包括储存蛋白质。

2. 氨基酸分类

氨基酸是含有碱性氨基和酸性羧基的有机化合物，是蛋白质结构的基本组成单位或构件分子。天然存在的氨基酸有 180 多种，但组成蛋白质的氨基酸只有 20 种，称为基本氨基酸。氨基酸分子中含有氨基和羧基两种官能团，按照氨基连在碳链上的不同位置而分为 α-，β-，γ……氨基酸，组成蛋白质的氨基酸都是 α-氨基酸（脯氨酸例外）。各种基本氨基酸结构上

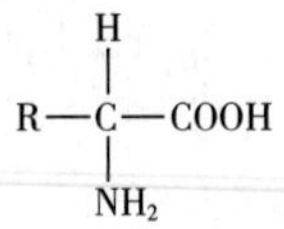

$$R-\underset{\underset{NH_2}{|}}{\overset{\overset{H}{|}}{C}}-COOH$$

图 4-4　氨基酸的分子结构通式

的区别就在于侧链 R 基团的不同（图 4-4），因此，通常以侧链 R 基团的结构和性质作为基本氨基酸分类的基础。按照 R 基团的化学结构，20 种基本氨基酸可以分为脂肪族氨基酸、芳香族氨基酸以及杂环族氨基酸。按照 R 基团的极性性质，可以分为非极性 R 基团氨基酸、极性不带电 R 基团氨基酸、带负电荷的 R 基团氨基酸以及带正电荷的 R 基团氨基酸。氨基酸的 R 基团在形成肽链时，作为肽主链的侧链存在，所以，侧链的性质在决定蛋白质高级结构时有重要意义。

人体不能合成或合成量不能满足机体需要，必须从食物中获得的氨基酸称为必需氨基酸。一般认为必需氨基酸有 9 种，即赖氨酸、色氨酸、苯丙氨酸、亮氨酸、异亮氨酸、苏氨酸、甲硫氨酸、缬氨酸、组氨酸。其中，组氨酸为婴幼儿所必需的氨基酸。精氨酸、胱氨酸、酪氨酸、牛磺酸为早产儿所必需的氨基酸。非必需氨基酸并不是不重要，只是它们大多可以由必需氨基酸转变而来，因而在非必需氨基酸不足的时候，体内就会消耗必需氨基酸。

3. 蛋白质的结构

每一种蛋白质都有其特定的一级结构和高级结构，这些特定的结构是蛋白质行使其功能的物质基础，蛋白质的各种功能又是其结构的表现。蛋白质按照不同的结构水平通常分为一级结构、二级结构、三级结构及四级结构。

（1）蛋白质的一级结构　蛋白质的一级结构又称化学结构，是指氨基酸在肽链中的排列顺序及二硫键的位置，肽链中的氨基酸以肽键为连接键。蛋白质的种类和生物活性都与肽链的氨基酸和排列顺序有关。多肽的结构通式见图 4-5。蛋白质的一级结构是最基本的结构，决定着它的二级结构和三级结构，其三维结构所需的全部信息也都储存于氨基酸的顺序之中。蛋白质的功能都是通过其肽链上各种氨基酸残基的不同功能基团来实现的，可以说，蛋白质的一级结构确定了，蛋白质的功能也就确定了。

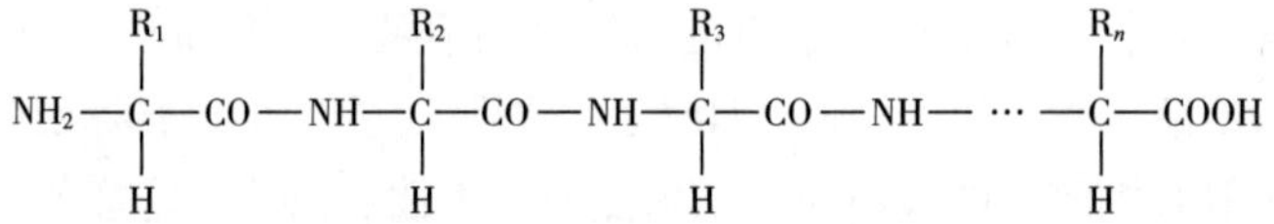

$$NH_2-\underset{\underset{H}{|}}{\overset{\overset{R_1}{|}}{C}}-CO-NH-\underset{\underset{H}{|}}{\overset{\overset{R_2}{|}}{C}}-CO-NH-\underset{\underset{H}{|}}{\overset{\overset{R_3}{|}}{C}}-CO-NH-\cdots-\underset{\underset{H}{|}}{\overset{\overset{R_n}{|}}{C}}-COOH$$

图 4-5　多肽的结构通式

（2）蛋白质的二级结构　蛋白质的二级结构是指多肽链中彼此靠近的氨基酸残基之间由于氢键相互作用而形成的空间关系，是指蛋白质分子中多肽链本身的折叠方式，主要是 α-螺旋结构，其次是 β-折叠结构和 β-转角。

（3）蛋白质的三级结构　蛋白质的三级结构是指多肽链在二级结构的基础上，进一步折叠、盘曲而形成特定的球状分子结构。多肽链所发生的盘旋主要是由蛋白质分子中氨基酸残基侧链的顺序和分子内的各种相互作用决定的。

（4）蛋白质的四级结构　蛋白质的四级结构是有两条或者两条以上具有三级结构的多肽链聚合而成的具有特定三维结构的蛋白质构象，其中每条多肽链称为亚基。一般地，游离的亚基无生物活性，只有聚合成四级结构后才有完整的生物活性。蛋白质四级结构的形成是多肽链之间特定的相互作用的结果，这些相互作用是非共价键性质如疏水作用力、氢键等。当蛋白质中疏水性氨基酸残基所占比例高于30%时，它形成四级结构的倾向大于含有较少疏水性氨基酸残基的蛋白质。血红蛋白分子结构图如图4-6所示。

图4-6 血红蛋白分子结构图

（二）蛋白质的生物学功能

1. 构成机体组成成分

蛋白质是细胞的主要组成成分，在细胞膜的组成结构中，各种不同功能的球形蛋白质镶嵌在双层脂质分子之间，是细胞膜结构的主要组成成分，其质量为脂质的 1~4 倍。不仅细胞膜中有蛋白质，而且蛋白质也是其他生物膜如核膜、线粒体膜及肌肉等组织的组成成分。

2. 维持组织更新、修复和调节生长发育

由于蛋白质是机体组织的重要组成成分，机体在新陈代谢过程中，不断与外界环境进行物质交换，分解自身衰老的或不需要的蛋白质；又不断将食物中的蛋白质分解并合成自己所需要的蛋白质，更新自我、修复有创伤的组织蛋白。儿童少年处于生长发育时期，新陈代谢旺盛，机体需不断从食物中摄取更多的蛋白质以满足机体组织的需求，促进正常的生长发育。在机体生长发育过程中，存在着大量的酶促反应和大量具有生理活性的激素参与调节各种生理功能活动，而这些酶和激素也都是由蛋白质组成的。

3. 载体和免疫功能

机体通过消化系统消化吸收进入血液中的各种营养物质。大部分与血液中的蛋白质结合形成水溶性复合物（如脂蛋白等），被运输到各种组织细胞进行代谢，因此，蛋白质起到载体作用。机体本身所合成的蛋白质如各种免疫球蛋白、补体等，具有识别、杀灭微生物等异体物质及自身衰老物质的功能，起到防御和免疫的作用，以维持机体的正常生理功能。

4. 肌肉收缩作用

骨骼肌中的蛋白质主要存在于肌原纤维和肌浆中，肌原纤维中的蛋白质与收缩有关，而肌浆中的蛋白质虽然与收缩无关。但它们与肌肉收缩的供能有着密切的联系，机体的运动是由骨骼肌收缩引起骨杠杆运动而实现的。而骨骼肌中收缩成分的主要组成成分是蛋白质，其中有起收缩作用的肌球蛋白、肌动蛋白和起调节作用的原肌球蛋白及肌钙蛋白。它们在神经系统的调节作用下，经过一系列复杂变化，引起由蛋白质组成的粗肌丝、细肌丝相互滑行而实现肌肉的收缩和舒张，完成各种运动动作。

5. 蛋白质供能作用

蛋白质主要是维持机体组织的生长发育、更新和修补，但也是机体能源物质的一种，在新陈代谢过程中也提供一定能量。1g 蛋白质在体内氧化可产生 16.74kJ 的热量，其产生的热量可以供机体进行合成、维持机体体温或供组织的各种机能活动需要，但蛋白质的供能一般情况下可由糖、脂肪的供能功能所代替。所以，蛋白质不是机体的主要供能物质，一般不参与供能。在长期饥饿或长时间较大强度的运动时，蛋白质才参与供能。

蛋白质结构和功能的关系如图4-7所示。

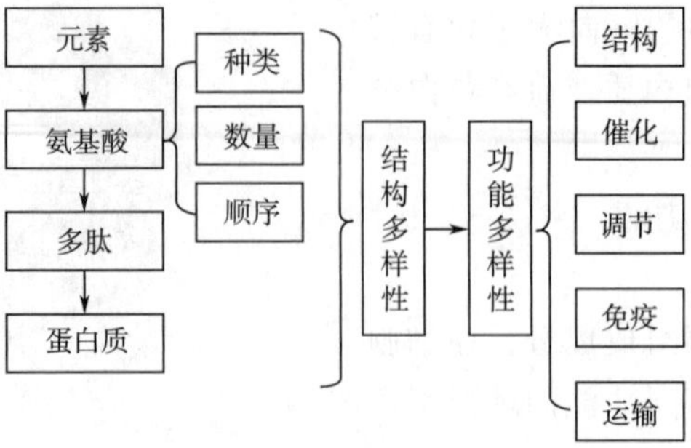

图 4-7　蛋白质结构和功能的关系

（三）蛋白质代谢及相关疾病

1. 蛋白质消化吸收

人类为维持蛋白质含量，必须合成新蛋白质，以取代降解的蛋白质。氨基酸组成决定膳食蛋白营养，特别是必需氨基酸浓度、蛋白质消化率和生物利用度。

蛋白质的生物利用度由消化率决定。人类的消化系统与血液、淋巴和神经系统直接相关，而食物摄取、消化、运输也与其有关。食物经过口腔咀嚼与唾液混合后，吞咽通过食道传送到胃，胃处理食物通常需要几分钟到几个小时，胃的蠕动、消化液、胃酸，胆汁和内切酶的分泌可促进消化。胃消化动力学和效果将影响在小肠的消化动力学。食糜到达小肠后，在小肠蠕动、胰腺酶、胆酸盐、黏液素作用下消化仍在进行，直到经小肠细胞吸收进入身体循环系统。

蛋白质消化从胃开始，事实上它们存在于消化吸收的各个阶段。蛋白质经过胃、胰腺、小肠，被一系列水解酶降解成可被小肠选择性吸收的氨基酸、二肽或三肽。胃蛋白酶需酸性环境，最佳 pH 为 1.8~3.2。胃消化后，食糜中剩余的蛋白质和多肽将进入小肠，由胰蛋白酶以及肠道黏膜肽酶进一步分解。研究表明，按照传统加工技术、分析和营养评价方法，动物蛋白比植物蛋白消化率更高。一般情况下，食用多种植物可提供足够的必需氨基酸，以满足成人正常需要。对于特殊人群，如婴幼儿、儿童、孕妇或产妇，尤其需要摄入氨基酸和易消化蛋白质。相比单一蛋白质摄入，食用不同蛋白质，如大豆、酪蛋白和乳清蛋白对健康益处更大。

2. 氨基酸代谢

（1）机体氮源与氮平衡　氮是蛋白质、核酸等含氮化合物的成分，是构成生命物质的基本元素。自然界生物种类繁多，可利用的氮素形式也不同。人和其他动物不能利用无机氮化合物，必须以氨基酸、蛋白质为氮源。小分子含氮化合物可被生物直接吸收，大分子的蛋白质、多肽等不易被细胞吸收。生物可以通过自身分泌到细胞外的蛋白质水解酶类将其水解成小肽及氨基酸后吸收利用。大多数微生物可利用无机氮源，也可利用蛋白质、氨基酸等含氮有机物。有些微生物在只含无机氮源的培养基中不能生长，因为它们缺少将无机氮化合物转化为有机氮化合物（如某些种类的氨基酸、维生素等）的能力。

机体摄入的蛋白质量和排出量在正常情况下处于平衡状态，氮平衡（Nitrogen balance）是指摄入蛋白质的含氮量与排泄物中含氮量之间的关系，它反映体内蛋白质的合成与分解代谢的总结果，见式（4-1）。

$$B=I-（U+F+S）\tag{4-1}$$

式中　B——氮平衡状况；

　　I——食物摄入氮量；

　　U——尿氮；

　　F——粪氮；

　　S——皮肤等损失氮。

（2）氨基酸的一般代谢　氨基酸是蛋白质、核酸等生物分子合成的素材，细胞内总是有相当数量的游离氨基酸存在，细胞内所有游离存在的氨基酸称为"氨基酸库"（Amino acid pool），"库"内的氨基酸不断被利用，又不断被补充，始终处于动态平衡中。氨基酸库中的游离氨基酸有三个主要来源：一是对外界蛋白质的消化吸收；二是体内组织蛋白质的分解；三是机体自身利用碳骨架和氨合成的非必需氨基酸。植物及大多数微生物可合成自身生长发育所需的全部氨基酸，动物及一些微生物只能合成部分氨基酸，其余的氨基酸只能通过食物消化吸收满足生物代谢需要。

3. 蛋白质代谢异常与疾病

蛋白质不足或缺乏会导致贫血，女性月经障碍、哺乳期乳汁分泌减少，也会影响儿童身体生长发育和智力发育，人也会日渐消瘦。蛋白质缺乏在成人和儿童中都有发生，但处于生长阶段的儿童更为敏感。蛋白质缺乏常见的症状是代谢率下降，对疾病抵抗力减退，易患病，远期效果是器官的损伤，常见的是儿童的生长发育迟缓、体质和质量下降、冷漠、易激怒、贫血，以及干瘦病或水肿，并因为易感染而继发疾病。

蛋白质，尤其是动物蛋白质摄入过多，对人体同样有害。首先，过多摄入动物蛋白质，就必然摄入较多的动物脂肪和胆固醇。其次，蛋白质摄入过多本身也会产生有害影响。从疾病的角度分析，不同类型的肾功能障碍患者，其对蛋白质的摄入量有严格的定量要求，蛋白质作为一种需要通过肾功能进行代谢的物质，对于肾功能有障碍的患者来讲，意味着其对蛋白质的代谢情况会受到相应的影响。此外，对蛋白质过敏的人，在蛋白质的摄入量超过了一定的限值的情况下，过敏者即会出现皮肤出疹、瘙痒或者呼吸系统方面的问题。

四、核酸及其代谢

（一）核酸的结构和分类

1. 分类

核酸是生物体内的高分子化合物，包括脱氧核糖核酸（DNA）和核糖核酸（RNA）两大类。组成核酸的元素有 C、H、O、N、P 等，与蛋白质比较，其组成上有两个特点：一是核酸一般不含 S 元素，二是核酸中 P 元素的含量较多且恒定，占 9%~10%。因此，核酸定量测定的经典方法，是以测定 P 含量来代表核酸量。

核酸经水解可得到很多核苷酸，核苷酸是核酸的基本单位。核酸就是由很多单核苷酸聚合形成的多聚核苷酸。核苷酸可进一步被水解产生核苷和磷酸，核苷还可再进一步被水解产生戊糖（图 4-8）和含氮碱基。

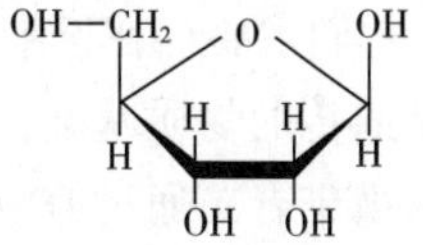

图 4-8　戊糖的结构通式

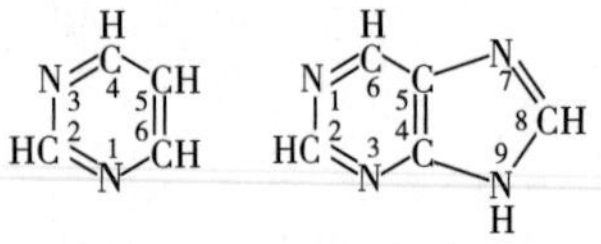

图 4-9　碱基的结构通式

（1）嘧啶　（2）嘌呤

核苷酸中的碱基均为含氮杂环化合物（图 4-9），分为嘌呤碱和嘧啶碱。嘌呤碱（Purine）主要是鸟嘌呤（Guanine，G）和腺嘌呤（Adenine，A），嘧啶碱（Pyrimidine）主要是胞嘧啶（Cytosine，C）、尿嘧啶（Uracil，U）和胸腺嘧啶（Thymine，T）。DNA 和 RNA 都含有鸟嘌呤（G）、腺嘌呤（A）和胞嘧啶（C）；胸腺嘧啶（T）一般而言只存在于 DNA 中，而不存在于 RNA 中。尿嘧啶（U）只存在于 RNA 中，而非 DNA 中。

2. DNA 的结构

DNA 的一级结构即 DNA 分子中核苷酸的排列顺序。从结构上来讲，DNA 是由脱氧核糖核苷酸通过 3′，5′-磷酸二酯键相连而形成的高聚物。在大多数天然 DNA 分子长链的两端总是有 1 个核糖带有自由的 5′-磷酸，另一端的核糖带有自由的 3′-羟基。DNA 链的方向就是从 5′端到 3′端。DNA 一级结构的测定即 DNA 的序列分析工作大大地促进了基因的分离和鉴定、基因的表达调控及基因的结构与功能的研究。人类基因组项目就是以 DNA 序列分析为基础而进行的。

DNA 的二级结构具有多形性。目前已知的 DNA 二级结构主要有 A-DNA、B-DNA、C-DNA 和 Z-DNA 等。众多研究表明，DNA 分子二级结构在不同条件下可以有所不同，但它们均为双螺旋结构（图 4-10），并且螺旋的表面都有凹槽（沟）。

DNA 虽然是生物体内最稳定的遗传物质，但它可以采用不同的构象来实现其多种生物功能。所以，对 DNA 结构的进一步研究必将丰富和发展 DNA 的结构学说，同时也为解释各种生物现象提供理论基础。

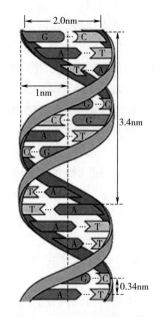

图 4-10　DNA 双螺旋结构

（二）核酸的生物学功能

无论动物、植物还是微生物细胞中都含有 DNA 和 RNA，它们占细胞干重的 5%~15%。病毒是一类由核酸和蛋白质的感染颗粒，其中的核酸成分有些是 DNA，有些则是 RNA。真核细胞中，绝大部分 DNA（约占细胞总 DNA 的 98%）与蛋白质结合形成染色质而存在于细胞核中，其余的则分布在细胞器中。RNA 主要有三种：核糖体 RNA（rRNA）、转运 RNA（tRNA）和信使 RNA（mRNA），它们主要存在于细胞质中，约占细胞 RNA 总量的 90%。

核酸是遗传的物质基础，其主要生物学功能是传递和表达遗传信息。DNA 是遗传信息的主要储存和携带者，通过 DNA 复制将亲代 DNA 所携带的遗传信息传递给子代，从而维持遗传性状的稳定。在某些生物（如某些病毒）中，RNA 也可以作为遗传信息的携带者，并将其传递给子代。DNA 携带的遗传信息以基因（遗传的基本单位）或特定顺序的核苷酸片段为单位转录到 RNA 分子中，并通过 RNA 将核苷酸顺序翻译为蛋白质中的氨基酸顺序，从而产生特定的蛋白质而表现其生物学功能。上述过程称为遗传信息的表达，其中主要涉及 3 种 RNA，它们是 mRNA、rRNA 及 tRNA，它们在遗传信息的表达过程中所发挥的作用各不相同。另外，还有少量其他种类的 RNA 分子也参与遗传信息的表达。1982 年美国科学家 Cech T. 和 Altman S. 各自发现 RNA 分子也能自身拼接和装配，从而提出了核酶的概念，这改变了长达半个多世纪以来认为酶的化学本质只是蛋白质的传统观念，他们因此获得了 1989 年的诺贝尔化学奖。1995 年 Cuenolid B. 等发现了具有酶活性的 DNA，可催化 2 个底物 DNA 片段的连接。这些研究显示某些特定序列的核酸（DNA 或 RNA）也可具有酶的催化功能。

（三）核苷酸代谢及相关疾病

在核酸的合成过程中，首先必须有足够的核苷酸作为原料，然后才能合成大分子核酸。在核酸的分解过程中，核酸首先分解成核苷酸，然后再进一步代谢。因此，核苷酸代谢是核酸代谢的重要组成部分。

1. 核酸的消化吸收

若将核酸彻底水解得到含氮碱基、磷酸、核糖和脱氧核糖。一个磷酸基、一个戊糖（核糖或脱氧核糖）以及一个含氮碱基（嘌呤碱或嘧啶碱）组成一个核苷酸，成千上万的四种（A、T/U、G、C）不同的核苷酸连接成长链状的核糖核酸（RNA）和脱氧核糖核酸（DNA）。不管是天然的核酸，还是转基因食品中含有的核酸，其结构都是一样的。

（1）核酸的体内消化 食物中的核酸多与蛋白质结合为核蛋白，核蛋白在胃内被胃酸水解成为核酸和蛋白质，核酸在肠道内的胰核酸酶的作用下被降解为单核苷酸、双核苷酸、三核苷酸以及多核苷酸的混合物，其中，核糖核酸酶水解 RNA，脱氧核糖核酸酶水解 DNA。肠道中的多核苷酸酶或磷酸酯酶可以增强胰核酸酶降解核酸为单核苷酸的活性，释放出的核苷酸继而可被碱性磷酸酶和核苷酸酶水解为核苷，并可进一步为核苷酶所降解而成为嘌呤或嘧啶碱基。以上的过程，并不会因为是转基因食品中的核酸或是普通食品中的核酸而有所改变。

（2）核酸的吸收和转运 哺乳动物细胞的核苷转运载体主要分为两类：一类是 Na^+ 非依赖性的核苷转运载体，可被不同浓度的硝基苯甲基肌苷-6-硫醇（NBMPR）所阻抑，主要介导核苷的平衡运输，即易化扩散；另一类则是 Ca^{2+} 依赖性的核苷转运载体，其特性主要表现为对 Ca^{2+} 的依赖性及对 NBMPR 阻抑的不反应性，可以逆浓度梯度将核苷转运入细胞内，故又称主动运输。在小肠的各部分中，小肠上段的核苷吸收能力最强。

（3）吸收后核酸的分布、代谢及排泄 被吸收的核苷在从肠上皮细胞转运入血的过程中，也存在着核苷的合成和分解。大多数被转运的代谢产物都可较容易地参与补救合成而被重新利用：饮食核苷酸的 2%~5% 进入了组织中的核酸池参与体内核酸的合成，这些组织主要是小肠、肝脏和骨骼肌。DNA 和 RNA 在 4h 内全部被吸收，8h 后有约 40% 经呼吸和尿液排泄，余者在体内的分布为：胃肠道占近 50%，骨骼肌占约 40%。DNA 的 70% 以二氧化碳的形式由呼吸排出，其余的分布于胃肠道、骨骼、肝脏、脾脏、肾脏、心脏、肺脏和睾丸等组织细胞中。

吸收入体内的核苷和核苷酸参与了众多的细胞内的生化反应，如作为核酸合成的前体物质，作为能量载体分子参与高能反应以及脂类、糖类和蛋白质的合成，同时也作为多种反应的辅酶。体内嘌呤核苷酸的分解代谢主要在肝脏、小肠及肾脏中进行，黄嘌呤氧化酶在这些脏器中的活性较强。嘌呤碱在体内经过一系列转化最终变成黄嘌呤，在黄嘌呤氧化酶的作用下生成尿酸；嘧啶碱的降解主要在肝脏中进行，胸腺嘧啶降解成 β-氨基异丁酸，而胞嘧啶最

终生成 NH_3、CO_2 及 β-丙氨酸，可直接随尿排出或进一步分解。可见，饮食中的核苷酸可被人体吸收利用，并且对于核酸从头合成能力非常弱的骨髓细胞、白细胞、小肠上皮细胞来说，意义更为重大。

体内核苷酸的分解代谢与食物中核苷酸的消化过程类似，可降解生成相应的碱基、戊糖或 1-磷酸核糖。核酸的水解过程见图 4-11。

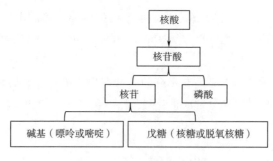

图 4-11　核酸的水解过程

2. 核苷酸的合成

既然食物来源的核苷酸绝大部分并不能被机体利用，那体内核苷酸是如何产生的呢？原来人或其他哺乳类动物也可以自身合成充足的核苷酸，而且合成的速率受到细胞内机制的调控，以适应细胞在不同时期的需求。

总的来说，体内核苷酸的合成有 2 条途径：①利用磷酸核糖、氨基酸、一碳单位及二氧化碳等简单物质为原料，经过一系列复杂的酶促反应，合成核苷酸，称为从头合成途径；②利用体内游离的嘌呤、嘌呤核苷或嘧啶、嘧啶核苷，经过比较简单的反应过程，合成核苷酸，称为补救合成（或重新利用）途径。这 2 条途径在不同组织中的重要性各不相同。

一般情况下，从头合成途径是核苷酸合成的主要途径。肝是体内从头合成嘌呤核苷酸的主要器官。其次是小肠黏膜及胸腺。但并不是所有的细胞都具有从头合成嘌呤核苷酸的能力，例如，脑、骨髓等由于缺乏有关酶，不能从头合成核苷酸，只能利用从肝运来的自由嘌呤碱或嘌呤核苷补救合成嘌呤核苷酸。嘧啶核苷酸的从头合成开始于谷氨酰胺、ATP、二氧化碳形成的氨基甲酰磷酸，而后经过一系列酶的作用生成尿嘧啶核苷酸、三磷酸胞苷、胸腺嘧啶核苷酸。

人体内核苷酸主要由机体细胞自身合成，且受到精确的调控，以满足细胞的需求。因此核苷酸不属于营养必需物质，不必依赖外源性核苷酸的供给。而且食物来源的核酸在肠道被降解为核苷后只有极少部分进入体内，绝大部分通过进一步的反应被排出体外。

3. 核酸异常与疾病

细胞的健康有赖于核酸的充实，如核酸不足，基因由于得不到营养，老化细胞既无法进行细胞分裂，也没有免疫力与抵抗力，这就是各种疾病发生的原因。日本医学家利根川进指出"人类疾病都与基因受损有关"，人类的多种疾病均称为基因病。中国科学院方福德教授根据基因概念指出，人类疾病可分为三大类：第一类为单基因病，这类疾病已发现 6000 余种，其主要病因是某一特定基因的结构发生改变，如多指症、白化病、早老症等；第二类为多基因病，涉及两个以上基因的结构或表达调控的改变，如高血压、冠心病、糖尿病、哮喘、骨质疏松、神经性疾病、原发性癫痫、肿瘤等；第三类为获得性基因病，主要由病原微生物通过感染将其基因入侵到宿主基因引起。因此，基因损伤是引起疾病的重要原因。

五、　四大物质代谢之间的相互关系

细胞内四大物质在代谢过程中是彼此影响，相互联系的。例如，糖类代谢的中间产物可以转化成脂肪，脂肪分解产生的甘油、脂肪酸也可以转化成糖类。糖代谢的中间产物还可用于合成各种氨基酸的碳架结构，经转氨后即生成各种氨基酸。许多核苷酸在代谢过程中起重要作用。例如，ATP 是能量和磷酸基团的重要供给物，UTP 参与糖的合成等。

六、　矿物质及其代谢

（一）人体的矿物质元素种类及含量

存在于人体的化学元素有几十种，除去碳、氢、氧、氮主要以有机化合物的形式存在外，其余各种元素称为无机盐或矿物质。其中有些矿物质是维持人体的正常生理功能所必需的，因而必须从膳食中不断得到供给。这些物质在体内含量较多的有钙、镁、钾、钠、磷、氯、硫等，称为常量元素，占人体总灰分的 60%～80%。其他一些元素在机体内含量极少，有的甚至只有痕量（在组织中只能以 pg/kg 计），一般将含量低于体重的 0.01% 的元素称为微量元素。目前已知人体必需的微量元素有铁、锌、碘、铜、硒、氟、钼、钴、铬、镍、锡、钒，锰和硅等。常量矿物质和微量矿物质种类与作用见表 4-4 和表 4-5。

表 4-4　　　　　　　　　　常量矿物质

种类	作用
钙	参与体内平衡，维持生命与血液凝固机制以及肌肉收缩，钙组成了 35% 的骨架结构
磷	占骨骼质量的 14%～17%，许多能量转移反应以及某些脂质和蛋白质合成需要磷
钾	维持酸碱平衡和细胞中的渗透压
钠	维持细胞外的酸碱平衡并调节体液的渗透压，钠也参与神经和肌肉功能的调节
氯	膳食中，氯通常与钠结合作为盐类，是一种参与酸碱平衡的渗透压调节的重要阴离子（带负电荷），也是胆汁、盐酸和胃分泌物的必要组成部分
镁	体内超过一半的镁存在于骨骼中，镁是许多酶的激活剂
硫	体内许多生化物质的组分，包括氨基酸、生物素、胰岛素和硫酸软骨素

表 4-5　　　　　　　　　　微量矿物质

种类	作用
铬	1959 年铬被确定为一种耐受因子，可增强大鼠葡萄糖的耐受量，现有证据支持铬是人体必需营养素的论点，铬参与耐受葡萄糖、刺激脂肪酸合成、胰岛素代谢和蛋白质消化
钴	维生素 B_{12} 的组分，盲肠和结肠中的微生物菌落可利用膳食中的钴制备维生素 B_{12}
铜	几种铜依赖酶的必需因子

续表

种类	作用
氟	参与骨骼和牙齿的发育
碘	在甲状腺激素的合成中起重要作用，此类激素调节基础代谢
铁	人体中约60%的铁存在于红血细胞中，20%的铁存在于肌肉中
锰	在碳水化合物和脂肪代谢以及软骨合成中起重要作用
钼	黄嘌呤氧化酶的组分之一
镍	镍与一种蛋白质即镍血纤维蛋白溶解酶相关，1970年，有报道表明镍是鸡的必需营养素
硒	硒是某些细胞膜产生毒性的过氧化物酶的重要解毒剂，硒与微生物E松散连接并使两者协同作用清除自由基
硅	1972年的研究发现硅是雏鸡的必需营养素，可能对骨骼发育非常重要，人体对其的需求量很小
锡	人体可能需要锡，已发现它具有加快大鼠生长速率的功能
钒	1971年发现钒是大鼠的必需营养素，也可提高鸡的生长速率并可增加血容，人体对钒的需求量可能很小
锌	锌是许多酶的组分，在人体生长发育、免疫、维生素等起着极其重要的作用

（二）人体必需的矿物质代谢及相关疾病

动物体内无机盐的代谢过程包括无机盐的吸收、利用和排出。

1. 无机盐的利用

无机盐都是以离子的形式被机体吸收的。单细胞动物可以直接从外界环境中吸收无机盐的离子，吸收的方式以主动运输为主；高等的多细胞动物只有通过内环境才能从外界环境中吸收无机盐的离子。吸收无机盐的离子是通过消化道的上皮细胞完成的，吸收的方式以主动运输为主。

无机盐在动物体内的作用可以归纳为两点：一是作为结构成分；二是对生命活动具有调节作用。如：氮是蛋白质的组成成分，绝大多数酶和某些激素是蛋白质，这些物质对生命活动具有调节作用，所以氮也参与了生命活动的调节。磷是核酸的组成成分，ATP中含磷酸，所以磷酸也参与了动物体内的能量代谢过程。钠在动物体内是一种必需元素，主要以离子状态存在，但在植物体内为非必需元素。Na^+可以促进小肠绒毛上皮细胞对葡萄糖和氨基酸的吸收。在神经冲动的发生和传导过程中起重要作用。钙在动物体内既是一种结构成分，如骨骼和牙齿的主要成分是钙盐，又对动物的生命活动具有调节作用。如哺乳动物血液中的Ca^{2+}含量过低，因而Ca^{2+}对Na^+内流的阻碍作用减弱，使神经细胞、肌肉细胞的兴奋性提高，动物就会出现抽搐；因Ca^{2+}参与凝血酶原激活物的生成，所以血液中的Ca^{2+}具有促进血液凝固的作用，如果用柠檬酸钠或草酸钠除掉血液中的Ca^{2+}，血液就不会发生凝固。人体长期缺钙，幼儿会得佝偻病，成年人会得骨质疏松症。预防和治疗的办法是服用活性钙和维生素D。铁在哺乳动物体内是血红蛋白的组成成分，没有铁就不能合成血红蛋白。血红蛋白中的铁是二价铁离子，每个血红蛋白分子中含四个二价铁离子，三价铁离子不能利用。铁都是以二价铁离子的形成被吸收的。铁还是某些酶的活化中心。

2. 无机盐的排出

在单细胞动物体内，无机盐直接被排到外界环境中。但在多细胞动物体内细胞排出无机盐必须通过内环境才能完成。多细胞动物（以哺乳动物为例）排出无机盐的途径主要有两条：一是通过肾脏，以尿液的形式排出体外；二是通过皮肤，皮肤的汗腺分泌汗液。前者是主要的。但如果一个人在高温环境时间过长，长时间大量出汗，因通过汗液排出过多的无机盐而影响到生命活动的正常进行，这时需喝一些淡的食盐水，以补充无机盐，保证生命活动的正常进行。

3. 无机元素与疾病

人体中无机元素缺乏或过量都将影响人体的健康，严重缺乏或大大过量时还会导致许多疾病。钙、磷、氟是构成人体骨头和牙齿的主要成分，钙能帮助血液凝结和体内某些酶的活化维持神经的传导性能；肌肉的伸缩性和心跳的规律；维持体内的酸碱平衡和毛细血管的正常渗透压。磷也是构成细胞核蛋白和各种酶的主要成分，能帮助葡萄糖、脂肪、蛋白质代谢。人体缺钙、磷、氟，骨骼、牙齿发育不正常，产生骨质疏松、骨质软化病和软骨病。佝偻病患儿与健康儿童矿物质元素水平比较见表4-6。磷摄入过量则人表现为神经兴奋、手足抽搐和惊厥。氟摄入过量，则会引起氟斑牙。

表4-6　　　　　　　　　　　　佝偻病患儿与健康儿童矿物质元素水平比较

分组	例数	钙/（mmol/L）	镁/（mmol/L）	铜/（mmol/L）	铁/（mmol/L）	锌/（mmol/L）	铅/（mmol/L）
佝偻病	162	1.8±0.4	0.9±0.2	16.4±4.1	15.1±4.6	11.9±3.1	75.7±35.6
健康	162	2.3±0.3	1.0±0.3	15.1±3.2	17.4±3.5	16.7±3.9	51.5±26.1

资料来源：曾国章，2007.

铁是构成血红蛋白、肌红蛋白、细胞色素和其他酶系统的主要成分，能帮助体内氧的运输。人体缺铁，则血红蛋白减少，贫血、容易疲劳；而摄入过量会引起铁中毒，表现为消化道出血，产生血色病，严重时会发生肝硬化、糖尿、皮肤高度色素沉着、心力衰竭等。

钠为细胞外液中主要阳离子，钾为细胞内液中主要阳离子，氯为细胞外液中主要阴离子，它们在人体中能维持水平衡、渗透压和酸碱平衡，加强肌肉的兴奋。人体缺钠、钾容易疲倦、晕眩、食欲不振、心律失常、血压下降，肌肉痉挛（抽筋）；钾摄入过量全身软弱无力、神志模糊、呼吸肌麻痹等。氯长期摄入过量，引起直肠癌的危险性增大。镁是人体细胞内液中第二重要阳离子，能激活体内多种酶，维持核酸结构的稳定性，抑制神经的兴奋性，参与体内蛋白质的合成、肌肉收缩和调节体温的作用。当人体缺镁时，神经反射亢进或减退、肌肉震颤、手足抽搐、心动过速、心律不齐、情绪不安、容易激动；镁摄入过多会发生镁中毒，有恶心、呕吐、血压下降、发热和口渴等现象。

铜是人体中含铜蛋白质的成分，它能催化血红蛋白的合成。当人体缺铜时，易产生贫血，中性粒细胞减少，生长延缓、情绪容易激动，摄入过量会发生铜中毒，出现呕吐、腹泻、头痛等现象。锌是人体中含金属酶的成分，它参与核酸和蛋白质代谢作用。人体缺锌时，生长迟缓，产生特发性低味觉，婴儿常见脱发、少发等，摄入过量时产生锌中毒，有恶心、急性腹痛、腹泻和发热等。

铬在人体中主要是激活胰岛素，帮助体内糖类的消化与吸收，当人体缺乏铬时，葡萄糖耐量异常。碘是构成甲状腺素的主要成分，甲状腺能调节体内热能的代谢，促进蛋白质脂肪的合成与分解，人体缺碘或碘过量都会产生甲状腺肿。母体缺碘，可使婴儿发生呆小症，表现为生长迟缓，智力低下或痴呆。

铅、铝、镉、砷四种元素对人体有明显的毒害作用，是最常见的有害重金属，在食品污染和人们的生活环境中广泛存在，也最易引起人们的关注。这些有害重金属及其化合物不容易被分解，可在人体内蓄积并产生慢性毒性，对于人体的免疫系统和神经系统都有毒害作用，并能引发多种疾病；铅的毒性作用主要表现在对神经系统、心血管系统、造血系统和生殖系统等产生毒性；对儿童影响常见的有学习困难、注意力不集中、多动、运动失调和智商下降等。铝超标对儿童的影响主要表现在会影响孩子骨骼的生长，智力上也会受到一定的影响。镉在体内的半衰期为 16~31 年，在脾、胰腺、甲状腺和毛发等都有一定的蓄积，镉对儿童的成长具有明显的毒害作用，被吸收后与金属硫蛋白结合储存在肝脏、肾脏和骨骼中。砷也在人体内发生蓄积，入侵人体各个器官，造成长期危害。慢性砷中毒临床表现为皮肤先是出现白斑然后变黑并呈橡皮状，急性中毒表现为恶心、呕吐、气急、腰酸背痛和心力衰竭等。

第二节　食品微生物学

微生物学是研究微生物及其生命代谢活动规律的学科，其研究的主要内容涉及微生物的形态结构、营养与培养、生长繁殖、新陈代谢、遗传变异、分类鉴定、生态分布以及微生物在工业、农业、医疗卫生、环境保护等各方面的应用。研究微生物以及生命活动规律的目的在于充分利用有益微生物，控制有害微生物，使微生物能更好地为人类服务。

食品微生物学是专门研究与食品有关的微生物的种类、特点及其在一定条件下与食品工业关系的一门学科。尽管人类对食品微生物研究的历史很长，但作为微生物学的一门独立的分支学科——食品微生物学，仍属一门新兴学科。尤其在我国，人们对食品科学的重视是改革开放以来，人们解决了温饱问题之后的事情。食品微生物学是随着食品科学的发展而产生的一个重要的学科。

根据我国目前的教学体制，食品微生物学是食品科学专业的一门专业基础学科，主要学习和研究与食品有关的细菌、放线菌、酵母菌、霉菌、蕈菌和病毒的形态结构特征、生长繁殖特性、营养与代谢规律、生长分布规律、遗传变异与育种、分类与鉴定，以及在食品制造工业中有益微生物的应用和在食品工业中有害微生物的控制，以达到能主动控制微生物整个活动进程的目的，为人类提供营养丰富、健康安全的食品。

一、微生物的概念及分类

微生物指的是形态微小、结构简单、肉眼无法看见或看清的单细胞、多细胞的一类微小生物。绝大多数微生物的观察与研究要通过光学显微镜或者电子显微镜才能进行。与其他生物一样，微生物也具有形态结构、生长繁殖、新陈代谢、遗传变异等生物学特征。微生物的分类如下。

1. 原核微生物

原核微生物指的是由原核细胞构成的一类微小生物。原核细胞中的细胞质中只有核糖体；细胞没有膜包围的细胞核，有拟核，染色体分散在细胞质中；细胞壁主要成分是肽聚糖。主要类别有蓝藻、细菌、放线菌、支原体和衣原体等。

（1）蓝藻　蓝藻是能进行光合作用的大型原核微生物，是最简单、最原始的原核微生物，既可以进行营养繁殖，又可以进行孢子生殖。蓝藻多存在于湖泊等水体中，大量繁殖会引发"绿潮"，是生活中常见的菌种之一。

（2）细菌　细菌指的是一类形状细短，结构简单，多以二分裂方式进行繁殖的原核生物。细菌是自然界中分布最为广泛、个体数量最多的有机体，参与了绝大多数的大自然物质循环。按照不同的分类方式，细菌的分类也不同。按其对氧气的需求分，可分为需氧菌和厌氧菌两类，也有兼氧性细菌。生活中常见的大肠杆菌、乳酸菌主要以厌氧为主，而根瘤菌、硝化细菌等则是需氧型的，它们都与人体健康和生活过程息息相关。如大肠杆菌和乳酸菌都是寄居在人体肠道内，与人体互利共生的，而根瘤菌、硝化细菌则是自然界中植物固氮必不可少的部分。按照细菌的生活方式分类，可将其分为自养型细菌和异养型细菌，大多数的细菌是异养型的，如大肠杆菌、乳酸菌、根瘤菌等，而硝化细菌则是自养型。硝化细菌是自养需氧型细菌，能将土壤中的铵盐及氨转化为硝酸盐，供给植物必需的氮素营养。按照细菌的形状分类，可将其分为球菌、杆菌和螺形菌三类。

（3）放线菌　放线菌是由分枝发达的菌丝组成，介于细菌与真菌之间的丝状微生物。放线菌的生殖方式是孢子繁殖，在合适的条件下，保证会萌发，长出芽管，形成营养菌丝，并分化出气生菌丝和繁殖菌丝。放线菌具有产生抗生素的作用，包括链霉素、卡那霉素、四环素、土霉素等。

（4）支原体、衣原体、立克次氏体、螺旋体　这是介于细菌和真菌之间的一大类微生物。支原体是一类无细胞壁，介于独立生活和细胞内寄生生活间的最小的革兰氏阴性原核微生物。常呈现多形态性，如球形、丝状、环状、星状和螺旋形等。由于它们能形成细长的分支细丝，故称为支原体。

衣原体是一类在真核细胞内专性寄生的革兰氏阴性小型原核微生物，曾长期被误认为是"大型病毒"。直至1956年由我国著名微生物学家汤非凡等自沙眼中首次分离得到沙眼的病原体后，才逐步认识它是一类独特的原核微生物，既不同于细菌，也不同于病毒。与细菌的主要区别是衣原体缺乏合成生物能量来源的ATP酶，其自身不能合成生物能量物质ATP，其能量完全依赖被感染的宿主细胞提供；衣原体与病毒的不同在于其具有DNA和RNA两种核酸，有核糖体和一个近似细胞壁的膜。

立克次氏体是一类专性寄生于真核细胞内的革兰氏阴性原核微生物，它不仅是动物细胞的寄生者，也是植物细胞的寄生者。

螺旋体是一类细长、柔软、富有弹性、弯曲呈螺旋状、运动活泼的原核微生物。

2. 真核微生物

真核微生物指的是由真核细胞构成的生物。不同于原核细胞，真核细胞同时具有细胞核和高度分化的各种细胞器。常见的真核微生物包括原生生物和真菌。

（1）原生生物　原生生物在自然界中属于消费者。自然界中比较常见的原生生物包括草履虫、变形虫、衣藻等，它们都属于单细胞生物，其中衣藻属于自养需氧型，草履虫和变形虫是异养需氧型。

（2）真菌　真菌是真核微生物中十分重要的类别，包括霉菌、酵母菌等。霉菌的形状多为丝状，且具有繁殖方式多样、繁殖能力强的特点，既可以进行有性繁殖，也能进行无性繁殖。霉菌属于异养需氧型微生物。酵母菌与霉菌的繁殖方式相同，均既可以进行有性繁殖（孢子繁殖），也能进行无性繁殖。其特点在于生长迅速，易于培养，在工业生产和生活中应用十分广泛。其代谢类型属于异养兼性厌氧。

3. 病毒和亚病毒

病毒是一类超显微的、结构极其简单的、专性活细胞内寄生的、在活体外能以无生命的化学大分子状态长期存在并保持其侵染活细胞能力的非细胞生物。组成成分均为蛋白质和核酸。按其核酸种类分为 RNA 病毒（如 SARS 病毒、HIV 病毒、流感病毒）和 DNA 病毒（如噬菌体、天花病毒、乙肝病毒）；按侵染的宿主细胞不同，可分为植物病毒、动物病毒、真菌病毒和细菌病毒。

亚病毒仅具有某种核酸而不具有蛋白质，或仅具有蛋白质而不具有核酸，能够侵染动植物的微小病原体，不具有完整的病毒结构的一类微生物称之为亚病毒，包括类病毒、朊病毒、卫星病毒及卫星 RNA。

类病毒是一类能感染某些植物的单链闭合环状的 RNA 分子，是一种比病毒小、仅含有疏水基的具有侵染性的蛋白质分子。

卫星病毒是一类基因组缺失、需要依赖于辅助病毒，基因才能复制和表达，才能完成增殖的亚病毒，它不能单独存在，常伴随其他病毒一起出现。卫星 RNA 是一类寄生于辅助病毒壳体内，虽与辅助病毒基因组无同源性，但必须依赖于辅助病毒才能复制的 RNA 分子片段。

二、　微生物的生长

微生物的生长繁殖受多种因素的影响，特别的，由于微生物与环境有着密切联系，这种环境影响就更加突出。环境条件适宜时，微生物能进行正常的新陈代谢、生长、繁殖；环境不太适宜时，微生物的代谢活动发生相应改变，甚至引起变异；环境条件改变过于剧烈，可能导致微生物的主要代谢机能发生障碍，生长被抑制甚至死亡。

影响微生物生长的因素有以下几种。

1. 温度

微生物生长繁殖必须有其适宜的温度范围，根据微生物生长所需的温度范围不同，可分为低温菌，中温菌和高温菌三类，它们都有各自的最低、最适、最高生长温度范围。大多数微生物属于中温菌。微生物对高温的耐受性差，高温往往引起蛋白质的凝固、变性，最终导致微生物死亡。低温时微生物的生长繁殖会受到抑制，但是多数使生理活动降低，生长缓慢、停滞或处于休眠状态。绝大部分微生物耐低温（10℃以下）。在低温条件下，微生物的代谢活动降低或接近停止，不再繁殖。但能较长时间维持生命，故常用低温保存菌种。低温、干燥、真空是用于菌种保藏的重要手段。细菌、放线菌、酵母菌等的菌种保藏温度为4~6℃。温度过低，也会导致微生物死亡。在最适温度下，如果其他条件适宜，则微生物生长繁殖最快，这是人工培养微生物的控制条件。

2. 水活度（Water activity, A_w）

水是一切生物细胞不可缺少的成分。微生物的新陈代谢，包括许多生化反应，必须在有水的条件下才能进行。微生物吸收营养物质、渗透、分泌和排泄等作用也都是以水为媒介的，水还有调节微生物温度的作用。因此，水是生命之源，离开了水，微生物将不能生存。但水过多或过少，也会影响微生物的生长。水活度是影响微生物生长不可缺少的因素之一，食品微生物的水活度容易受到周围环境的影响，干燥的环境会导致微生物细胞失水而造成代谢停止不再存活。

3. 渗透压

在微生物细胞内渗透压与环境溶液的渗透压必须大致相等，才能正常存活与生长，否则将引起损伤甚至死亡。在低渗溶液中，当细胞外渗透压低于细胞内渗透压时，大量水分进入细胞内，膨压增大，压迫细胞壁，严重时使细胞壁破裂，原生质体外露。失去细胞壁保护的原生质体，在渗透压差大的溶液中就会破裂死亡。相反，在高渗溶液中，当细胞外渗透压高于细胞内渗透压时，细胞内的水就外渗，细胞处于失水状态，引起质壁分离。

4. 辐射

紫外线对微生物是有害的，具有杀灭作用。因此，利用紫外线对空气进行消毒。紫外线的消毒效果与照射的时间、距离和强度有关，一般要求灯管离地面2~3m高处，照射12h。紫外线的穿透力弱，易被玻璃、纸张等其他物体阻挡，故只能用于物体表面及空气消毒。

5. 营养物质

营养物质是指微生物生长繁殖过程中所需的全部物质，其中包括氮源、碳源微量元素与生长因子等。对微生物而言，食品有着较为丰富的营养成分，可以为其提供生长繁殖所必需的碳源、氮源、能源、无机盐、生长因子和水等营养要素。

6. pH

各类微生物都有其最适宜的 pH 范围。大多数细菌最适生长的 pH 为 7.0 左右，酵母菌和霉菌生长的 pH 范围较宽，因而非酸性食品适合于大多数细菌及酵母菌、霉菌的生长；细菌生长下限一般在 pH 为 4.5 左右，pH 为 3.3~4.0 以下时只有个别耐酸细菌，如乳杆菌属尚能生长。微生物内环境中 pH 的自我调节处于一个相对较小的变动范围，微生物才能保持其活性。如果破坏微生物的内平衡，微生物就会失去生长繁殖的能力。在其内平衡重建之前，微生物就会处于延迟期，甚至死亡。

7. 气体

与微生物生长繁殖有关的气体有氧、二氧化碳。微生物可分为需氧菌、厌氧菌和兼性厌氧菌。氧对微生物的生长繁殖有重要影响，微生物对氧的需求主要取决于自身的生理代谢特性，这些生理特性也取决于微生物的生态环境或培养条件。厌氧菌对氧极为敏感，在有氧条件下根本不生长。

8. 食品成分

某些食品中天然存在或添加了对微生物生长繁殖有害的物质。如防腐剂、乙醇等。

三、 微生物在食品工业中的应用

在自然界中，微生物的存在形式多种多样。中国的祖先在很久以前就已经对微生物的运用有了一定的认识，并且掌握了一定的规律，比如，古代的酿酒技术就是微生物应用的最好证明。除了酿酒之外，微生物也经常被运用在食物的保存和制作上。微生物与众多食品的制造密切相关，不同微生物在食品工业上的应用举例见表4-7。酿造食品的动力是微生物，即生产菌种，酿造食品的全部生产工艺及其条件是以生产菌种为中心。因此，我们只有在较全面地了解微生物的全部生命活动规律的基础上，才有可能达到控制微生物的发酵进程，最经济和最有效地获得微生物的代谢及发酵产物。未来食品工业的发展趋势有两个方面，其一是利用现代生物育种技术对生产菌种进行改良；其二是利用现代生物工程技术对传统食品工艺进行改造。随着现代科学的发展，微生物在食品中的运用范围越来越广，运用手段也越来越先进。自然界微生物资源极其丰富，有极其广阔的开发前景，有待我们去研究、开发和利用，为人类提供更多更好的食品，是食品微生物学的重要任务之一。

表4-7　　　　　　　　　　　不同微生物在食品工业上的应用举例

食品加工过程	微生物种类
酿酒	酵母菌、根霉、曲霉、毛霉等
面包、馒头	酵母菌
酸乳、泡菜	乳酸菌
腐乳、火腿	青霉、曲霉、根霉、酵母菌等
酱油	酵母菌、曲霉
味精	棒杆菌属、短杆菌属
醋	酵母菌、醋酸菌
发酵茶	青霉、曲霉、散囊菌等

（一）细菌在食品中的应用

细菌是当前食品加工中最常用的微生物。食品级微生物细菌主要包括乳酸菌、醋酸菌等。乳酸菌被运用在乳制品的制作中，它可以产生乳酸脱氢酶，在化学反应的作用下把糖类代谢为乳酸。乳酸菌根据菌群的类别可以分为两种：同型发酵乳酸菌主要有链球菌、乳酸链球菌等；异型发酵乳酸菌主要有番茄乳杆菌、短乳杆菌，乳酸菌在乳制品和果蔬制品的发酵过程中常作为一种益生菌添加。

醋酸菌在一定的条件下能够把糖类转化为有机酸。醋酸菌的乙酸发酵要借助生物酶来完成，一般来说，被添加在食品中的醋酸菌在果醋类的食品加工中使用较多。

发酵乳产品已经成为世界公认的保健型饮品，目前乳制品已成为人类食品的重要组成部分，主要是以乳或者乳制品为主要原料，经乳酸菌加工发酵制成。市场上较为常见的有酸乳、干酪、淡奶油等。果蔬发酵中应用最普遍的是乳酸菌生产酸菜、泡菜、橄榄菜等。白酒的酿造中乳酸菌利用酒曲中的糖类产生乳酸，与乙醇形成乳酸乙酯，白酒口味丰富、口感更佳。目前，发酵肉制品生产中应用较多的细菌包括乳杆菌属、片球菌属和微球菌属等属的部分菌种。乳酸菌作为腌制剂主要应用在香肠火腿、腊肠等，主要是通过大量高效的繁殖利用乳酸菌产生的乳酸，起到抑制有害微生物的生长，提高蛋白质含量，以达到提高产品质量的目的。枯草杆菌可以生产液化型的淀粉酶，在麦芽糖的制作上，应用淀粉酶则可让食品的质量更加优异。

（二）酵母菌在食品中的应用

酵母菌是一种单细胞真菌，它主要生长在 pH 较大的含糖水中，属于兼性厌氧菌，如果遇到有氧环境，能够把糖分解为二氧化碳和水，无氧气的条件下分解为乙醇和二氧化碳。

酵母菌在食品加工中有较长时间的利用实践历史，主要被运用在面包等发酵食品的制作中。常见的包括馒头和面包，酵母菌能够使面粉蓬松和柔软。以水果进行酿酒发酵之后制成酒精度数较低的果酒，可以起到一定的保健功效。在果酒的制作中，最常用到的酵母就是葡萄酒酵母。酱类产品制作中利用毕赤酵母能增加酱类产品的黏稠度。此外，酵母菌的自溶物作为一种食品添加剂能有效改善食品口味。

（三）霉菌在食品中的应用

霉菌属于丝状真菌，常用于食品制作的霉菌主要包括根霉属和毛霉属。霉菌在某些情况下，可以用于食品的糖化，分泌出多种类型的生物酶，分解蛋白质大分子，把食物中的蛋白质变为氨基酸以及多肽，也可以把淀粉类物质分解为单糖。

我国传统调味食物——酱油的制作中，霉菌的使用频率较高。普洱茶的发酵过程有很多微生物参与，例如：霉菌、细菌、酵母菌，其中霉菌在普洱茶发酵过程中所起作用是最大的，霉菌能够分泌出大量蛋白酶与有机酸，对普洱茶的香味与营养成分的形成至关重要。此外，曲霉、根霉等的应用，可以生产出蛋白酶，应用于很多食品的去污去浊处理。

第三节　现代生物新技术

生物技术一直以来就是科学家重点研究的领域，该技术利用自然界的自然规律可以很好地改造世界，提高人类生活的效率。现代生物技术由最初的第一代传统生物技术逐渐发展而来，在乙酸、乙醇和乳酸发酵的应用过程中逐渐发展出第二代生物技术，这些技术的应用也更加广泛。国家在党的十九大报告中明确提出了食品安全的问题，食品工程作为关乎我国民生的一项重大内容，在我国快速发展的过程中具有非常重要的作用。如何更好的应用现代生物技术来提高食品工程领域的效率已经成为了该领域的重点话题。必须明确的是，现代生物技术并不是一项单独的技术，而是一个综合性概念，是将许多现代新型技术与生物技术进行融合，按照特定的需求形成的技术。

现代生物技术包括基因工程、细胞工程、蛋白质工程、酶工程和发酵工程五个领域，其在食品工业的应用有着广阔的市场和发展前景。

一、基因工程与食品产业

（一）基因工程基本原理

基因工程是指在分子水平上将异源基因与载体 DNA 在体外进行重组，然后将重组子引入受体细胞中，进行复制和表达，从而改造生物特性，生产出符合人类需要的产品或创造生物新性状的一种技术。利用基因工程技术将一些植物、动物或微生物的基因植入另一种植物、动物或微生物中，接受的一方由此获得了在自然条件下所没有的品质，按植入的基因类型可将食品分为植物性转基因食品、动物性转基因食品和基因工程菌。

（二）基因工程在食品产业中的应用

1. 优化食品生物资源及食品品质

基因工程应用于植物食品原料的生产上，可进行品种改良、新品种开发与原料增产，如选育抗病植物、耐除草剂植物、抗虫性或抗病毒植物、耐盐或耐旱植物等，使食品原料的供应更加多样。同时，在改善食品品质方面，可以利用转基因工程以及反义 RNA 技术，使转基因番茄的成熟可被控制，能延长番茄的储存期；或者改良玉米、稻米等作物氨基酸组成及含量，提高谷类作物的营养价值。在畜产品的生产上，利用基因工程技术可大量生产牛生长激素，并应用于奶牛，以增加牛乳的产量、饲料利用率，并加速肉牛的生长速度。猪生长激素也被应用于控制生猪总重与瘦肉的比率，减少肥肉，以迎合消费者的需求。

2. 改良食品工业菌种

食品工业如酒类、酱油、食醋、发酵乳制品等的发展，关键在于是否有优良的微生物菌种。将基因工程技术应用于微生物育种，从事发酵菌种的改良研究，已成为改良食品工业菌种的一个重要途径。例如，在啤酒酵母的改良中，将 α-乙酰乳酸脱羧酶基因克隆到啤酒酵母中进行表达，可降低啤酒双乙酰含量而改善啤酒风味；选育出分解 β-葡萄糖和糊精的啤酒酵母，能够明显提高麦芽汁的分解率并改善啤酒质量；构建具有优良嗜杀其他菌类活性的嗜杀啤酒酵母已成为纯种发酵的重要措施。再如，乳杆菌中超氧化物歧化酶（SOD）活性越高越有利于该菌在有氧条件下的存活，诸多研究也证实了 SOD 具有抗肿瘤、抗衰老、对抗细胞凋亡等生物活性与功能，克隆大肠杆菌锰超氧化物歧化酶基因（SODA）并在保加利亚乳杆菌中成功表达，使 SOD 与益生菌相结合制备发酵乳，将出现功能更强大的保健食品。此外，基因工程技术还可以与食品卫生分析检测相结合。基因探针技术又称 DNA 探针技术、分子杂交术，可用来检测食品中有害微生物。采用基因探针技术不但能判断样品中是否含有某种微生物，并且可以测定样品中微生物数量，有特异性强、灵敏度高和操作简便、省时等优点。

二、　细胞工程与食品产业

（一）细胞工程基本原理

细胞工程是在细胞水平上改造生物遗传特性和生产性能，以获得特定的细胞、细胞产品或新生物体的技术，包括细胞融合、细胞培养及细胞核移植等。利用细胞杂交、细胞培养等技术可获得遗传性状有所改良的新菌株或动植物细胞、生产食品添加剂与酶制剂等。

（二）细胞工程在食品产业中的应用

1. 细胞工程育种

在细胞水平上的原生质体制备与融合有利于实现远缘遗传物质的直接交换，促进遗传资源的创新。例如，研究人员利用曲霉种间的原生质体融合获得了比亲本菌株淀粉酶产量提高 114.00%～204.81%，且耐高温性能也有所提高的新菌株。再如，大多数难以栽培的食用菌都与植物有共生或寄生关系，人工栽培出菇问题一直无法解决，原生质体融合技术则可以去除细胞壁的屏障，实现了远缘杂交，为难以人工栽培的食用菌育种提供了新方法。

2. 细胞培养

利用细胞工程技术生产生物来源的天然食品或天然食品添加剂，是细胞工程的一个重要领域，应用范围包括生产天然药物（人参皂苷、紫杉醇、长春碱等）、食品添加剂（花青素、类胡萝卜素、紫草色素、天然香料等）和酶制剂（超氧化物歧化酶、木瓜蛋白酶等）等。超氧化物歧化酶是一种颇受关注的酶，目前，超氧化物歧化酶主要从动物血液中分离和纯化获得，由于血液中含有大量的杂蛋白，分离纯化工艺复杂，难以达到要求；天然植物中分离和纯化超氧化物歧化酶，又受到地理环境和气候条件等影响，难以满足需求。利用大蒜细胞在发酵罐培养获得超氧化物歧化酶，取得了较好的放大效果，为植物细胞培养超氧化物歧化酶的工业化生产奠定了基础。

三、 蛋白质工程与食品产业

（一）蛋白质工程基本原理

蛋白质工程是在基因重组技术、生物化学、分子生物学、分子遗传学等学科的基础之上，融合了蛋白质晶体学、蛋白质动力学、蛋白质化学和计算机辅助设计等多学科而发展起来的新兴研究领域。蛋白质工程可以按照人类的需求创造出原来不曾有过、具有不同功能的蛋白质及其新产品，或生产具有特定氨基酸顺序、高级结构、理化性质和生理功能的新型蛋白质，可以定向改造酶的性能，生产新型功能性食品。

（二）蛋白质工程在食品产业中的应用

1. 优化酶的性质

在干酪加工中，凝乳酶作为重要的凝结剂而被广泛应用。在动物凝乳酶供应紧缺的情况下，市场上开发出了多种微生物凝乳酶。但由于其他酶类在特异性、凝结活性、蛋白质分解活性、最适 pH、热稳定性等性质上与天然凝乳酶有一定的差异，因此在食品加工中易引起产量降低和成熟中出现不良风味的缺点。通过凝乳酶蛋白质工程技术的研究，目前已经在解释酶的某些结构与功能性质、基团与功能性质、酶的翻译和激活等方面取得了进步，在改变酶的某些性质方面取得了一定效果。

纤维素酶是糖苷水解酶的一种，它可以将纤维素水解成单糖，进而发酵成乙醇，从而解决农业、再生能源以及环境污染等问题。为了更好地利用纤维素，越来越多的国内外学者开始关注纤维素酶的研究。

脂肪酶在油脂化学、食品工业等领域有广泛应用。尽管有许多脂肪酶可供利用，但这些天然酶往往不能满足生物催化的需求，利用蛋白质工程在分子水平上修饰脂肪酶，可以提高酶活、稳定性和其他催化性质。

2. 改善食品品质

将甜蛋白基因转入植物，并使之表达，以提高一些蔬菜和水果的甜味的研究已取得了成功，1989 年，Witty 等人用发根农杆菌介导的转化方法获得了转超甜定（Thattmatin）基因的马铃薯，并检测到了活性甜蛋白的表达。1992 年，Fischer 等人分别应用果实特异性表达启动子和植物组成型启动子将魔甜灵（Moneliin）基因转入番茄和莴苣，获得了具有甜蛋白味的番茄和莴苣。

甘薯缺乏人类健康膳食中的必需氨基酸，合成人工基因控制植物的蛋白质贮藏，使甘薯产生的蛋白质的质量和数量明显提高，赖氨酸水平是普通马铃薯的 5 倍。

四、 酶工程与食品产业

（一）酶工程基本原理

酶工程是指利用酶、细胞或细胞器等具有的特异催化功能，借助生物反应装置和通过一定的工艺手段生产出人类所需要产品。酶工程在食品工程中的应用技术已比较成熟，包括各种酶的开发和生产、酶的分离和纯化、酶或细胞的固定化技术、固定化酶反应器的研制以及酶的应用等。

（二）酶工程在食品产业中的应用

1. 食品加工

酶在食品工业中可用于食品加工，比如，淀粉、乳品、果汁加工，食物的发酵及食品添加剂。与之有关的各种酶如淀粉酶、葡萄糖异构酶、乳糖酶、凝乳酶、蛋白酶等占据酶制剂大半市场。

生活中一些难以处理的肉类，比如一些质地较硬的肉类，牛肉、老动物肉等，这类肉的结缔组织和胶原蛋白质及弹性蛋白质含量高而且结构复杂，胶原蛋白是纤维蛋白，其中含有耐热和不耐热两种交联键。嫩质肉类的胶原蛋白中，不耐热交联键多，加热即可破裂，肉就显得滑嫩；而老动物的肉因耐热键多，烹饪时软化较难，肉质显得粗糙，适口性较差，而酶制剂便可作为肉类的嫩滑剂，解决口感的粗糙问题。处理一些肉质粗糙的肉类常用的酶制剂有两类：常用一类是植物蛋白酶，如木瓜蛋白酶、菠萝蛋白酶、中华猕猴桃蛋白酶等；另一类是微生物蛋白酶，如米曲霉蛋白酶可以将肌肉结缔组织中胶原蛋白分解，可使肉质嫩化。嫩化的肉类品种已经从牛肉扩大到猪肉、家禽等。工业上常将酶涂抹在肉的表面或用酶液浸泡软化肉类，酶工程对于改善肉类的质地、增强肉制品的风味，起到了极大的作用。而用酶法提取的米糠蛋白有良好的溶解性、起泡性、乳化特性和营养性，不仅可以作为食品中的营养强化剂，还可以作为食品中的风味增强剂。

2. 食品保鲜

食品在加工、运输和保存过程中，由于受到氧气、微生物、温度等使食品发生改变甚至不能食用。现今许多商家大都选用添加防腐剂、保鲜剂或热杀菌等方法来保鲜，但过度加热会使食品的营养流失，防腐剂和保鲜剂也会有致癌的可能性，危害人体健康。酶工程作为一种新型的健康保鲜技术已逐渐进入人们视野。酶制剂可为食品制造一种有利的环境，选用不同的生物酶，使不利食品保存的酶受到抑制或降低其反应速度，从而达到保鲜的目的。

葡萄糖氧化酶、溶菌酶等可应用于果汁、罐装食品、脱水蔬菜、鲜乳等各类食物的防腐保鲜。例如，葡萄糖氧化酶加在瓶装饮料中，吸去瓶颈空隙中氧而延长保鲜期；溶菌酶对革兰氏阳性菌有较强的溶菌作用，用于肉制品、干酪、水产品等的保鲜；细胞壁溶解酶可消除某些微生物的繁殖，对食品进行保鲜储藏。

3. 食品分析与检测

酶具有特异性，适合于动植物材料的化合物的定性和定量分析。例如，采用乙醇脱氢酶测定食品中的乙醇含量；采用柠檬酸裂解酶测定柠檬酸的含量等。另外，在食品中加入一种或几种酶，根据它们作用于食品中某些组分的结果，可以简单快捷判断食品质量优劣。农产品质量的好坏直接关系着人类的健康，通过酶制剂也可对农产品进行食品检测，可快速检测出农药残留。

五、 发酵工程与食品产业

（一）发酵工程基本原理

发酵工程是指采用工程技术手段，利用微生物和有活性离体酶的某些功能，为人类生产有用的生物产品，或者直接用微生物参与控制某些生产的一种技术。现代发酵工程包括微生物资源的开发利用、微生物菌种的选育、固定化细胞技术、生物反应器设计、发酵条件的利用及自动化控制、发酵产品的分离与提纯等技术。发酵工程技术涉及到新食品配料、食品加工催化剂、饮料稳定剂、D-氨基酸及其衍生物制造等诸多食品工业领域。

（二）发酵工程在食品产业中的应用

1. 改造传统的食品加工工艺

从植物中萃取食品添加剂不仅成本高，而且来源有限。化学合成法生产食品添加剂虽然成本低，但是化学合成率低、周期长，而且可能危害人体健康。因此，生物技术，尤其是发酵工程技术成为食品添加剂生产的首选方法。目前，利用微生物发酵生产的食品添加剂主要有维生素 C、维生素 B_{12}、维生素 B_2、甜味剂、增香剂和色素等产品。发酵工程生产的天然色素、天然新型香味剂正在逐步取代人工合成的色素和香精。

2. 开发大型真菌

一些药用真菌，如灵芝、冬虫夏草、茯苓等，含有调节机体免疫功能、抗癌、防衰老的有效成分，是发展功能性食品的一个重要原料来源。对于这些名贵的药用真菌，一方面可通过野外采摘和人工种植相结合的方式进行资源收集，但是这种方式的产量低，易受天气和季节的影响；另一方面，则可以通过发酵途径实现工业化生产，例如，河北省科学院微生物研究所等筛选出了繁殖快、生物量高的优良灵芝菌株，应用于深层液体发酵研究并取得了成功，建立了一整套发酵和提取新工艺，为研制功能性食品提供更为广阔的原料。发酵培养虫草菌也在中国医学科学院药物研究所实现，其产品的化学成分和功效与天然冬虫夏草基本一致。

 思政案例

案例一：我国微生物制造食品的悠久历史

利用微生物制造食品在中国已有数千年的历史，例如，制酱是我国首创的，据《周礼》卷四记载的"膳夫掌王之食饮膳羞，……酱用百有二十瓮"一文，可知"酱"大致是在两千五百年前出现的。日本木下浅吉所著《实用酱油酿造法》中说："天乎胜宝六年，唐僧鉴真来朝，传来味噌制法。""味噌"就是酱，说明日本的制酱方法是由我国传去的。此外，根据历史记载，我国酿酒历史至少有四五千年，在殷墟中发现酿酒作坊遗址，证明早在三千多年前，我国的酿酒事业已经相当发达。

课程思政育人目标：通过这些史实案例，可促进学生理解和巩固专业知识，同时了解中国传统饮食文化的博大精深，激发民族自豪感和文化自信。

案例二：精诚合作，技术攻关，实现工业发酵生产味精

我国味精工业是从 1923 年吴蕴初先生在上海创办天厨味精厂开始的。当时是用小麦面筋用盐酸水解提取味精，约 10kg 湿面筋只能制作 1kg 味精，而 10kg 面筋须用约 30kg 面粉来淘洗，因此味精售价很贵。原料限制，且酸水解法环境污染严重，危害附近农田。在当时谷氨酸发酵被视为一个尖端课题，不能用发酵技术的老经验去对待，困难重重。适时北京大学教授从土壤分离出一株可将酮戊二酸转化成谷氨酸的菌株，中国科学院生物化学与细胞生物学研究所科研人员为了攻克谷氨酸发酵，成立了筛菌、分析、发酵、工场四个大组分头并进，努力摸索，确定了以豆饼水解液、味精废母液、玉米浆等廉价材料的配方（当时参考的文献中使用了牛肉膏、蛋白胨、酵母膏等昂贵材料），分析组同志又解决了生物素含量的微生物法测定方法，为培养基中对发酵至关重要的生物素量的控制创造了条件。后经与当时的上海医药工业研究院童村院长和上海第三制药厂合作，共同研究改进，逐步克服了发酵罐染菌问题，经过不断努力，最终达到了国家下达的指标，攻克了谷氨酸发酵这个堡垒。

谷氨酸发酵的研究成功被原国家科委授予科技二等奖，1977 年全国科技大会又评为重大成果奖。谷氨酸发酵的成功离不开全体科研人员的努力奋斗，同时也与各研究所、企业等有关单位的大公无私和精诚合作分不开。

课程思政育人目标： 古人云，用众人之力，则无不胜也。团队不仅体现出一种力量，还表现在精神追求上，而且团队合作精神是集体一致观念、协调合作意识和主动服务精神的结合。

🔍 本章思考题

1. 简述糖类的生物学功能有哪些。
2. 举例说明蛋白质的结构与功能的关系。
3. 什么是必需脂肪酸？
4. 什么是必需氨基酸？
5. 你如何看待所谓"核酸食品"？
6. 供给人体能量的物质有哪些？
7. 列举人体必需的矿物质，并举例说明其作用和食物来源。
8. 影响微生物生长繁殖的因素有哪些？
9. 乳酸菌的用途有哪些？什么是益生菌？
10. 举例说明如何控制微生物的污染与危害。
11. 什么是转基因食品？谈谈你对转基因食品的看法。

第五章

食品科学与工程中的化学

第一节　食品化学

一、概述

（一）食品化学的概念

　　食物（Foodstuff）是指含有营养素（Nutrients）的食用安全的物料。营养素指的是维持机体繁殖、生长发育和生存等一切生命活动和过程，需要从外界环境中摄取的物质。根据其化学性质和生理作用可将人体所需要的营养素分为七大类，即蛋白质（Protein）、脂质（Lipids）、碳水化合物（Carbohydrates）、矿物质（Minerals）、膳食纤维（Dietary fiber）、维生素（Vitamins）和水（Water）。

　　食品中化学成分相当复杂，有的成分来源于动植物体和微生物体，有的成分是在食品的加工、贮藏等过程中产生的，有的成分是人为添加的，还有的成分则来自食品的包装材料。按照来源的差异，可将食品中的化学成分分为两大类，即天然成分和非天然成分。天然成分又包括无机成分和有机成分。无机成分主要有水和矿物质。有机成分主要包括碳水化合物、蛋白质、脂质、矿物质、维生素、有机酸、色素、风味物质、激素、有害物质等；非天然成分主要包括食品添加剂（包括天然来源和人工合成的）和污染物质（加工中不可避免的污染物质、环境污染的有害物质）。食品科学主要研究食品的物理、化学以及生物学属性，是因为这些性质关系到食品的稳定性、成本、质量、加工、安全、营养价值和卫生。

　　食品化学（Food chemistry）作为食品科学的重要组成部分，是食品类专业的核心课程之一，也是食品科学与工程、食品质量与安全等食品相关专业的专业基础课。食品化学就是从化学角度和分子水平上研究食品（包括食物）的化学组成、结构、理化性质、营养性、安全性及可享受性，以及各种成分在食品生产、加工、贮藏、运输、销售期间发生的变化以及这些变化对食品营养性、享受性和安全性影响的科学；食品化学是为提升食品品质、开发食品新资源、创新食品加工工艺、改良食品储运技术、科学调整膳食结构配方、改进食品包装、加强食品质量控制及提高食品原料加工和综合利用水平奠定理论基础的一门学科。

食品化学是与化学、生物学、物理化学、植物学、动物学以及分子生物学相融合的一门交叉性明显的应用学科。食品化学家正是依赖于对上述学科知识的掌握，才能有效地研究和控制作为人类食物来源的生物物质。其中食品化学与化学及生物学的关系尤其紧密，但食品化学与化学及生物学研究的内容又有明显的不同。主要表现为，化学侧重于研究分子的构成、性质及反应；生物学侧重于研究生命体内各种成分在生命的适宜条件或较适宜条件下的变化；而食品化学侧重于研究动植物及微生物中各成分在生命的不适宜条件下，如冰藏、加热、冷冻、浓缩、脱水、干燥、辐射等条件下各种成分的变化，在复杂的食品体系中不同成分之间的相互作用，各种成分的变化和相互作用与食品的营养、安全及感官享受（色、香、味、形）之间的关系。

食品化学十分重视食品组分的关键特性及食品组分在食品加工、贮藏、运输、销售等过程中发生的变化规律，以及这些变化对食品安全性、营养性和享受性的影响的研究，从而为改进食品配方、优化食品加工工艺、提高食品的贮藏稳定性等提供借鉴，最终目的是建立不同食品组分之间的因果关系及结构-功能特性的联系，使获得的研究成果应用于解决食品生产中出现的问题，满足人们对食品要求日益提高的迫切需要。

（二）食品化学的研究内容

食品化学的研究内容主要包括：①研究食品中基本成分的化学组成、结构、理化性质、营养价值及功能特性；②研究食品的各种成分在食品的生产、加工、贮藏、运输、销售期间发生的化学变化，并解析这些变化如何影响食品的安全性、营养性和享受性；③研究食品加工新技术、食品贮藏保鲜新方法、新食品资源开发、新食品添加剂研制等。从食品化学的研究内容可以看出，食品化学涉及到食品成分化学、食品风味化学、食品工艺学、食品酶学等方面知识。

由于食品中成分的复杂性，因此，食品化学的研究方法也与一般化学的研究方法有明显不同，它是将实验和理论知识相结合，从分子水平上分析、探讨和研究食品物质变化的方法，是把食品的化学组成、理化性质及其变化的研究同食品的营养性、享受性以及安全性联系起来，并且将实际的食品物质系统与主要的食品加工工艺条件作为实验设计的重要依据。这就要求在食品化学研究的实验设计开始时，就应以揭示食品的营养性、享受性以及安全性的变化为目的，并且把实际的食品物质系统和主要食品加工工艺条件作为实验设计的重要依据。由于食品是一个非常复杂的物质系统，食品在加工、贮藏和运输、销售过程中将发生许多复杂的化学变化，这给食品化学的研究带来一定的困难。因此，为了使分析、推导和综合有一个清晰的背景，食品化学研究通常采用一个简化的、模拟的食品物质系统来进行实验，再将所得的实验结果应用于真实的食品体系，进而进一步解释真实的食品体系中发生的变化情况。值得注意的是，在这种研究方法中，研究对象过于简单化，由此而得到的结果有时很难解释真实的食品体系中的情况。因此需要根据研究对象的特点，建立合理的模拟体系，并且需要认真、全面分析模拟体系与真实体系的差异，从而不断提高研究水平和完善研究成果。

二、糖类

糖类又称碳水化合物，是绿色植物光合作用的主要产物，也是自然界中分布最广、含量最丰富的一类有机化合物。糖类为人体提供重要的能量来源，人体摄取食物的总能量中大约80%来自糖类（主要是淀粉、蔗糖、乳糖、葡萄糖、果糖等）。

糖类的分子组成一般可用（CH_2O）$_n$ 或 $C_n(H_2O)_m$ 的通式表示，是多羟基醛或多羟基酮及其衍生物和缩合物。按照水解程度的差异，可将糖类分为单糖（Monosaccharide）、低聚糖（Oligosaccharide）和多糖（Polysaccharide）三大类。不同的糖类具有不同的大小、分子结构和形状，表现出不同的物理和化学性质，对人体产生的生理功能也有所不同。

（一）糖类的性质

1. 单糖及低聚糖（寡糖）的一般性质

甜味是糖的重要性质之一，单糖都有甜味，大多数双糖和一些三糖也有甜味，糖类甜度的高低与糖的分子结构、相对分子质量、分子形态及外界因素有关。糖类都能溶于水，但溶解度有所不同，在同一温度下，单糖中的果糖溶解度最大，其次为葡萄糖。糖在不同温度下的溶解度见表5-1。温度是影响糖类溶解的重要因素，一般来说，温度越高越有利于糖类的溶解。在生产果汁和蜜饯类食品中，通常使用糖作为保存剂，这就需要糖具有很高的溶解度，是因为只有当糖含量在70%以上时，酵母和霉菌的生长才能被抑制。吸湿性和保湿性也是糖的重要性质，这两种性质对于保持食品的柔软性、弹性、贮藏及加工都有重要的意义。果糖是所有糖中吸湿性最强的糖，因此可利用果糖的这一特性，生产面包、糕点、软糖等食品。

表5-1　　　　　　　　　　　　糖在不同温度下的溶解度　　　　　　　　　　单位：g/100g 水

糖的种类	20℃		30℃		40℃		50℃	
	质量分数/%	溶解度	质量分数/%	溶解度	质量分数/%	溶解度	质量分数/%	溶解度
果糖	78.94	374.78	81.54	441.70	84.34	538.63	86.94	665.58
蔗糖	66.60	199.4	68.18	214.3	70.01	233.4	72.04	257.6
葡萄糖	46.71	87.67	54.64	120.46	61.89	162.38	70.91	243.76

由于单糖及绝大多数低聚糖分子中含有游离的羰基和羟基，因此能发生一些加成反应以及一些特殊反应。其中，比较重要的反应有美拉德反应（Maillard reaction）、焦糖化反应。美拉德反应最初是由法国生物学家美拉德于1912年发现，是指羰基与氨基发生缩合、聚合反应后，生成类黑色素的反应。因为美拉德反应的最终产物是棕色缩合物，所以该反应又称为"褐变反应"。在食品加工中，由羰氨反应引起的食品颜色加深的现象比较普遍，如焙烤面包产生的金黄色、烤肉产生的红棕色、熏干产生的棕褐色、酿造食品如啤酒的黄褐色、酱油和醋的棕黑色等均与其有关。在不含氨基化合物存在的情况下，单糖加热到一定的温度（一般是140~170℃），因糖发生脱水与降解，会发生褐变反应，称为焦糖化反应（Caramelization）。

焦糖化反应的产物主要有焦糖及糖的裂解产物（挥发性醛、酮类）。对于焙烤、油炸类食品，适当的焦糖化反应可使产品产生愉悦的色泽和风味。

2. 多糖的一般性质

多糖分子中含有大量游离的羟基，多数情况下多糖分子链中的每个糖基单位平均含有 3 个羟基，每个羟基均可和一个或多个水分子形成氢键。此外，环上的氧原子以及糖苷键上的氧原子也可与水形成氢键。因此多糖具有良好的亲水性，易于水化和溶解。在食品体系中，多糖具有控制水分移动的能力。同时由于水分是影响多糖的物理和功能性质的重要因素。因此，食品的许多功能性质都与多糖和水分有关。多糖作为一类高分子化合物，水虽能使其发生溶剂化，但多糖不会增加水的渗透性而显著降低水的冰点。因此，多糖可作为一种冷冻稳定剂，而不能作为冷冻保护剂。例如，当淀粉溶液冷冻时，会形成两相体系，其中一相为结晶水相（冰），另一相由 70% 淀粉分子与 30% 非冷冻水组成的玻璃态物质。非冷冻水主要由高度浓缩的多糖溶液构成，因其黏度很高，从而限制了水分子的运动，水分子难以移动到冰晶晶核或晶核长大的活性位置，冰晶的生长得到抑制，进而提高了体系的冷冻稳定性。

多糖具有增稠和凝胶的作用，这与多糖的黏度具有重要联系。通过控制多糖的黏度，能使流体食品获得适宜的流动性和质地，也能改变半固体食品的形态。在食品工业中，经常使用水溶性多糖与改性多糖，它们也称为亲水胶体。大多数亲水胶体溶液的黏度随温度的升高而降低，在食品的生产过程中，可在高温条件下溶解较高含量的亲水胶体，当溶液冷却后，就能起到增稠的作用。多糖在一定条件下，能通过分子缠绕、共价结合、离子桥接、氢键作用、范德瓦耳斯力等形成三维网络凝胶结构。凝胶具有二重性，既具有固体性质，又具有液体性质，是一种能保持一定形状、可显著抵抗外界应力作用，具有黏性液体某些特性的黏弹性半固体。尽管多糖凝胶中一般仅含有 1% 的高聚物，而水分含量高达 99%，但是这样的凝胶仍然非常强。在甜食凝胶、果冻、水果块、果酱等食品的生产中，利用的就是多糖的凝胶作用这一性质。

（二）食品中重要的糖类

1. 食品中重要的小分子糖类

很多天然食物（果蔬、谷物、豆类等）中都存在小分子糖类物质，在食品中最常见也最重要的小分子糖类为二糖，如蔗糖（Sucrose）、麦芽糖（Maltose）、乳糖（Lactose）。蔗糖是 α-D-葡萄糖的 C_1 与 β-D-果糖的 C_2 通过糖苷键结合的非还原糖。蔗糖广泛分布于植物的果实、根、茎、叶、花及种子内，尤以甘蔗、甜菜中含量最高，它是人类需求最大，也是食品工业中最重要的能量型甜味剂。蔗糖也用于发酵，在烘焙食品中，它主要起到发酵的作用。

麦芽糖是由 2 分子葡萄糖通过 α-1,4 糖苷键结合形成的二糖，存在于麦芽、花粉、花蜜、树蜜及大豆植株的叶柄、茎和根部。在面团发酵、甘薯烧烤时就有麦芽糖生成，啤酒生产时所用的麦芽汁中所含糖的主要成分也是麦芽糖。在食品工业中，麦芽糖可还原为麦芽糖醇，用于生产无糖巧克力。

乳糖是由一分子 β-D-半乳糖与另一分子 D-葡萄糖通过 β-1,4 糖苷键结合形成。乳糖是哺乳动物乳汁中的主要糖成分，也是哺乳动物发育的主要碳水化合物来源。乳糖能促进人体肠道对钙的吸收和保留，在乳糖酶的催化作用下，乳糖水解成 D-葡萄糖和 D-半乳糖，进而被小肠吸收。但是，由于某种原因，一些人群摄入乳糖后，仅能部分水解或根本无法吸收，这种症状称为乳糖不耐症。此时需要通过发酵去除乳糖，或加入乳糖酶减少乳中乳糖，或者在食用乳制品时服用 β-半乳糖苷酶来克服乳糖酶缺乏的问题。

2. 食品中重要的多糖

淀粉具有独特的物理和化学性质及营养功能，淀粉及淀粉的水解产物是人类膳食中大部分可消化的碳水化合物。在自然界中，淀粉主要存在于植物的种子、根部和块茎中。淀粉是由 D-葡萄糖通过 α-1,4 和 α-1,6 糖苷键结合形成的高聚物，可分为直链淀粉（Amylose）和支链淀粉（Amylopectin）。直链淀粉是由 D-葡萄糖通过 α-1,4 糖苷键连接而成的线状大分子，直链淀粉是由 D-葡萄糖通过 α-1,4 和 α-1,6 糖苷键连接而成的大分子。不同品种淀粉中，直链淀粉的含量随来源的不同而有差别（直链淀粉与支链淀粉的比例不同）。在食品工业中，淀粉被广泛用作增稠剂、黏合剂、稳定剂等。也可用作生产布丁、汤汁、沙司、粉丝、火腿肠等食品。

纤维素是植物细胞壁的主要结构成分，它是由 D-吡喃葡萄糖通过 β-D-1,4 糖苷键连接而成的线形同聚糖。由于纤维素的相对分子质量大且具有结晶结构，所以不溶于水，而且溶胀性和吸水性都很小。纯化的纤维素常作为配料添加到面包中，能增加产品的持水力和延长货架期，提供一种低热量食品。

半纤维素也是植物细胞壁的构成成分，它是一类聚合物，也是膳食纤维的来源之一。半纤维素水解时能生成大量的戊糖、葡萄糖醛酸和某些脱氧糖。食品中最主要的半纤维素是由 β-1,4-D-吡喃木糖单位组成的木聚糖。在烘焙食品中，半纤维素能起到提高面粉对水的结合能力、改善面包面团的混合品质，降低混合物的能量，有利于蛋白质的进入和增加面包的体积，并能延缓面包的老化。

三、 脂类

（一）脂类的理化性质

1. 气味和色泽

纯净的脂肪是无色无味的，散装油的颜色，如烹调油或色拉油，是由于其含有一些脂溶性色素（如类胡萝卜素、叶绿素等）引起的。经精炼脱色后，油脂的色泽变浅。多数油脂无挥发性，少数油脂中含有短链脂肪酸，会引起臭味，如乳脂。油脂的气味多数是由非脂成分引起的，如芝麻油的香气是由乙酰吡嗪引起的，椰子油的香气是由壬基甲酮引起的，而菜籽油在受热时产生的刺激性气味，是由于其中含有的黑芥子苷发生了分解。

2. 熔点和沸点

因为油脂是脂肪酸甘油酯的混合物并且通常混合有其他物质，所以没有确切的熔点和沸点而只有温度范围。油脂的熔点与其脂肪酸的组成有关。一般来说，随着脂肪酸碳链的增加和饱和程度的提高，油脂的熔点越高。植物油（如大豆油、花生油、菜籽油等）含有较多的不饱和脂肪酸，在室温下呈液态形式；动物油（如猪油、羊油、牛油等）因其含有较多的饱和脂肪酸，在室温下呈固体形式。油脂的熔点还会影响人体对其的消化率，一般情况下，当油脂熔点低于 37℃ 时，消化率可达到 96% 以上。油脂的沸点也与其组成脂肪酸有关，一般来说，油脂的沸点随着脂肪酸碳链的增加而提高。

3. 结晶特性

同质结晶（Polymorphism）是指具有相同化学组成的物质，可以形成不同的晶体结构，但融化后可生成相同的液相。因为脂类属于长链化合物，当温度在凝固点以下时，通常会以一种以上的晶型存在。因此，脂类具有同质结晶现象。在食品加工中，同质结晶现象具有重要的应用价值。例如，人造奶油需要具有良好的涂布性和很好的口感，这就要求其结晶晶粒细腻且晶型为 β′ 型，在生产人造奶油的时候，可以通过急冷使油脂形成许多细小的 α 型晶体，然后再保持在略高的温度继续冷冻（熟成期），使其转为 β 型结晶。又如巧克力的熔点要求在 35℃ 左右，能够在口腔中融化而不产生油腻感，同时要求表面光滑，晶体颗粒不能太粗大，以免影响巧克力的口感和品质。因此，在巧克力的生产中需要精确控制可可脂的结晶温度和速度来得到稳定的符合要求的 β 型结晶。

4. 乳化

油和水在一定条件下，可形成处于介稳状态的乳浊液，其中一相以直径 $0.1 \sim 50\mu m$ 的小液滴分散在另一相，以液滴或液晶的形式存在的液相称为"内"相或分散相，使液滴或液晶分散的相称为"外"相或连续相。乳浊液分为水包油型（O/W）和油包水型（W/O）。牛乳是典型的 O/W 型乳浊液，而奶油是 W/O 型乳浊液。

（二）油脂在食品加工和贮藏过程中的变化

1. 氧化

油脂中的主要构成成分是脂肪酸，特别是不饱和脂肪酸，含有较多的双键，化学性质比较活泼，在食品的加工和贮藏过程中，容易被氧化，进而生成诸多的氧化产物。油脂在贮藏过程中，由于贮藏条件不当或贮藏时间太长，会被空气中的氧气氧化或发生油脂的水解，引起油脂品质的劣变。变质后的油脂，分解产生的醛、酮、酸等小分子物质有强烈的"哈喇味"，严重影响了油脂的食用性质。另外，油脂氧化产生的氢过氧化物继续氧化生成的二级氧化产物在人体中很难代谢，会对肝脏造成损害。

2. 水解

脂类在酸、碱、加热等条件下与水作用发生水解，释放出游离脂肪酸。在食品工业中，油脂的水解经常发生。例如，食品在油炸过程中，油脂的温度能达到非常高，同时食品中的水分进入到油脂中，导致油脂不可避免地发生水解反应，引起油脂的品质下降，风味变差。

3. 高温下脂类的化学反应

在 150℃ 以上的高温下，脂类会发生氧化、分解、聚合等反应，生成低级脂肪酸、羟基酸、酯、醛以及产生二聚体、三聚体，导致油脂的品质下降，如黏度增大、色泽加深、产生刺激性气味等。脂类在高温下适当的化学反应，能使食品产生宜人的风味。例如，油炸食品香气的产生主要与在高温条件下生成的羰基化合物（烯醇类）有关。但是，油脂在高温下的过度反应，会损害油脂的品质和营养价值。

（三）油脂的质量评价

如上所述，油脂在加工和贮藏期间，会发生一系列化学变化，对食品品质产生重要影响。为判断油脂的品质，需要建立相应的评价指标。这里主要介绍油脂的两个重要化学特征值，酸价（Acid value，AV）和碘值（Iodine value，IV）。酸价是指中和 1g 油脂中游离脂肪酸所需的 KOH 的质量（mg）。一般新鲜油脂的酸价较低，随着贮藏时间的延长，油脂的酸价会升高。碘值是指 100g 油脂吸收碘的质量（g）。碘值的测定原理是利用不饱和键与卤素的加成反应。通过测定油脂的碘值，能判断油脂中脂肪酸的不饱和程度，油脂的双键越多，则碘值越大。食品中酸价测定的国家标准见二维码 5-1。

二维码 5-1

四、 蛋白质

（一）蛋白质的食品功能性质

蛋白质（Protein）是食品中最重要的组成成分之一，通常是由 20 多种氨基酸通过酰胺键连接形成的非常复杂的聚合物。在食品的加工、贮藏、销售等过程中，蛋白质发挥重要的作用，这与蛋白质的功能特性直接相关。蛋白质的功能特性是指蛋白质在食品的加工、贮藏、销售等过程中对食品质构、品质等特性起到的有益作用和体现出的物理化学性质。食品蛋白质的功能特性可分为四类：①水合性质；②表面性质；③结构性质；④感官性质。

1. 水合性质

蛋白质的水合是通过蛋白质分子表面的极性基团与水分子发生相互作用产生的，蛋白质的极性氨基酸数量、蛋白质浓度、温度、pH、离子强度等都会影响蛋白质的水合能力。蛋白质的水合性质对面团、肉制品等的质地产生重要作用。

2. 表面性质

蛋白质是两亲性分子，能自发的迁移到空气–水界面或油–水界面，其中，乳化性和起泡性是蛋白质最重要的表面性质。很多食品的生产都涉及蛋白质的乳化性，如牛乳、蛋黄酱、香肠等，都是典型的乳状液类型食品。

泡沫是指气泡分散在连续液相或半固体的分散体系。许多食品都属于泡沫型产品，如搅打奶油、蛋糕、面包、啤酒等。蛋白质的起泡性能取决于蛋白质的表面活性和成膜性。例如，在鸡蛋液的搅打过程中，鸡蛋清中的水溶性蛋白质能吸附到气泡表面降低表面张力，蛋白质在搅打过程中还会发生变性，逐渐凝固在气液界面，形成一定刚性和弹性的薄膜，从而使泡沫稳定。

3. 结构性质

在蛋白质的结构性质中，胶凝性是非常重要的性质。蛋白质的胶凝作用是指变性蛋白质分子发生聚集形成有序蛋白质网络结构的过程。蛋白质胶凝后，形成的产物为凝胶，它具有三维网络结构，能够容纳其他成分，对食品的质地、风味等产生重要影响。例如，对于肉类食品，蛋白质的胶凝作用能使其具有半固态的黏弹性特征，还能起到保水、稳定脂肪等作用。另外，蛋白质的胶凝性也是酸乳、豆腐等食品生产的基础。

4. 感官性质

食品中存在醛、酮、酸、酯和氧化脂肪的分解产物，可以产生相应的风味，这些物质与蛋白质或其他物质产生结合，在加工或食用时释放出来，从而影响食品的感官品质。通过利用蛋白质与风味物质结合的特性，可以有助于生产某些具有独特风味的食品。例如，可通过使用植物蛋白质，来生产具有肉类口感的产品。

（二）蛋白质在食品加工和贮藏中的变化

1. 蛋白质变性

在一些外界物理因素（加热、高压、超声波等）和化学因素（金属离子、酸、碱等）的作用下，蛋白质分子的空间结构发生改变，导致蛋白质功能特性发生变化的现象称为蛋白质变性。蛋白质的变性分为可逆变性和不可逆变性，可逆变性中，变性因素解除后，蛋白质的结构能恢复到天然状态。但是，大部分蛋白质在变性后，都不能恢复到其原来的状态，这种变性称为不可逆变性。例如，生鸡蛋蛋白煮熟后变成蛋白块、生肉煮熟后变成肉块、大豆蛋白变性成豆腐等过程都是不可逆的。

2. 蛋白质氧化

蛋白质氧化是指血浆或组织细胞的蛋白质在自由基及其相关氧化物的作用下，某些特定的氨基酸残基发生反应，使蛋白质发生交联、水解、聚合等，引起蛋白质功能特性的下降的现象。例如，新鲜肉类产品的蛋白质氧化会导致加工肉制品的保水性、质构、嫩度等的下降。

3. 蛋白质分解

在微生物、光、热、水等外界条件下，食品中的部分蛋白质会被水解，生成一系列分解产物，如活性肽、生物胺、亚硝胺等。由蛋白质水解产生的活性肽具有某些生理功能，如降血压、抗氧化、提高免疫等。生物胺通常是由细菌中的酶对自由氨基酸发生脱羧基作用而形成。不论是新鲜的还是经过加工的肉类产品，都可以检测出多种生物胺。亚硝胺是一种致癌物质，腌制肉制品中，常含有 N-亚硝胺等物质，是由于腌制加工时蛋白质分解产生了胺类物质，而且在腌制过程中使用了亚硝酸盐，在适宜的条件下，亚硝酸盐与胺类物质反应产生了亚硝胺。

五、　维生素

（一）维生素的定义及作用

维生素（Vitamin）是人和动物为维持正常的生理功能而必须从食物中获得的一类微量有机物质。维生素能参与体内能量的代谢，缺乏维生素时会引起机体代谢紊乱，导致特定的缺乏症或综合征，如缺乏维生素 A 时易患夜盲症。某些维生素由于含有不饱和键或酚类结构，能起到很好的抗氧化作用。在食品加工中，维生素还可作为风味的前体物质、还原剂以及参与褐变反应，从而影响食品品质。

维生素及其前体都存在于天然食物中，食物中的维生素含量较低，且许多维生素的稳定性较差，因此在食品的加工和贮藏过程中，要特别注意尽可能最大限度的保存食品中的维生素，避免其损失或与其他组分发生反应。

（二）食品中常见的维生素

维生素种类很多，结构和功能各异。按照溶解性的不同，维生素可分为脂溶性维生素和水溶性维生素。常见的脂溶性维生素有维生素 A、维生素 D、维生素 E 等；常见的水溶性维生素有 B 族维生素、维生素 C 等。

1. 脂溶性维生素

维生素 A 是一类由 20 个碳构成的具有活性的不饱和碳氢化合物，主要包括动物性食物来源的维生素 A_1（视黄醇，Retinol）及其衍生物（醛、酸、酯）、维生素 A_2（脱氢视黄醇，Dehydroretinol）。动物的肝脏、鱼卵、鱼肝油等富含维生素 A_1，而淡水鱼中维生素 A_2 的含量较高。维生素 A 的主要生理功能是维持上皮细胞组织的完整和健康，以及维持正常的视觉。

维生素 D 是一类固醇衍生物，主要有维生素 D_2 和维生素 D_3 两种。二者的化学结构十分相似，维生素 D_2 比维生素 D_3 多一个双键。鱼类脂肪及动物肝脏中富含维生素 D，其中以海产鱼肝油中的含量最高，蛋黄、牛乳、奶油次之。夏天的牛乳和奶油中的维生素 D 的含量比冬天的多，这是由于夏天的阳光较冬天强，有利于动物体合成维生素 D 所致。维生素 D 的主要生理功能是调节机体的钙、磷代谢，维持血液钙、磷浓度水平的稳定。当机体缺乏维生素 D 时，会使儿童的骨骼发育不良，发生佝偻病。

维生素 E 又称生育酚，是具有 α-生育酚生物活性的一类物质。动植物食品中广泛存在维生素 E，一般情况下不会缺乏。表是常见食物中维生素 E 的含量。维生素 E 主要起到抗氧化、促进血红素代谢、调节血小板的黏附力等作用。

2. 水溶性维生素

维生素 C 又称抗坏血酸，是一个含有 6 个碳原子的多羟基羧酸内酯，具有一个烯二醇基团。维生素 C 主要存在于新鲜的蔬菜和水果中，尤其是酸味较重的水果和蔬菜中的维生素 C 含量较高。维生素 C 的主要生理功能有维持细胞的正常代谢、促进机体的氧化作用、增强机体抗病能力及解毒作用。

B 族维生素主要有维生素 B_1、维生素 B_2、维生素 B_5、维生素 B_6、维生素 B_{12} 等。维生素 B_1 又称硫胺素，广泛存在于动植物食品中，在动物内脏、鸡蛋、瘦猪肉、马铃薯、豆类、核果及全粒小麦中含量较丰富。硫胺素能参与三大营养素的分解代谢和产生能量，促进年幼动物的发育。硫胺素对于我国居民尤其重要，是因为我们以淀粉质粮食作为主要的食物来源，容易缺乏维生素 B_1。维生素 B_2 又称核黄素，主要存在于动物性食品中，如动物内脏、蛋黄、乳类、鱼类等。植物性食物的绿叶蔬菜及豆类中也含有维生素 B_2。因为我国居民主要以植物性食物作为膳食的主要食物，这使维生素 B_2 成为最容易缺乏的营养素之一。维生素 B_2 是以辅酶形式参与机体许多代谢中的氧化还原反应，对机体内糖、蛋白质、脂肪代谢起着重要作用。烟酸和烟酰胺在酵母动物肝脏、瘦肉、牛乳、花生中的含量较多。烟酸可促进消化、保持皮肤健康、促进血液循环等。维生素 B_6 又称吡哆素，包括吡哆醛、吡哆醇和吡哆胺三种物质。维生素 B_6 广泛存在于动植物中，在蛋黄、肉、鱼、乳、全谷、白菜和豆类中含量丰富。维生素 B_{12} 又称钴胺素，主要存在于菌类食品、发酵食品及动物性食品中。维生素 B_{12} 是以辅酶的形式参加体内各种代谢。

（三）维生素在食品加工和贮藏过程中的变化

在食品的加工和贮藏过程中，维生素会在某种程度上发生破坏。加热是常见的食品加工方式，一些水溶性维生素受热会发生损失。例如，炒制和煮制会明显降低番茄中维生素 C 的含量。贮藏条件的变化显著影响果蔬的维生素含量，例如，苹果的维生素 C 含量在不同贮藏条件下（室温、室温包裹保鲜膜、冰箱、冰箱包裹保鲜膜）的变化各异。在这四种贮藏方式中，室温暴露存放维生素 C 下降速度最快，包裹保鲜膜状态下降低速度有所减缓，冰箱保存会在一定程度上延缓维生素 C 的损失，而冰箱包裹保鲜膜的贮藏方式能使维生素 C 的下降速度达到最低。除食品的加工、贮藏条件外，食品原料的自身性质（如成熟度、生长环境等）、加工前预处理（如切割、去皮、漂洗、热烫等）也会影响维生素的变化。果蔬的维生素含量随成熟度、生长环境的变化而不同。例如，水晶葡萄的维生素 C 含量随着成熟度的提高呈现增加的趋势。

植物组织经过切割、去皮后，均会导致营养素的部分损失。谷物在制粉的过程中，涉及除去糠麸（种皮）和胚芽的过程，因为许多维生素都浓缩于胚芽和糠麸中，因而会造成维生素的损失。例如，未精制的谷类食物种皮中含有较多的硫胺素，但过度碾磨的精白米和精白面会造成硫胺素的大量丢失。漂洗和热烫也会损失部分维生素。例如，大米中 B 族维生素随着漂洗次数的增加而减少；又如热水烫漂会导致果蔬中水溶性维生素的大量损失。

六、矿物质

（一）矿物质的定义及作用

矿物质（Mineral）通常是指食品中除了 C、H、O、N 以外的其他元素，虽然矿物质在食品中的含量相对较低，但是却在食品中起着关键作用。根据矿物质在人体内的含量水平和人体需要量的不同，一般分为两大类：一类是常量元素（钙、磷、钠、钾、氯、镁等），另一类是微量元素（铁、铜、锌、钴、锰等）。

矿物质对人体的主要作用：

（1）机体的重要组成部分　例如，99%的钙元素和大量的磷、镁元素就存在于骨骼、牙齿中。

（2）维持细胞的渗透压及机体的酸碱平衡　无机盐对体液的储留和移动起重要作用。而机体中的碳酸盐、磷酸盐等组成的无机酸碱缓冲体系与蛋白质组成的有机酸碱缓冲体系，可以共同维持机体的酸碱平衡。

（3）保持神经、肌肉的兴奋性　机体中的钾、钠、钙、镁等离子对维持神经、肌肉的兴奋性具有重要作用。

（4）对机体具有特殊的生理功能　例如，铁对于血红蛋白的重要性，碘对于甲状腺素合成的重要性。

（5）对食品感官品质的作用　矿物质能用于改善食品的感官品质。例如，磷酸盐能改善肉制品的保水性、黏着性等；钙离子能促进凝胶的形成和促进食品质地的硬化等。

（二）食品中的矿物质

食品原料类型的不同，其含有的矿物质元素含量也不同。这里介绍常见的食品原料（谷物类、果蔬类、动物类）中矿物质元素的平均含量（表5-2~表5-4）。

表5-2　　　　　　　　　常见谷物类食品原料中矿物质含量　　　　　单位：mg/100g

品种	磷	钾	钠	钙	镁
大米	110	103	3.8	13	34
麦麸	682	862	12.2	206	382
玉米	218	300	3.3	14	96
大豆	780	1830	240	240	310

表5-3　　　　　　　　　常见果蔬类食品原料中矿物质含量　　　　　单位：mg/100g

品种	磷	钾	钠	钙	镁
大白菜	28	90	48.4	35	9
小白菜	36	178	73.5	90	18
苹果	12	119	1.6	4	4
香蕉	28	256	0.8	7	43
鸭梨	14	77	1.5	4	5

表 5-4　　　　　　　　　　常见动物类食品原料中矿物质含量　　　　　　　单位：mg/100g

品种	磷	钾	钠	钙	镁
猪肉	174	285	70	9	18
牛肉	171	355	65	11	18
羊肉	147	295	75	10	15
鸡蛋	182	121	125.7	44	11
牛乳	95	145	50	120	13

资料来源：黄泽元，迟玉杰，2017.

（三）矿物质在食品加工和贮藏中的变化

在食品的加工和贮藏中，矿物质也会发生不同程度的变化。与维生素损失有所不同，食品中矿物质的损失通常不是由化学反应引起的，而是通过矿物质的丢失或与其他物质形成一种不适宜于人和动物体吸收利用的化学形态而损失。冷藏是食品保存的主要方式，食品中的矿物质在冷藏过程中也会发生改变。一般来说，随着冷冻贮藏时间的延长，食品中的矿物质含量呈现逐渐下降的趋势。烫漂加工也会导致食品中矿物质元素的损失。例如，经过烫漂处理后，菠菜中的钾、钠、镁、磷的含量分别降低了 56%、43%、36% 和 36%。另外，对于谷物类食物，矿物质主要分布于糊粉层和胚组织中，在碾制的过程中，随着精制程度的提高，矿物质的损失也越大。

七、膳食纤维

（一）膳食纤维的定义

"膳食纤维"的概念是 1953 年由英国医生 Hipsley 提出，包括纤维素、半纤维素和木质素等植物细胞壁成分。2009 年，国际食品法典委员会（Codex Alimentarius Commission，CAC）对膳食纤维的定义为具有 10 个或 10 个以上单体连接的碳水化合物，不能被人体小肠中的酶分解，并且是可以通过物理法、酶法或化学法从天然食物原料中提取的、可食用的、对人体生理健康有益的碳水化合物。根据溶解性的不同，膳食纤维可分为可溶性膳食纤维（Soluble dietary fibre，SDF）和不溶性膳食纤维（Insoluble dietary fibre，IDF）两大类。可溶性膳食纤维是指不能被人体消化或吸收，但溶于水的纤维，如果胶、阿拉伯胶、葡聚糖等。不溶性膳食纤维是指不能被人体消化或吸收的纤维，不溶于水，如纤维素、半纤维素和木质素。

（二）膳食纤维的理化特性及生理功能

膳食纤维的理化特性：①具有很高的持水性。膳食纤维的化学结构中含有很多的亲水基团，因此具有很强的持水性；②具有很高的溶胀性。膳食纤维吸水后体积可增大 15~25 倍，也因此提高饱腹感；③对有机化合物的吸附螯合作用。膳食纤维表面带有很多活性基团，能螯合胆固醇、胆汁酸及肠道内的有毒物质，从而抑制人体对它们的吸收，促进其排除。

膳食纤维的主要生理功能：减肥功能，促进有害物质的排除；调节血脂，促进新陈代谢；改善肠道的微生物组成等。

（三）食品中的膳食纤维

　　膳食纤维广泛存在于谷物、蔬菜、水果和坚果中。不同的食物，膳食纤维的数量和组成各不相同。健康的成年人每天膳食纤维的推荐摄入量为 20~35g/d。非淀粉食品、淀粉类食品、果蔬类食品中膳食纤维含量一般为 20~35g/100g、10g/100g 以及 1.5~2.5g/100g。人们摄取的膳食纤维约 50% 由谷类食品提供，30%~40% 来自蔬菜，约 16% 来自水果。

八、水

（一）水的结构与性质

　　水分是食品中最重要的组成成分之一，含量一般在 50%~92%。纯水是具有一定结构的液体。水的结构是不稳定的，通过"氢桥"（H-bridges）作用，水分子可形成短暂存在的多边形结构，这种结构处于不断形成与解离的平衡状态中。水的三位网状的氢键状态赋予它们一些特有的性质，若要破坏它们这一结构，就需要额外的能量。

（二）水在食品中的存在形式

　　任何食品或食品原料都是由水和非水成分组成的，水与非水组分间以多种形式相互作用后，会形成不同的存在状态。一般可将食品中的水分为自由水和结合水两类。结合水是指存在于溶质或其他非水组分附近的、与溶质分子之间通过化学键结合的那一部分水。根据结合水被结合的牢固程度，结合水又可分为化合水、邻近水和多层水。食品中结合水的详细分类及含义见二维码 5-2。自由水是指没有与非水物质进行化学结合的水，主要通过一些物理作用而滞留的水。根据这部分水在食品中物理作用方式，可分为滞化水、毛细管水和自由流动水。食品中自由水的详细分类及含义见二维码 5-3。

二维码 5-2　　　　二维码 5-3

（三）水的食品功能

　　水是食品的主要成分，食品中水的含量、分布和状态对食品的结构、外观、质地、风味、新鲜程度等有着重要的影响。水在食品中发挥的作用主要有：①充当化学和生物化学反应的介质，又是水解过程的反应物；②对微生物的繁殖起到重要作用，直接关系到食品的贮藏和安全特性；③水分影响食品中的诸多化学变化，如脂肪的水解、蛋白质的氧化、色素的分解、维生素的损失等；④水能起到润滑、增塑的作用，对食品的加工品质产生影响。因此，在很多食品的质量标准中，含水量都被作为一个主要的质量指标。

第二节　食品酶学

一、酶的概念与性质

（一）酶的概念

构成生物机体的各种物质并不是孤立的、静止不动的状态，而是经历着复杂的变化。机体从外界环境摄取的营养物质经过分解、氧化，以提供构成机体本身结构组织的原料和能量。在体内的一些小分子物质转变成机体本身结构所需的大分子物质、生物体个体的生长发育和繁殖遗传机体对食物的消化吸收和新陈代谢所产生废物的排出生物机体对外界刺激的反应、机体的其他生理活动如运动以及由于内外因素对机体损伤的修复等过程，都需要经历许多化学变化来实现。体内进行的这一系列化学变化都由一类特殊的蛋白质所催化，这类蛋白质就是酶（Enzyme）。

（二）酶的化学本质

酶是具有催化活性的蛋白质，此种催化性质源自于它特有的激活和转变底物成产物的能力：

$$底物 \xrightarrow{酶} 产物$$

一些酶是由氨基酸通过肽键共价地连接而成的蛋白质，它们的大小相当于相对分子质量12000~1000000。其他酶含有额外组分，如碳水化合物、磷酸盐和辅助因子基团。酶具有蛋白质的所有化学和物理特性。酶的水溶液具有亲水胶体的性质。酶不能透过半透膜，因而也可用透析方法纯化。酶和蛋白质一样，也是两性电解质，在溶液中是带电的，即在一定 pH 下，它们的基团可发生解离。由于基团解离情况不同而带有不同电荷，因此每种酶有其等电点。一切可以使蛋白质变性失活的因素同样可以使酶变性失活。如酶受热不稳定，易失去活性，一般蛋白质变性的温度往往也就是酶开始失活的温度；一些使蛋白质变性的试剂如三氯乙酸等，也是酶变性的沉淀剂。所以在提取和分离酶时，可采用防止蛋白质变性的一些措施来防止酶失去活性。

从成分上看，酶与存在于自然界的所有其他蛋白质没有什么不同，它们占我们食品蛋白质的一小部分。然而，不同于其他种类的蛋白质，它们对于生物体所需的各类化学反应是高度特异的催化剂。

酶存在于所有的生物体，它们使生命有可能存在，这些生物体有的能在近 0℃ 生长，而有的在 37℃（人体）或近 100℃（生长在一些温泉中的微生物体）生长。酶能按 10^3~10^{11} 倍加速反应。此外，它们高度地选择有限数目的底物，这是因为任何催化作用发生之前底物必须立体选择和正确地结合至酶的活性部位。酶也能控制反应的方向，导致产生立体选择的产物，这些产物对于食品、营养和健康是很有价值的副产物或者是生命必需的化合物。

几种酶的相对分子质量见表 5-5。

表 5-5 几种酶的相对分子质量

酶	相对分子质量	酶	相对分子质量
核糖核酸酶	13683	α-淀粉酶	45000
富马酸酶	194000	β-淀粉酶	152000
溶菌酶	14100	过氧化氢酶	232000
过氧化物酶	40000	木瓜蛋白酶	420000
β-乳球蛋白	35000	脲酶	483000
β-半乳糖苷酶	520000	多酚氧化酶（蘑菇）	128000
谷氨酸脱氢酶	2000000		

资料来源：王璋，许时英，汤坚，2007.

（三）酶的催化特性

酶作为一种特殊催化剂，在催化化学反应时也具有一般催化剂的特征。例如，在反应的前后，酶本身并没有量的改变，它只能加速一个化学反应的速率，而不能改变反应的平衡点。但是，酶作为一种生物催化剂，它又与一般催化剂不同，对化学反应的催化作用更有显著的特点。酶和生命活动的密切关系是因为酶具有特殊的催化特性。

1. 高效性——酶具有很高的催化能力

酶的催化效率比一般的无机催化剂高 $10^6 \sim 10^{13}$ 倍。如在 0℃ 时，1mol 亚铁离子（Fe^{2+}）每秒只能催化分解 10mol H_2O_2，而在同样情况下 1mol 过氧化氢酶能催化分解 10mol H_2O_2，两者相比。酶的催化能力比 Fe^{2+} 高 10 倍。如图 5-1 所示，试管 1 中火焰比试管 2 大，燃烧更剧烈，是因为肝脏中含有过氧化氢酶，同催化剂 $FeCl_3$ 相比，前者分解过氧化氢的速度远高于后者。由此可见，酶的效率是很高的，在生物细胞内，虽然各种酶的含量很低。但却可催化大量的作用物发生反应。

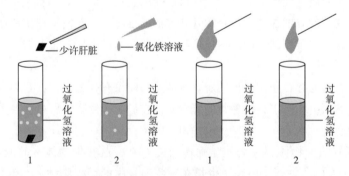

图 5-1　酶高效性验证实验

2. 专一性——酶对底物具有选择性

一种酶只能作用于一类或一种物质的性质称为酶作用的专一性或特异性。通常把被酶作用的物质（反应物）称为该酶的底物。因此，酶的专一性也可指一种酶仅作用于一个或一类底物。一般无机催化剂对其作用物没有严格的选择性，如盐酸可催化糖、脂肪、蛋白质等多种物质水解，而蔗糖酶只能催化蔗糖水解，蛋白酶催化蛋白质水解，它们对其他物质则不具有催化作用。酶作用的专一性是酶和一般催化剂的最主要的区别，具有很重要的生物学意义。

3. 酶催化反应条件温和

酶是蛋白质其催化作用在接近生物体温的温度和接近中性的环境下进行。在最适宜的温度和 pH 条件下，酶的活性最高。温度和 pH 偏高或偏低，酶活性都会明显降低。一般来说，动物体内的酶最适温度在 35~40℃；植物体内的酶最适温度在 40~50℃；动物体内的酶最适 pH 大多在 6.5~8.0，但也有例外，如胃蛋白酶的最适 pH 为 1.5；植物体内的酶最适 pH 大多在 4.5~6.5。酸性、碱性过强或温度过高，会使酶的空间结构遭到破坏，使酶永久失活。0℃左右时，酶的活性很低，但酶的空间结构稳定，在适宜的温度下酶的活性可以升高。

二、 酶对食品品质的影响

酶对于食品质量具有非常重要的影响。事实上，没有酶就没有食品。食品质量包含颜色、质地、风味和营养等方面内容，在食物的生长和成熟期间，伴随着许多重要的酶催化作用的进行。特别地，酶的种类和活性在食物的采收、加工、贮藏过程中会发生不同程度的变化，最终影响食品质量。值得注意的是，酶对食品质量的影响具有双重性，既有可能产生积极效果，也有可能产生负面作用。因此，在食品的实际生产中，只有充分利用酶的特性，才有可能达到改善食品质量的目的。

（一）酶对食品颜色的影响

任何食品，无论是天然未经加工的还是经过半加工、加工的，都带有属于自身的特色和本质的色泽。在食品的加工及贮藏过程中，食品会受到所处的环境变化或其他多种因素影响而导致本身颜色的变化，其中酶是一个引起颜色变化很重要的因素。食品能否被消费者接受，很大部分取决于它们的质量，而食品的颜色首先是消费者关注的目标。一块牛排必须是红的，不是紫色或是褐色的。红色的形成仅仅是由于肉中存在着一种主要的色素氧合肌红蛋白，脱氧肌红蛋白是产生肉类紫色的原因。氧合肌红蛋白和脱氧肌红蛋白中的 Fe（Ⅱ）氧化成 Fe（Ⅲ）产生高铁肌红蛋白，这是导致肉产生褐色的原因。肉中由酶催化的反应能竞争氧，所产生的化合物改变了氧化–还原状态和水分含量从而影响了肉的颜色。许多蔬菜和水果的质量是根据它们的"绿色"来判断的。许多水果在成熟时绿色减少，而被红色、橙色、黄色和黑色所取代。所有这些变化都是酶作用的结果。对食品色泽有影响的酶主要是脂肪氧化酶、叶绿素酶、多酚氧化酶。

1. 脂肪氧化酶

1932 年 Andre 与 Hou 首次发现大豆的豆腥味是由多元不饱和脂肪酸的酶促氧化所致，其中的关键酶就是脂肪氧化酶。脂肪氧化酶催化不饱和与脂肪酸产生的氢过氧化物及各次级产物对食品的颜色、风味、质构与营养等方面具有正面或负面的影响。脂肪氧化酶对食品具有6 个重要的影响，其中一些是期望的，一些是不期望的。2 个期望的功能：①小麦和大豆粉的漂白；②在面团制作时面筋中二硫键的形成（不再需要使用化学氧化剂，如溴酸钾）。4个不期望的功能：①叶绿素和胡萝卜素的破坏；②产生氧化性的不良风味；③维生素和蛋白质等化合物的氧化性破坏；④必需脂肪酸如亚油酸、亚麻酸和花生四烯酸的氧化。比如在豆制品中作用比较明显，特别就是豆粉、豆浆等产生豆腥味，但将少量含有脂肪氧化酶活力的大豆粉加入新鲜面粉中，生成的氢过氧化物可以降解色素及还氧面筋蛋白质形成二硫键，起到漂白面粉与提高焙烤质量的作用。

2. 叶绿素酶

果蔬的色泽就是构成产品品质的重要因素，也就是检验果蔬成熟衰老的依据，色泽也可反映果蔬的新鲜度，果蔬的绿色主要来源于叶绿素，叶绿素在果蔬贮藏、加工与货架期极易褪色或者变色，严重影响了产品质量，同时也大大降低了商品价值。叶绿素的降解代谢机制尚不清楚，有待研究。叶绿素酶是研究最多的叶绿素酶促降解途径的重要组成酶之一。叶绿素酶就是一种糖蛋白。叶绿素酶存在于植物和含叶绿素的微生物中。叶绿素酶催化叶绿素结构中的植醇键而水解生成脱植叶绿素，虽然此反应被认为是绿色丧失的原因，但是，鉴于脱植基叶绿素也是绿色的，因此还没有证据支持这个观点。

3. 多酚氧化酶

多酚氧化酶经常被称为酪氨酸酶、多酚酶、酚酶、儿茶酚氧化酶、甲酚酶或儿茶酚酶，这取决于在检测它时所采用的底物或在酶存在的植物中浓度最高的底物。多酚氧化酶存在于植物、动物和一些微生物（尤其是霉菌）中。它能催化大量的酚类物质发生两类不同的反应。4-甲基儿茶酚是不稳定的，它会进一步经受 O_2 的非酶催化氧化和聚合反应而形成黑素，并导致香蕉、苹果、桃、马铃薯、蘑菇等发生非期望的褐变与黑斑形成。如苹果切开后放置在空气中，颜色会变深，这是苹果中的多酚被氧化的结果。然而，对于茶、咖啡等色素的形成就是有利的。如茶鲜叶中多酚类在多酚氧化酶作用下氧化成茶黄素，进一步氧化成茶红素多酚类，就是无色有涩味的一类成分，一旦被氧化，涩味减轻。

50%的热带水果因酶催化褐变而损失。此反应也造成果汁和新鲜蔬菜（如莴苣）的色泽味道和营养质量变坏。因此，控制多酚氧化酶的活力显得尤为重要。

小麦面粉及其制品的色泽变深，也有部分原因跟水果的褐变反应类似。多酚氧化酶催化小麦中的内源酚酸，使其氧化生成不稳定的醌，可以与许多混合物发生反应，也可以通过进一步进行自身聚合或者非酶氧化产生黑色素，从而引起小麦制品色泽的褐变，所以一般情况下，小麦中得多酚氧化酶活性越高，其面粉及制品在加工与储藏的过程中就比较容易发生褐变，这严重影响了小麦粉及其制品的质量、性状及其感官品质。由于在实际的小麦加工、生产与储藏过程中，对温湿度的不合理控制，也会影响多酚氧化酶的活性，进而造成小麦制品的褐变，所以在生活与生产中，避开多酚氧化酶作用的最佳条件可以有效减缓小麦制品的褐变，进而提高其感官品质与营养功效。

（二）酶对食品质构的影响

质构是食品非常重要的品质。水果和蔬菜的质构主要决定于复杂的糖类物质：果胶物质、纤维素、半纤维素、淀粉和木质素。对于食品重要的糖类物质都有一个或几个酶作用于它。蛋白酶在动物组织和高蛋白质植物食品的软化中起着重要的作用。

1. 果胶酶

果胶是植物细胞壁及胞间层的主要成分之一，是由半乳糖醛酸聚合而成的一种高分子化合物，它在植物细胞间层和初生壁中与纤维素结合在一起，是重要的黏合和支撑物质。新鲜水果、根、叶和绿茎中果胶特别丰富。果胶本身不溶于水，但由于含有亲水基团，果胶与水有强大结合力，是有力的凝胶化剂。细胞壁的硬化和软化受果胶化学及结构特性的影响较大，果胶甲酯化度与细胞壁生物力学之间关系复杂。

果胶酶是指分解植物主要成分——果胶质的酶类。果胶酶能够分解果胶，瓦解植物的细胞壁及胞间层，使榨取果汁变得更容易。而果胶分解成可溶性的半乳糖醛酸，也使得浑浊的果汁变的澄清。果胶酶广泛分布于高等植物和微生物中，根据其作用底物的不同。又可分为三类。其中两类（果胶酯酶和聚半乳糖醛酸酶）存在于高等植物和微生物中，还有一类（果胶裂解酶）存在于微生物，特别是某些感染植物的致病微生物中。果胶甲酯酶水解果胶的甲酯键，产生果胶酸和甲醇，该酶有时还被称为果胶酯酶（Pectinesterase）、果胶酶（Pectase）、果胶甲氧基酶（Pectin methoxylase）、果胶脱甲氧基酶（Pectin demethoxylase）和果胶酯酶（Pectolipase）。当有二价离子如 Ca^{2+} 存在时，果胶被水解成果胶酸，会提高质构强度，这是由于在 Ca^{2+} 和果胶酸的羧基之间形成了桥连。

果胶酶是水果加工中最重要的酶，应用果胶酶处理破碎果实，可加速果汁过滤，促进澄清等。其他的酶与果胶酶共同使用，其效果更加明显。增加澄清度，在果蔬加工中有广阔的应用前景。果胶酶在果汁生产中的作用见图 5-2。另一方面，果实采后果胶酶会导致细胞壁松弛和果胶溶解，加速果实软化，缩短贮藏期，因此，在果实采后保鲜方面需要抑制果胶酶活性。

图 5-2　果胶酶在果汁生产中的作用

2. 纤维素酶

纤维素酶是能将纤维素水解成葡萄糖的一组酶的总称。纤维素酶来源非常广泛，除了真菌外，各种原生动物、圆虫类、软体动物、蚯蚓、甲壳类、昆虫、藻类、真菌类、细菌以及放线菌等都能产生纤维素酶。水果和蔬菜中含有少量的纤维素，它在细胞结构中起着重要作用。在果蔬加工过程中，为了使植物组织软化膨润，一般采用加热蒸煮、酸碱处理等方法，会造成果蔬的香味和维生素损失。用纤维素酶进行果蔬处理可避免上述缺点，同时可使植物组织软化膨松，从而提高其消化性并改良口感。纤维素酶用于处理大豆，可促使其脱皮，同时，由于它能破坏细胞壁，使包含其中的蛋白质、油脂完全分离，增加其从大豆与豆饼中提取优质水溶性蛋白质与油脂的获得率，既降低了成本缩短了时间，又提高了产品质量。

3. 戊聚糖酶

半纤维素存在于高等植物中，它们是木糖的聚合物（木聚糖）、阿拉伯糖的聚合物或者木糖和阿拉伯糖的聚合物（阿拉伯木聚糖），还含有少量其他的戊糖或己糖。微生物戊聚糖酶和存在于一些高等植物中的戊聚糖酶能水解木聚糖、阿拉伯聚糖和阿拉伯木聚糖产生较小的化合物。实践中证实面包制作过程中添加适量的戊聚糖酶可增加面团中的水溶性阿拉伯木聚糖的含量，改善面团的调理性能，增大面包体积，改善面包心质构。戊聚糖酶因其对面包品质的显著改良作用及公认的安全性，目前已成为面包改良剂中的一种重要成分。

4. 淀粉酶

淀粉酶是水解淀粉的酶，它们不仅存在于动物中，也存在于高等植物和微生物中。因此，在食品材料的成熟、贮藏和加工中，一些淀粉会发生降解。由于淀粉与食品的黏度和质构有着重要的关系，因此，在贮藏和加工期间淀粉的水解较为重要。α-淀粉酶存在于所有生物体中，它水解淀粉（直链淀粉和支链淀粉）、糖原和环糊精分子内部的 α-1,4-糖苷键。由于此酶是内切型的，因此，它的作用对以淀粉为主要成分的食品的黏度有重要的影响，主要是降低黏度，例如，布丁、奶油沙司等。唾液和胰脏 α-淀粉酶对食品中淀粉的消化是非常重要的。β-淀粉酶，从底物的非还原性末端水解 α-1,4-糖苷键生成 β-麦芽糖，因为 β-淀粉酶就是外切酶，只有淀粉中许多的糖苷键被水解，才能观察到黏度降低。β-淀粉酶主要存在于高等植物中，不能水解支链淀粉的 α-1,6-糖苷键，但能够完全水解直链淀粉为 β-麦芽糖，在食品工业中应用十分广泛，麦芽糖可以迅速被酵母麦芽糖酶裂解为葡萄糖。葡萄糖淀粉酶又称葡萄糖糖化酶，从底物的非还原性末端将葡萄糖单位水解下来，在食品与酿造工业中有着广泛的用途，例如果葡糖浆的生产。

5. 蛋白酶

内源和外源蛋白酶对蛋白质的水解能改变食品的质构。凝乳酶水解酪蛋白中的一个肽键，造成牛乳凝结。在砖状干酪成熟期间，加入微生物蛋白酶有助于风味物质的形成。对于肉类食品原料，对质地起决定性作用的生物大分子是蛋白质。在内源性蛋白酶的作用下，蛋白质的结构会发生改变，进而导致动物体的质地变化。在动物组织细胞中，组织蛋白酶参与了肉成熟期间质地等的变化。

（三）酶对食品风味和香气的影响

酶会影响食品的风味和香气。食品中许多风味物质的形成都与多种酶的作用有关。食品在加工和贮藏过程中，由于酶的作用可能导致原有的风味减弱或失去，甚至产生异味。

1. 过氧化物酶

对于采摘后的果蔬而言，过氧化物酶与食品的风味的形成有关。过氧化物酶作为植物细胞内重要的组成成分，发挥诸多重要的生理功能。由于过氧化物酶具有很高的耐热性，因此，也被作为一种评判食品热处理程度的指示剂。某些食品原料，如青刀豆、豌豆、玉米等，由于不恰当的热烫处理条件，在过氧化物酶的作用下，也会导致食品在保藏期间产生不良风味。

2. 脂肪氧合酶

大豆制品中豆腥味主要是亚油酸在脂肪氧合酶的作用下发生了酶促氧化反应，分解产物中含有己醛类物质所致。

3. 脂肪酶

油脂在食品所含脂肪酶或乳酪链球菌、乳念珠菌、霉菌、解脂假丝酵母分泌的脂肪酶以及光、热作用下，吸收水分，被分解生成甘油和小分子的脂肪酸，如丁酸、乙酸、辛酸等，这些物质的特有气味使食品的风味劣化。常发生在含奶油，以及含有人造奶油、芝麻油的食品中。此外，脂肪酶可应用于乳脂水解包括干酪与乳粉风味的增强、干酪的熟化、代用乳制品的生产、奶油及冰淇淋的脂解改性等。脂肪酶作用于乳脂并产生脂肪酸，能赋予乳制品独特的风味。脂肪酶释放的短碳链脂肪酸（$C_4 \sim C_6$）使产品具有一种独特强烈的乳风味。

4. 其他酶

大蒜在切碎或挤压时会产生强烈的辛辣味，是因为大蒜组织受损伤后，蒜氨酸裂合酶将蒜氨酸分解转化为蒜素，蒜素发生还原反应生成二烯丙基二硫化物。其中，蒜素及二硫化物是蒜臭及辛辣味的主要来源。

柚皮苷是造成柚子和柚子汁苦味的原因。用柚皮苷酶处理果汁能破坏柚皮苷。

（四）酶对食品营养质量的影响

1. 脂肪氧合酶

酶会影响食品的营养价值。脂肪氧合酶能够催化含有顺、顺-1,4 戊二烯单元的不饱和脂肪酸以及酯的氧化，生成相应的氢过氧化物。脂肪氧合酶对食品营养质量方面的主要影响：①必需脂肪酸如亚油酸、亚麻酸和花生四烯酸受到氧化性破坏，含量下降，进而降低了其营养价值；②氧化过程中产生的自由基导致类胡萝卜素、维生素 E、维生素 C 和叶酸含量的减少；③蛋白质类化合物在氧化攻击下，其半胱氨酸、酪氨酸、色氨酸和组氨酸残基遭到破坏，蛋白质产生交联。

2. 多酚氧化酶

多酚氧化酶除引起褐变，使食品产生不良的颜色和风味外，还会催化蛋白质分子中的酪氨酸残基发生交联反应，形成二酪氨酸，使酪氨酸含量降低，进而造成营养价值损失和功能特性的降低。

3. 其他酶类

一些发酵鱼肉制品中，由于鱼和细菌的硫胺素酶的作用，使产品中缺少维生素 B_1。在食品的加工和贮藏过程中，抗坏血酸非常容易发生氧化，在抗坏血酸氧化酶的作用下，抗坏血酸氧化生成脱氢抗坏血酸，后者若进一步水解形成 2,3-二酮古罗糖酸，则会导致抗坏血酸失去活性。

一些酶还会作用于食品中的蛋白质，使其分解成低分子物质，进而丧失了蛋白质原有的营养价值；当脂肪作为酶作用的底物时，会发生催化反应产生过氧化物，再分解成羰基化合物、低分子脂酸与醛、酮等，失去了脂肪对人体的生理功能；碳水化合物在酶的作用下水解成醇、醛、酮等，也失去了其生理功能。

三、　酶在食品工业中的应用

食品加工过程中如何保持食物的色、香、味和结构是很重要的问题，因此，加工过程中要避免使用剧烈的化学反应，酶由于反应温和、专一性强、本身无色无味、反应容易控制，因而最适宜用于食品加工与食品原料的有效利用，也用于食品物理性质、营养价值和风味的改良，以及生理活性功能食品开发。如转谷氨酰胺酶广泛用于蛋白质的凝集性质的改良，能使食品蛋白质非加热凝胶化，赋予乳蛋白形成凝胶能力，提高鱼肉蛋白黏弹性。

酶在食品加工中最大的用途是淀粉加工，其次是乳品加工、果汁加工、烘烤食品以及啤酒发酵等。与此有关的各种酶如淀粉酶（Amylase）、葡萄糖异构酶（Glucoseisomerase）、乳糖酶（Lactase）、凝乳酶（Rennin）、蛋白酶（Proteinase）等的总销售金额几乎占酶制剂市场总营业额的 60%以上，其中一半用于淀粉加工，主要是制造果葡糖浆、葡萄糖、麦芽糖，以及各种淀粉糖浆、麦芽糊精等。

（一）酶在淀粉加工中的应用

常用于淀粉加工的酶是 α-淀粉酶、β-淀粉酶、糖化酶、葡萄糖异构酶和脱支酶等，主要由杆菌属细菌以通气搅拌液体培养法生产。葡萄糖的制造使用 α-淀粉酶和葡萄糖淀粉酶；麦芽糖的制造使用 β-淀粉酶和异淀粉酶。

加工的第一步是将淀粉先用 α-淀粉酶液化，再通过各种酶的作用便可制成多种淀粉糖浆，其性质各不相同，风味各异，故适用于不同的用途。

（二）酶在乳制品工业中的应用

乳制品工业中所用的酶主要有：凝乳酶（Rennin）、过氧化氢酶（Catalase）、溶菌酶（Lysozyme）、乳糖酶（Lactase）、脂肪酶（Lipase）、蛋白酶、巯基氧化酶、微生物蛋白酶等，其功能见表5-6。经济上最重要的是在生产几种干酪时使用的凝乳酶。其中以干酪生产与分解乳糖最为重要，全世界干酪生产耗牛乳达一亿多吨，占牛乳总产量的1/4。自发现微生物凝乳酶以后，现85%的动物酶已由微生物酶所代替，凝乳酶已成为仅次于淀粉酶的酶产品。β-半乳糖苷酶对于牛乳和乳品中乳糖的商业化水解具有潜在的重要性，除去乳糖后的这些产品能被β-半乳糖苷酶缺乏的人食用。β-半乳糖苷酶也可用于将乳清中的乳糖转化成葡萄糖和半乳糖，它们是具有商业价值的甜味剂。

表5-6　　　　　　　　　　　　　　乳制品中的酶及其功能

酶	功能
凝乳酶	用于制造干酪，凝乳酶能使鲜乳凝固
过氧化氢酶	用于牛乳消毒
溶菌酶	常用于婴儿乳粉
β-半乳糖苷酶	用于分解乳糖
脂肪酶	用于黄油增香
蛋白酶	风味改良剂，减少干酪成熟所需的时间
巯基氧化酶	除去烧煮味
微生物蛋白酶	用于豆乳凝结

资料来源：王璋，许时英，汤坚，2007.

（三）酶在果蔬加工中的应用

水果加工中最重要的酶是果胶酶（Pectinase）。果胶在植物中作为一种细胞间隙填充物质而存在。在果蔬保藏方面，用葡萄糖氧化酶（Glucoseoxidase）去除脱水蔬菜糖分，可防止贮藏过程中发生褐变。用半纤维素酶处理咖啡豆制造速溶咖啡，可降低抽提温度，增加收率，改善风味。酶在橘子罐头加工中有着广泛的用处，黑曲霉（Aspergillus niger）所产生的半纤维素酶（Hemicellulase）、果胶酶和纤维素酶（Cellulase）的混合物可用于橘皮去除囊衣，以代替耗水最大又费工时的碱处理。橘子中的柠檬苦素（Imonin）是引起橘汁产生苦味的原因，用球节杆菌（Arthrobacter globiformis）固定化细胞的柠碱酶处理可消除苦味。花青素酶用于果汁的脱色。

（四）酶在酿造工业中的应用

啤酒是以麦芽为原料，经糖化发酵而成的酒精饮料，麦芽中含降解原料生成可发酵性物质所必需的各种酶类，主要为淀粉酶、蛋白酶、β-葡聚糖酶（β-glucanase）、纤维素酶以及核酸分解酶等。在糖化过程中，这些酶分解原料中淀粉与蛋白质生成还原糖、糊精、氨基酸、肽类等物质。使用微生物淀粉酶、蛋白酶、β-葡聚糖酶等酶制剂，可补充麦芽中酶活力不足的缺陷。脲酶能将尿素分解，用于酒质的保持。酿造中添加的酶及其功能见表5-7。

表5-7 酿造中添加的酶及其功能

酶	功能
淀粉酶（α和β）	转变非麦芽淀粉成麦芽糖和糊精，后者被酵母发酵成乙醇和CO_2
蛋白酶（内切和端解）	水解蛋白质为氨基酸，后者被生长中的酵母利用
木瓜蛋白酶	抗冷啤酒
淀粉葡萄糖苷酶	水解支链淀粉中的1,6-糖苷键，使淀粉完全发酵（低酒精度啤酒）
β-葡聚糖酶	水解葡聚糖以降低黏度和促进过滤
乙酰乳酸脱羧酶	通过防止双乙酰的生成减少发酵时间

资料来源：王璋，许时英，汤坚，2007.

（五）酶在制糖工业中的应用

在制糖工业中主要是利用酶分解棉子糖、清洗设备及降低蔗汁黏度。此外，还用于菊粉水解生成果糖，以及由葡萄糖直接变为果糖，分解蔗汁淀粉、生产异麦芽酮糖（Palatinose）。

（六）酶在肉类和鱼类加工中的应用

酶在肉类和鱼类加工中的两个重要用途是改善组织、嫩化肉类及转化废弃蛋白质成为供人类食用或作为饲料的蛋白质浓缩物。常用的酶有木瓜蛋白酶、菠萝蛋白酶等植物蛋白酶和一些细菌蛋白酶。溶菌酶可作为肉类加工品的防腐剂。

（七）酶在焙烤食品中的应用

面包加工过程中会添加一些酶，如淀粉酶、蛋白酶、纤维素酶、半纤维素酶菌蛋白酶、木瓜蛋白酶、脂肪氧合酶、脂肪酶、木聚糖酶、葡萄糖氧化酶、巯基氧化酶等。面包加工中加入淀粉酶和蛋白酶已有多年历史。淀粉酶活力作为面粉质量的指标之一。为保证面团的质量，需要添加酶进行强化。各种添加的酶功能见表5-8。据报道，含戊聚糖酶的制剂能通过降低黑麦粉中的高含量戊聚糖而增加黑麦面包的水分含量。

表5-8 焙烤中添加的酶及其功能

酶	功能
淀粉酶	防止冷冻坏和面包的老化
纤维素酶	防止冷冻坏和面包的老化
蛋白酶	改变操作和流变性质
半纤维素酶菌蛋白酶	坯的改良
木瓜蛋白酶	坯的改良
脂肪氧合酶	用于坯的漂白
脂肪酶	用于维持坯的稳定

续表

酶	功能
木聚糖酶	用于体积增大
葡萄糖氧化酶	用于强化谷蛋白结构
戊聚糖酶	在黑麦面包产品中减少发面时间和所需的功率，提高吸湿性
巯基氧化酶	通过形成二硫键而强固弱面团

资料来源：王璋，许时英，汤坚，2007.

（八）酶在调味品工业中的应用

利用蛋白酶水解鱼肉、鸡肉等动物性蛋白质或大豆、玉米等植物性蛋白质，制造天然调味液。根据蛋白酶不同种类的组合，可获得不同味道的调味液。

（九）酶在去除食品中不需要成分中的应用

食品原料中往往含有有毒或抗营养化合物，有时采用合适的热处理、提取或酶反应等方法将它们除去。酶法除去不需要的成分见表5-9。世界上存在着12000种以上的植物，它们是潜在的食品资源。其中许多具有不期望的性质的植物，还没有找到合适的酶。

表5-9   酶法除去不需要的成分

酶	不需要的成分	酶	不需要的成分
α-半乳糖苷酶	棉子糖	巯基氧化酶	氧化的风味
β-半乳糖苷酶	乳糖	脲酶	氨基甲酸酯
葡萄糖氧化酶	葡萄糖、O_2	氰化物酶	氰化物
植酸酶	植酸	胃蛋白酶、胰凝乳蛋白酶、羧肽酶 A	苦肽
硫代糖苷酶	硫代糖苷	柚皮苷酶	柑橘类水果中的苦味
草酸氧化酶	O_2	蛋白酶	苯丙氨酸
氧化酶	O_2	α-淀粉酶	淀粉酶抑制剂
Oxyrase	O_2	蛋白酶	蛋白酶抑制剂
过氧化氢酶	H_2O_2		

资料来源：王璋，许时英，汤坚，2007.

第三节 食品风味化学

一、 概述

（一）食品风味化学的概念

好的食品不仅能满足人们生理上对营养素、能量和卫生质量的基本需要，也能带来心理上的舒适。消费者更愿意购买那些能使他们在感官上感到愉悦、生理上得到享受的食品，这就对食品风味提出了很高的要求，是因为食品风味直接影响人们对食品的选择、接受和摄取。其中，气味和味道是食品风味中十分重要的内容，气味是食品引起人们购买兴趣的"门面"，而味道则是一种食品能够长久被人们接受的必要保障。人类历史的发展与风味的应用关系密切。几千年前，人们便有涂抹精油、香膏的习惯，因为这些物质能使自己获得宜人的香气。从前，人们简单地认为，风味就是指香味，但是这并不能阐释风味的准确内涵，特别是对于食品风味而言。那么，究竟什么是食品风味呢？

首先，需要明确的是，不同的食品能够刺激人体的不同感觉器官，进而引起不同的感官反应。概括地讲，食品产生的感官反应可分为三大类，即化学感觉、物理感觉以及心理感觉。化学感觉主要包括味觉（酸、甜、苦、咸、鲜等）和嗅觉（香、臭等）；物理感觉主要包括触觉（硬、黏等）和运动感觉（滑、干等）；心理感觉主要包括视觉（颜色、形状等）和听觉（声音等）。从狭义的角度而言，风味指的是食品刺激人体的味觉、嗅觉受体而产生的化学感觉。而广义的风味指的是，人们在摄入食品前、中、后，食品刺激人体的味觉、嗅觉、触觉、视觉、听觉等受体而引起的化学、物理以及心理感觉，它是一种综合感觉，是多种感觉系统协同作用的结果。

食品风味指的是食品中的风味物质刺激人体的感觉受体而产生综合生理响应，是多种化学成分相互影响，共同作用的结果。在食品风味中，滋味和气味是最重要的两个方面。滋味主要是由舌头的味蕾感知，也有部分由口腔的软腭、咽喉后壁和会厌处感知。气味则主要由鼻腔的嗅觉上皮细胞感知，挥发性芳香物质通过刺激鼻腔内的嗅觉神经细胞而在中枢引起的一种感觉。食品风味化学是一门研究食品风味物质的基本组成和特性、形成机制、演变规律、检测方法的一门学科，它与物理、化学、生物、心理学、自动控制等学科关系密切，兼有实践性和艺术性特点的交叉学科。食品风味学作为食品化学的一个重要分支，已经成为推动食品工业持续健康发展的重要力量。如今，食品科学家正朝着提高和改善食品风味的方向努力。

（二）食品风味物质的分类及其特点

不同组织给出的食品风味物质的定义有所不同，这里主要介绍国际风味工业组织（International Organization of the Flavor Industry，IOFI）和欧盟理事会（Council of the European Union）对食品风味物质的定义。作为美国风味与提取制造协会成员之一，国际风味工业组织对食品风味物质定义为：食品风味物质指的是能够赋予食品风味的物质；在这里，风味物质是加入到食品中的某些风味成分，并不是直接作为食品来食用；该风味物质是高浓度风味剂，包含或者不包含风味助剂（食品添加剂，或易于风味物质的稳定性保存、易于风味物质产品的制备、易于风味物质在食品中应用的一些组分，这些组分在最终的食品中不具有营养功能）。根据欧盟理事会对食品风味物质的定义：食品风味物质指的是包含风味化合物、天然风味剂、反应风味剂、烟熏风味剂等在内的混合物。

风味物质的分类方法有很多，目前最常见的分类方法是按照风味物质的来源来对风味物质进行分类。根据来源的差异，可将风味物质分为两大类，即天然风味物质和人造风味物质。天然风味物质主要是指从天然植物原料（水果、蔬菜、树叶等）或动物原料（肉品、蛋品、乳品等）中提取得到的风味物质（包括精油、蛋白水解物、植物抽提物等）；人造风味物质一般是通过化学方法合成而来的，与天然风味物质相比，人造风味物质往往具有更浓厚的香气或滋味，但是它们的用量也有严格的限制。另外，按照风味物质的挥发性可将风味物质分为挥发性风味物质和非挥发性风味物质。风味物质的分类见二维码5-4。

二维码5-4

食品中的风味物质具有以下几个特点：①种类繁多，相互影响。一种食品中通常包含成百上千种风味物质，同时，食品中这些风味物质的各组分之间，还会相互影响，产生协同或者拮抗作用。②含量微小，效果明显。风味物质在整个食品中所占的比例很低，但是它们却能够对风味的产生有很大的贡献。③稳定性差，易被破坏。有很多风味物质挥发性强，在空气中会发生自动氧化或分解，稳定性差。

二、 食品味感

味感是指食物中的呈味物质在口腔内对味觉器官化学感受系统的刺激而产生的一种感觉，即人对各种味道的感觉及分类。食品味感（或称口味）主要是由口腔内舌的味蕾感知，也有一部分是由口腔的软腭、咽喉后壁和会厌处感知。味感一直是人类辨别、挑选和决定食物是否可以接收的主要评价依据之一，对人类的进化和发展起着重要的作用。一般来说，可将味感分为酸、甜、苦、咸、鲜五种基本味觉，它们的味感受体分别处于舌的不同区域。甜味受体集中在舌尖部位，咸味受体在舌两侧，酸味受体位于舌的边缘，而苦味受体则在近舌根的部位。还有一种观点认为，舌上的味蕾能感受到各种味道，只是敏感程度不一样。舌的味道区域分布见二维码5-5。在五种基本味感中，人体对咸味的感觉最快，对苦味的感觉最慢。在对味感的敏感性方面，人体对苦味的敏感性相比其他味感更强，因此苦味更容易被察觉。

二维码5-5

三、 呈味物质

酸味感是动物进化过程中最早认知的一种化学味感。许多动物对酸味剂的刺激都很敏感，适当的酸味能促进食欲。大多数食品的酸味是由有机酸提供的，例如，柠檬的酸味来自柠檬酸，又如苹果的酸味是由苹果酸产生的。下面介绍几种食品中常见的酸味物质。柠檬酸又称枸橼酸，广泛存在于柠檬、柑橘中，它的酸味圆润、滋美、爽快，入口即达最高酸感，后味时间短。食醋是日常生活中最常用的酸味剂，主要成分为乙酸（醋酸）。食醋能促进胃液的分泌，起到增加食欲的作用；还能解除油腻、提味增鲜、生香发色，促进糖和脂肪的分解和代谢。乳酸是乳制品中的天然固有成分，为乳制品带来独特的口感，还可以起到抗微生物的作用，进而提高产品的品质。苹果酸有L-苹果酸、D-苹果酸和DL-苹果酸3种异构体。天然存在的苹果酸都是L型的，几乎存在于一切果实中，以仁果类中最多。与柠檬酸相比，L-苹果酸的酸味强，但味道柔和。L-苹果酸是一种重要的有机酸，其酸味纯正，具特殊香味，不损害口腔与牙齿，代谢上有利于氨基酸吸收，不积累脂肪，是新一代的食品酸味剂，被生物界和营养界誉为"最理想的食品酸味剂"。酒石酸存在于多种植物中，如葡萄和罗望子，也是葡萄酒中主要的有机酸之一。它的酸性较强，酸味约为柠檬酸的1.3倍。在食品工业中，特别适用于作葡萄汁的酸味剂。一些常见食品中含有的酸味物质成分见图5-3。

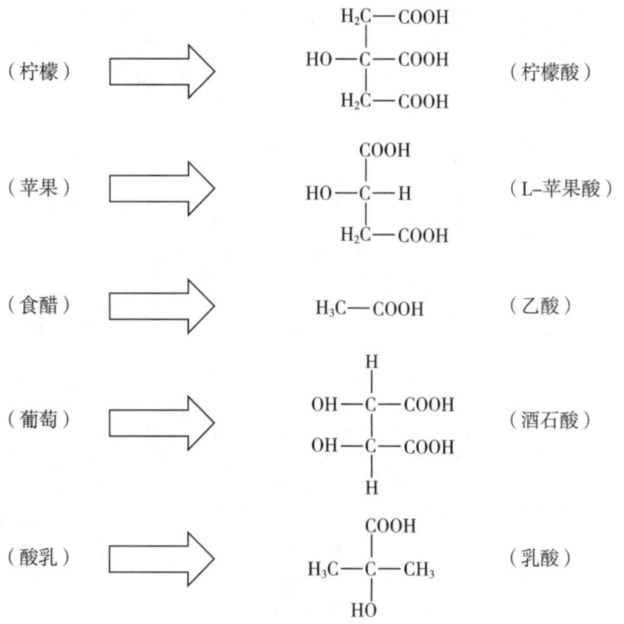

图 5-3　一些常见食品中含有的酸味物质成分

　　甜味是人们比较喜爱的味感之一，在食品的加工中，一些天然甜味剂（如蔗糖）、多元醇（如山梨糖醇、甘露醇、木糖醇等）、合成甜味剂（糖精、环己基磺酸盐、阿斯巴甜等）经常被添加到食品中，用来增强食品的甜味。天然甜味剂中，一些小分子糖类具有甜味，它们的特性各异，适用范围也有所不同。例如，单糖中的葡萄糖的甜味有凉爽感，适合食用。果糖的吸湿性特别强，容易被消化，其代谢不需要胰岛素作用，适合幼儿和病患者食用。糖醇类甜味剂在人体的吸收和代谢也不受胰岛素的影响，不会使人体的血糖升高。目前使用最多的合成甜味剂是糖精，它的甜度较高，但后味微苦。在我国，糖精允许添加到除婴儿食品以外的其他食品中。

　　苦味是一种分布很广泛的味感，食品中的苦味主要是由生物碱、糖苷等产生的。咖啡碱是一种生物碱，广泛存在于茶叶、咖啡和可可中，是一种中枢神经兴奋剂。苦杏仁苷是一种糖苷，苦杏仁苷主要存在于苦杏、苦扁桃、桃、枇杷、李子、苹果、黑樱桃等的果仁和叶子中，苦杏仁皮中不含苦杏仁苷。苦杏仁苷本身不具有毒性，过多生食杏仁、桃仁引起中毒是因为在苦杏仁酶或胃酸的作用下，苦杏仁苷分解释放出氢氰酸，氰离子与含铁的细胞色素氧化酶结合，妨碍正常呼吸，因组织缺氧，机体陷入窒息状态。氢氰酸还能作用于呼吸中枢和血管运动中枢，使之麻痹，最后导致死亡。柚皮苷主要来自柚、葡萄柚等的果皮和果肉中，柚果富含柚皮苷，其含量达 1% 左右，主要存在于果皮、囊衣和种子中，它是柚果中的主要苦味物质。柚皮苷可用作食用添加剂，也可作为合成高甜度、无毒、低能量的新型甜味剂二氢柚苷查耳酮和新橙皮苷二氢查耳酮的原料。一些常见食品中含有的苦味物质成分见图 5-4。

　　咸味是人类最重要的基本味感之一，食品中的咸味主要由一些无机盐提供，如氯化钠、氯化钾等。食盐是唯一的咸味纯正的盐。由于过量食用食盐，会导致高血压的产生，进而引

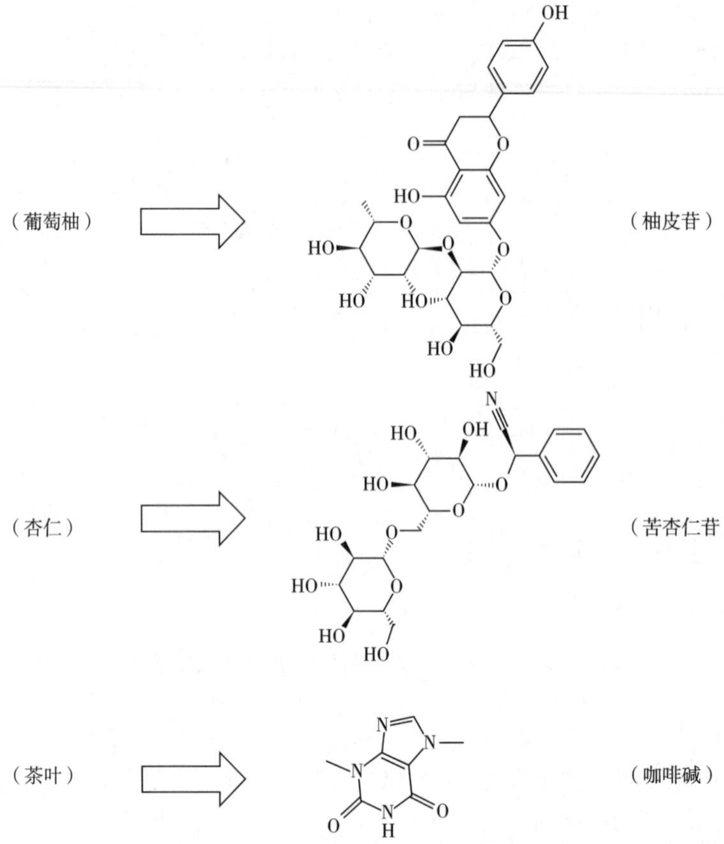

图5-4　一些常见食品中含有的苦味物质成分

发心血管疾病。食盐替代物的开发正成为食品领域的研究热点。目前，某些氨基酸类物质（如精氨酸、赖氨酸等）、小分子肽类（鸟氨酸-牛磺酸-氯化物、鸟氨酸-β-丙氨酸-氯化物）、风味剂（如酵母提取物）有望起到替代食盐的作用。

　　近年来，鲜味的概念越来越普遍被人们接收。目前自然界中的主要鲜味物质有3种，分别是谷氨酸盐（主要是谷氨酸钠，MSG）、鸟苷酸二钠盐（GMP）和肌苷酸二钠盐（IMP）。谷氨酸钠存在于许多食物中，生活中常用的调味料味精的主要成分就是谷氨酸钠。另外，番茄、发酵类大豆制品、酵母提取物以及水解蛋白质产品（如酱油或豆酱）所带来调味作用，很大部分是由谷氨酸产生的。核苷酸二钠（I+G）是5′-肌苷酸钠（IMP）和5′-鸟苷酸钠（GMP）的统称，I+G是自然界中主要的3种鲜味物质之一，广泛作为鲜味剂用于增强各种食品的风味。

四、食品气味

　　气味是靠嗅觉感知的，嗅觉是挥发性物质刺激鼻腔中的嗅细胞，引起嗅觉神经冲动，冲动沿嗅神经传递到大脑皮层所产生的感觉。引起嗅觉的刺激物也称为嗅感物质，具有挥发性的特点。在人类还没有进化到可以直立行走时，嗅觉是原始人类用来判断周围环境的主要工具之一。嗅觉的敏感性比味觉的敏感性要高得多。例如，甲基硫醇作为最敏感的嗅感物质，

只要在 $1m^3$ 空气中有 $4×10^{-5}$ mg 时（约为 $1.41×10^{-10}$ mol/L）就能被人体感觉到；而最敏感的呈味物质——马钱子碱的苦味需要达到 $1.6×10^{-6}$ mol/L 时才能被人体感觉到。又如，对于乙醇溶液，嗅觉器官能够感受到的浓度要比味觉器官所能感受到的浓度低 24000 倍。甚至在某些情况下，人体的嗅觉敏感度要高于仪器分析方法测定的灵敏度。例如，气相色谱法能够检测到的气体浓度大约为 10^9 个分子/mL 空气，而人类的嗅觉敏感度要比气相色谱高 $10～100$ 倍。这对于我们通过嗅觉来判断食材是否变质具有十分重要的意义，因为一些食品（如肉类、鱼类等）发生腐败变质时，虽然其理化指标未发生明显变化，但是往往会有异味的产生。嗅觉的个体差异很大，对于同一种气味物质，不同的人具有不同的嗅觉敏感度，甚至有的人缺乏一般人所具有嗅觉功能，通常称其为嗅盲。此外，嗅觉敏感度也与性别有关，一般来说，女性的嗅觉要比男性敏锐。

五、 呈香物质

（一）植物性食品的香气

水果中一般含有一百多种不同的挥发性风味物质。尽管这些物质在水果鲜重中的占比很低，但正是它们赋予了水果独特的风味。水果形成果实的早期并不会产生特征香气，香气主要是在水果的成熟期、呼吸跃变期形成的。在基因的调控下，水果发生分解，微量的脂类、糖类、蛋白质和氨基酸在酶的作用下，转变为单糖、酸、挥发性物质，风味物质开始形成。此过程涉及一系列复杂的代谢途径，如脂肪酸代谢、碳水化合物代谢、氨基酸代谢等。许多水果的香气由这些代谢途径直接或者间接产生。例如，成熟香蕉的特征性香气成分为乙酸异戊酯等酯类物质，该类特征性风味物质由 L-亮氨酸在转氨酶、脱羧酶、氧化酶等的作用下产生。

与水果不同，蔬菜没有成熟期，因此，蔬菜的香气形成过程与水果有所不同。在蔬菜香气的形成中，也涉及到氨基酸、脂肪酸和碳水化合物的代谢，在香气前体物质方面，含硫挥发性物质占有重要地位。例如，洋葱、大蒜、韭菜等所含有的主要特征性风味物质为含硫化合物。蔬菜的香气化合物通常是在细胞损坏后通过酶促反应产生的。以洋葱为例，当其组织结构遭到破坏时，在蒜氨酸酶的作用下，风味前体物质（S-烷基-L-半胱氨酸亚砜）发生水解，生成具有鲜葱味的风味物质，具有热辣味并能使嘴唇有灼烧感。

（二）动物性食品的香气

通常情况下，生肉带有腥臭味，只有在加热、煮熟或者烤熟后，肉类才具有香味。因此，肉香一般指的是加热香气。熟肉香气主要来自加热时肉香前体物质（氨基酸、多肽、糖类、脂质、核酸、维生素等）的分解。肉的类型、脂肪含量和受热方式是影响肉香的主要因素。与猪肉相比，牛肉更香，甜焦糖味和麦芽味更浓，而猪肉的硫黄味和脂肪味更重一些。蒸煮鸡肉的挥发性香气成分主要是羰基化合物。当加热不含有脂肪的肌肉时，产生的肉香成分主要是 $C_1～C_4$ 的脂肪酸、醛类、酮类、硫化氢、硫醇类等挥发性化合物。当加热含有脂肪的肌肉时，除了上述提到的肉香成分外，还会有脂肪受热产生的香气成分，如羰基化合物、脂和内酯类化合物等。加热方式不同，肉香成分也不同。例如，煮肉的特征香气成分以硫化物、呋喃类化合物以及苯环型化合物为主；而烤肉的特征香气成分主要以吡嗪类、吡咯类、吡啶类化合物等成分为主。

对于水产品，熟鱼的特征香气成分主要有挥发性酸、含氮化合物和羰基化合物，它们主要是通过美拉德反应、氨基酸热降解、脂肪的热氧化降解等反应形成的。

乳制品的特征香气成分主要是在加工和贮藏过程中形成的，可以通过酶促反应释放出游离的脂肪酸、加热发生的美拉德反应、不饱和脂肪酸的氧化、微生物作用等途径产生。在实际中，这些反应往往是交叉进行的，某一反应的产物可能作为其他反应的反应物。

▽ 思政案例

豆腐是最常见的豆制品，又称水豆腐，被人们誉为"植物肉"。豆腐富含蛋白质、不饱和脂肪酸、钙、钾和维生素E，且蛋白质氨基酸组成比例和动物蛋白相似，属于优质蛋白质。相传是汉朝淮南王刘安发明的，可以说是我国最早的化学食品，常年可制作食用。豆腐有南北之分，主要区别是点豆腐的材料不同，南豆腐用石膏，北豆腐用卤水（或酸浆）。

豆腐的制作方法是：首先将大豆浸泡一定时间，加水磨成生豆浆，然后煮沸成熟豆浆；接着是点豆腐，南豆腐用石膏，北豆腐用卤水，卤水的主要成分是氯化镁，石膏是硫酸钙。点完豆腐后豆浆就凝固，直接用勺子舀着吃，就是我们爱吃的豆腐脑；如果用纱布包裹压掉一些水分就成了我们所吃的豆腐。点豆腐的过程其实蕴藏不少科学原理，盐卤或石膏加入豆浆后，其中所带的正离子与负离子会和豆浆中的水分子结合，打破原来的蛋白质和水的结合状态，使蛋白质颗粒凝聚，形成沉淀。分散的蛋白质团粒会很快聚集到一起，就变成了白花花的豆腐脑；再挤出水分，豆腐脑就变成了豆腐。豆腐、豆腐脑就是凝固的豆类蛋白质。

课程思政育人目标：以中国传统食品——豆腐为例，通过讲解其历史起源、制作原理、生产工艺，既能使学生掌握和理解蛋白质的凝固、起泡等功能性质，又能让学生感受和领悟传统饮食文化蕴藏的科学道理，从而增强文化自信和民族自豪感，让中国传统文化插上科学的翅膀，传播更有深度、力度，更富内涵。

🔍 本章思考题

1. 什么是食品化学？食品化学的研究内容是什么？
2. 食品中有哪些重要的糖类？
3. 什么是乳化？
4. 什么是油脂氧化？对人体有什么危害？
5. 食品在贮藏过程中蛋白质会发生哪些变化？
6. 矿物质对人体有哪些作用？
7. 膳食纤维有哪些理化特性和生理功能？

第六章 CHAPTER

食品的加工工艺学

6

本章学习目的与要求

1. 掌握食品加工原料的组分及特性；
2. 了解各类食品加工工艺流程；
3. 了解食品分析与检验的内容与方法；
4. 了解影响食品的安全因子及其控制措施。

第一节　食品加工的原料

食品原料（Food raw material）指的是可以用于加工的具有一定颜色、形状、质地、风味、营养价值的可食性原料的统称。食品原料的种类繁多，内涵丰富，既包括天然的、未经任何加工处理的生鲜动植物组织，又包括用于加工或烹饪的初级产品、半成品；既包括生物性的原料，又包括非生物性原料；既包括动植物原料，又包括微生物原料；既包括天然存在的，又包括人工培育的。

食品原料生产被誉为食品加工的"第一车间"，食品原料品质的好坏直接决定终产品质量的优劣。任何加工食品的生产，都离不开对用于加工的食品原料的选择。以罐藏食品为例，对于果蔬类罐头的制作，不仅要求原料具有丰富的营养价值、良好的感官品质、完整的外观形态、较高的新鲜度，还要求其拥有较长的收获期、稳定的产量、高比例的可食性部分、较强的加工适应性以及良好的耐藏性。对于肉禽类罐头的制作，在原料的选择方面，需要注意的是，所选用的禽畜肉在宰前、宰后均应经过严格的检查，合格的才可以用于肉禽罐头的加工。此外，如果选用的是新鲜肉，在使用前必须经过排酸处理；而对于冷藏肉，还要求肉胴体表面应有坚硬的干燥硬皮，且无切口、伤斑、内脏残留物和污秽物（血液、胃肠内容物等）。因此，只有加强对食品原料这一食品生产和加工源头的品质控制，才能确保消费者吃上安全、健康、营养、美味的食品。在食品科学的理论研究方面，有关食品原料的组成、结构、理化特性、加工和贮藏特性、质量评定等的研究成为了食品科技工作者关注的重点。充分认识食品原料的本质属性，可以为设计食品加工工艺、保证食品质量安全以及开发新型食品提供科学依据。从这个角度来说，食品原料的研究构成了食品科学研究领域的重要基础组成部分。食品原料的具体内涵是什么呢？

按照来源的差异，可将食品加工原料大致分为植物性食品原料和动物性食品原料。其中，植物性食品原料包括粮油类和果蔬类食品原料，动物性食品原料包括畜禽类和水产类食品原料，下面对这几种食品原料的特性进行介绍。

一、粮油类食品原料

（一）谷物类食品原料

1. 谷物类食品原料种类

谷物是人类的主要食物之一，特别是在我国膳食结构中占有十分重要的地位。我国古代就有"五谷"之说，"五谷"一般是指稻、黍、稷、麦、豆。谷物经过加工、烹饪等处理可制成各种主食，如米饭、面粉等，为人体提供碳水化合物、蛋白质、膳食纤维和 B 族维生素等。据统计，人体每天所需热量有 60%～70% 来自谷类食物，所需的蛋白质也有相当一部分来自谷类及其制品。可见，谷类食品原料对人类的生产生活的重要性。谷物类食品原料主要包括稻米、小麦、玉米等。

2. 谷物类食品原料的组成

尽管各种谷物类食品原料的形态、大小各异，但基本结构都很相似，主要由谷皮、糊粉层、胚乳和胚四部分组成。下面对这四种基本成分进行介绍。

（1）谷皮　谷皮是谷粒外层的被覆物，包括果皮和种皮等，占谷粒的 13%～15%，主要成分是纤维素、半纤维素等，并含有较多的矿物质、B 族维生素以及其他营养素。在谷物的加工过程中，谷皮通常作为麸糠被除去，因此相当数量的 B 族维生素和矿物质一同流失。

（2）糊粉层　糊粉层位于谷皮和胚乳之间，占谷粒的 6%～7%，除含纤维素外，还含有较多的磷和丰富的 B 族维生素及部分蛋白质、脂肪，在碾磨加工时，易与谷皮同时脱落而混入糠麸中。

（3）胚乳　胚乳是谷粒的主要组成部分，约占谷粒的 80%，主要成分是淀粉，其次是少量的蛋白质和脂肪，是加工成面粉的主要成分。

（4）胚　胚处于谷粒的一端，占谷粒的 2%～3%，富含脂肪、蛋白质、B 族维生素和维生素 E，胚芽质地比较软而有韧性，不易粉碎，加工时易与胚乳分离进入麸糠。

3. 谷物类食品原料的营养组成

谷类种类、产地、生长环境、加工方式的不同，其营养素的含量也不同。谷类的营养成分中除维生素 C、维生素 A 外，几乎含有人体所需的全部营养素。

（1）蛋白质　谷类的蛋白质含量一般在 6%～14%，主要由谷蛋白、醇溶蛋白、球蛋白组成。一般来说，谷类蛋白质的必需氨基酸组成不平衡，如赖氨酸含量少，因此不是一种完全蛋白质，其蛋白质的营养价值要低于动物蛋白。尽管谷类蛋白质的含量不算高，但谷物在我们日常膳食中的占比较高，因此，谷类仍然是饮食中蛋白质的主要来源。

（2）碳水化合物　谷类碳水化合物含量一般在 70% 左右，主要为淀粉，集中在胚乳的淀粉细胞中，是人类最理想、最经济的能量来源。其淀粉的特点是能被人体以缓慢、稳定的速率消化、吸收与分解，最终产生供人体利用的葡萄糖，而且其能量释放缓慢，不会导致血糖的突然升高，因此对人体健康十分有利。它所含的纤维素、半纤维素等膳食纤维，具有重要的生理功能，如增加肠道的蠕动、加速肠内容物的排出、预防或减少肠道疾病等。

（3）脂肪　谷类脂肪的含量一般较低，主要集中在糊粉层和胚芽，在谷类加工中易于流失或转入副产物中。从相应的副产物中，能提取一些有益人体健康的油脂，如从米糠中提取米糠油，从小麦和玉米胚芽中提取胚芽油，这些油脂因富含不饱和脂肪酸，常作为功能性油脂成分，用于替代富含饱和脂肪酸的动物油脂，还可以起到降低血清胆固醇，防止动脉粥样硬化的作用。

（4）矿物质　谷类的矿物质含量为1.5%~3%，主要成分是钙、磷，并多以植酸盐的形式集中在谷皮和糊粉层中，消化吸收率较低。

（5）维生素　谷类富含B族维生素，主要集中在糊粉层和胚部，在谷类加工中，易于流失，并且加工程度越高，损失越大。以籼米为例，见表6-1，随着加工精度的提高，籼米中的维生素B_1含量明显降低，且其他营养成分（脂肪、膳食纤维、矿物质等）也有不同程度的下降。因此，适度加工有助于谷类食品原料营养成分的保持。这也提示我们，对于长期食用精制米、面的人群，需要注重其他副食的补充，从而避免营养素的不足或缺乏。

表6-1　　　　　　　　　　不同加工精度的籼米营养成分变化

品种	加工等级	留皮度/%	脂肪/%	膳食纤维/%	维生素 E/（mg/100g）	维生素 B_1/（mg/100g）	锌/（mg/kg）	钙/（mg/kg）
晚丝苗	精碾	0.5	0.68	0.98	0.059 9	0.134	16.1	62.3
	适碾	2.15	0.92	2.75	0.086 0	0.151	16.8	68.9
美香黏	精碾	0.95	0.76	2.05	0.043 0	0.121	11.71	82
	适碾	3.95	0.95	4.12	0.084 7	0.136	13.17	93
长粒香	精碾	1.4	0.69	0.63	0.017 3	0.062	15.27	72
	适碾	2.75	0.77	0.92	0.097 9	0.099	15.9	78

资料来源：安红周，杨柳，林乾，等，2021.

4. 常见的谷物类食品原料

（1）稻米

①稻谷籽粒的结构：稻谷籽粒由谷壳和糙米2部分组成的。谷壳包括内颖、外颖、护颖和芒。谷壳由上表皮、纤维组织、薄壁组织和下表皮组成，其主要成分是粗纤维和硅质，结构坚硬，能防止虫霉侵蚀和机械损伤，对稻粒起到一定的保护作用。稻谷经过加工处理，脱去外表谷壳的颖果，即是糙米。糙米由籽实皮（果皮、种皮、糊粉层）、胚乳和胚3部分组成，表面分布有5条纵向沟纹，背面（即无胚的一侧）有条背沟，两侧各有2条米沟。糙米经过加工后得到的白米，主要是胚乳，被去除的部分是包括胚在内的外层组织（果皮、种皮、糊粉层），又称米糠。稻谷籽粒的结构见图6-1。

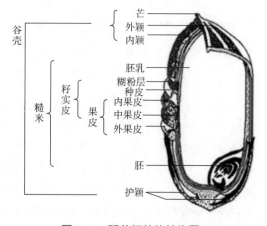

图6-1　稻谷籽粒的结构图

②稻米的营养成分：由稻谷制成的稻米习惯上称为大米。众多的米类中，最重要的就是大米。大米的碳水化合物含量为75%左右，蛋白质为7%~8%，脂肪为1.3%~1.8%，含有丰富的B族维生素等。大米中的碳水化合物主要是淀粉，所含的蛋白质主要是米谷蛋白，其次是米胶蛋白和球蛋白。蛋白质的消化率为66.8%~83.1%，也是谷类蛋白质中较高的一种。因此，食用大米具有较高的营养价值。但是，大米蛋白中的赖氨酸和苏氨酸的含量比较低，所以不是一种完全蛋白质，其营养价值不如动物蛋白。稻谷的脂肪主要集中在米糠中，其脂肪中的亚油酸含量较高，所以食用米糠油具有较好的生理功能。

③大米的加工利用：大米可加工烹调为各式食物，其中米饭一直是我国南方特别是长江流域和西南地区喜爱的主食。影响米饭口感的重要因素是米饭的黏弹性。按照粒形和粒质，可将大米分为籼米、粳米和糯米3类。籼米蒸煮后出饭率高、黏性较小，适合做炒米饭；粳米蒸煮后黏性大，但出饭率低，适合做米饭和粥；糯米的黏性大，胀性小，适宜做粥。米粉是以大米作为原料制成的面条状的食品，在我国华南一带很受欢迎。除做主食外，大米也可作为各种制品，如粽子、糍粑、元宵、汤圆、年糕等的原料。大米及其制品中的营养成分见表6-2。

表6-2　　　　　　　　大米及其制品中的营养成分（每100g可食部分含量）

名称	水分/g	能量/kJ	蛋白质/g	脂肪/g	糖类/g	维生素B$_1$/mg	维生素B$_2$/mg	维生素B$_6$/mg
粳米（极品）	13.9	1412	6.4	1.2	78.1	0.06	0.02	—
籼米	13.1	1374	7.5	1.1	78.0	0.07	0.02	0.07
血糯米	13.8	1435	8.3	1.7	75.1	0.31	0.12	—
粳糯米	13.8	1435	7.9	0.8	76.7	0.2	0.05	—
籼糯米	13.8	1473	7.9	1.1	78	0.19	0.04	—
黑米	14.3	1393	9.4	2.5	72.2	0.33	0.13	—
香米	13.5	1400	8.4	0.7	77.2	0.03	0.02	—
河粉	11.2	1491	7.7	1.5	79.2	0.02	0.02	0.04
籼米饭	70.1	474	3.0	0.4	26.4	0.01	0.01	

资料来源：陈辉，2007.

（2）小麦

①小麦籽粒的结构：小麦是世界上栽培最多、分布最广泛的粮食作物，有近5000年的种植历史。小麦国家标准详见二维码6-1。小麦籽粒由麸皮层、胚乳和胚三部分组成的，见图6-2。麸皮层占籽粒的6%~7%，包括表皮层、果皮层、种皮、胚珠层、糊粉层组成，主要成分为木质纤维和易溶性蛋白质。胚乳中的主要成分为淀粉，其次为水分和蛋白质。胚是麦粒发芽与生长的器官，胚中含有丰富的蛋白质，氨基酸组成合理，也富含B族维生素和维生素E。小麦籽粒的结构见图6-2。

二维码6-1

②小麦的营养成分：小麦中的主要营养成分是碳水化合物，约占麦粒重的70%，其中淀粉是其最主要的形式，另外还有纤维素、糊精、各种游离糖和戊聚糖。小麦中的蛋白质含量比大米高，平均在10%~14%，主要由麦醇溶蛋白与麦谷蛋白组成。与碳水化合物和蛋白质含量相比，小麦中的脂肪含量较低，主要由不饱和脂肪酸组成，易氧化分解而酸败变苦。因此，在制作面粉的时候，通常需要去除脂肪含量较高的胚芽和麸皮，以减少小麦粉的脂肪酸含量，从而延长小麦粉的贮藏期。小麦中含有多以无机盐形式存在的矿物质，主要集中于外层和胚部。小麦含有的维生素主要是B族维生素和维生素E，主要集中在糊粉层和胚芽部分，在制粉的过程中，维生素显著减少，且加工精度越高，维生素的

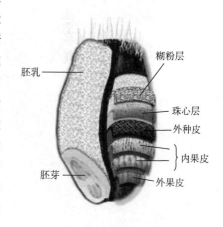

图6-2　小麦籽粒的结构图

损失越大。表6-3中，随着出粉率的减少（加工精度的增加），大部分B族维生素的含量呈现降低的趋势。

表6-3　　　　　　　　　　　　不同出粉率样品B族维生素的含量　　　　　　　　　单位：mg/100g

出粉率	维生素 B_1	维生素 B_2	维生素 B_6	烟酸	总量
35%	0.41	—	0.48	—	0.89
40%	0.39	—	0.44	—	0.83
50%	0.43	—	0.50	—	0.93
60%	0.44	—	0.58	0.45	1.47
70%	0.41	—	0.56	0.56	1.53
80%	0.54	0.74	0.77	0.75	2.80
90%	0.57	0.85	0.86	0.82	3.10
97%	0.62	0.96	0.97	0.98	3.53

资料来源：贾爱霞，2011.

③小麦的加工利用：小麦最常见的用途是作为主食类，也就是先加工成面粉，然后以此作为原料加工成各类食品，如面包、馒头、饺子、面条、糕点等。小麦中的硬质小麦因其淀粉含量高、面筋多，最适于制作面包和高级油条；软质小麦粉一般适用于制作饼干、糕点和烧饼等。小麦也可用于制作啤酒、白酒、酱油、味精等。小麦的胚芽中蛋白质含量在30%以上，并且必需氨基酸组成合理，因此胚蛋白是全价蛋白质，可作为营养强化剂使用。此外，每吨小麦中含有100g比较贵重的胚芽油，因此也可从中提取制成胶囊产品，用在调味品中。

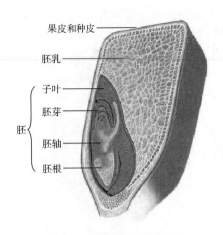

果皮和种皮

胚乳

子叶

胚芽

胚　　胚轴

胚根

图 6-3　玉米籽粒的结构图

（3）玉米

①玉米籽粒的结构：玉米是谷物中单产最高的作物，而且生产适应强，因此是种植最广泛的谷类作物。玉米籽粒主要由皮层（果皮和种皮）、胚乳和胚三部分组成。果皮和种皮占 6%~8%，它们紧密联结，不易分开。胚乳占籽粒总重的 80%~85%，分糊粉层和淀粉层。胚位于籽粒基部一侧，占籽粒总重的 10%~15%。籽粒因品种不同有黄、白、紫红、条斑等色，最外层的果皮通常是无色透明的，只有少数品种是紫红色或条斑色。玉米籽粒的结构见图 6-3。

②玉米的营养成分：玉米的蛋白质含量为 6.5%~13.2%，多数集中于胚乳和胚中，主要是谷蛋白、球蛋白、白蛋白和醇溶蛋白。胚乳中的主要蛋白质是醇溶蛋白，但玉米醇溶蛋白中不含赖氨酸，因此营养价值不高。胚中的蛋白质氨基酸种类相对要齐全。玉米中的脂肪含量为 5%~6%，大部分集中于胚中，主要为不饱和脂肪酸。因此，可以利用玉米加工的副产物玉米胚芽生产玉米胚芽油。玉米淀粉主要存在于胚乳中，含量为 70%左右。玉米的维生素主要存在于胚芽中，含有维生素 A、B 族维生素和维生素 E。玉米籽粒中还含有 0.7%~1.3%的矿物质，主要集中于胚中。玉米籽粒中的矿物质和维生素含量见表 6-4。

表 6-4　　　　　　　　玉米籽粒中的矿物质与维生素含量（干基）

矿物质	含量	维生素	含量
总磷/%	0.29	维生素 A/（mg/kg）	2.50
钾/%	0.37	维生素 E/（mg/kg）	30.00
镁/%	0.14	维生素 B_1/（mg/kg）	3.80
硫/%	0.12	维生素 B_2/（mg/kg）	1.40
氯/%	0.05	维生素 B_3/（mg/kg）	6.60
钙/%	0.03	维生素 B_5/（mg/kg）	28.00
钠/%	0.03	维生素 B_6/（mg/kg）	5.30
碘/（mg/kg）	385.00	维生素 B_7/（mg/kg）	0.08
铁/（mg/kg）	30.00	维生素 B_{11}/（mg/kg）	0.30
锌/（mg/kg）	14.00	胆碱/（mg/kg）	567.00
锰/（mg/kg）	5.00	烟酸/（mg/kg）	0.02
铜/（mg/kg）	4.00	β-胡萝卜素/（mg/kg）	2.00

续表

矿物质	含量	维生素	含量
铅／（mg/kg）	0.27	叶黄素／（mg/kg）	19.00
镉／（mg/kg）	0.07		
铬／（mg/kg）	0.07		
硒／（mg/kg）	0.08		
钴／（mg/kg）	0.05		
钼／（mg/kg）	0.49		
镍／（mg/kg）	1.81		
汞／（mg/kg）	0.003		

资料来源：石彦国，2016.

③玉米的加工利用：玉米可制成玉米面条、粥、煎饼等主食，还可制成膨化食品；用作饲料，玉米在饲料中的地位日益突出，世界上约65%的玉米作为饲料，我国生产的玉米70%以上作为饲料；玉米中含有丰富的淀粉、蛋白质等成分，可从玉米中提取淀粉，做成淀粉糊或直接加工成葡萄糖、高果糖浆等淀粉糖，玉米淀粉还可经过深加工得到各种变性淀粉、维生素C、膳食纤维等。

（二）油料类食品原料

油料类食品原料是以榨取油脂为主要用途的一类作物种子，主要有大豆、花生、油菜籽等。

1. 大豆

大豆是世界上最重要的豆类。早在古代，《诗经》中就有："中原有菽，庶民采之"的记载。这里的"菽"指的就是大豆。在先秦时代，大豆就成为了当时重要的粮食作物，唐宋以来大豆种植地区逐步向长江流域发展，大豆在我国栽培和食用的历史已有5000年。欧美各国栽培大豆的历史很短，大约是在18世纪后期才从我国传去。

大豆含蛋白质35%～40%，其氨基酸组成接近人体的需要。特别是它富含赖氨酸、苏氨酸，分别比谷类食物高出10倍和5倍，而谷类食物中正好缺乏这两种氨基酸，因此，可将大豆及其制品与谷类食物混合食用，以提高混合食物的蛋白质营养价值。大豆中的碳水化合物含量为17%～30%，主要是纤维素、大豆低聚糖。大豆含脂肪15%～20%，主要是不饱和脂肪酸，达80%以上。大豆油脂在人体内的消化率高达97.5%，是一种优质的植物油。大豆各部分化学组成见表6-5。

| 表6-5 | 大豆各部分化学组成 | | 单位:% |

成分	部位			
	整粒	子叶	种皮	胚（胚根、胚轴、胚芽）
水分	11.0	11.4	13.5	12.0
粗蛋白（N×6.25）	38.8	41.5	8.4	39.3

续表

成分	部位			
	整粒	子叶	种皮	胚（胚根、胚轴、胚芽）
碳水化合物	27.3	23.0	74.3	35.2
脂质	18.5	20.2	0.9	10.0
灰分	4.3	4.4	3.7	3.9

资料来源：石彦国，2016.

大豆可用于制造油脂，还可制作各种大豆蛋白产品，如大豆蛋白粉、大豆浓缩蛋白、大豆分离蛋白等。大豆也可加工成豆腐、豆浆等制品。大豆经过霉菌发酵可加工成各种发酵豆制品，如豆酱、豆豉、豆腐乳等。豆类发酵食品也是我国古代在食品制作上的一项重大发明。

2. 花生

花生在我国多地都有种植，我国花生的产量居世界首位，约占世界总产量的40%。在花生果中，果壳占28%~32%，花生仁占68%~72%。花生仁的主要组成是花生子叶，其占花生仁的总重达90%以上。

花生仁中最大的组分是油脂，花生仁中含有24%~36%的蛋白质，花生蛋白含有大量人体必需氨基酸，其营养价值在植物蛋白中仅次于大豆蛋白，而与动物蛋白相近。花生仁中含有10%~13%的碳水化合物，其中含有的还原糖与烤花生的香气和味道密切相关。花生仁富含维生素，其中以维生素 E 为最多，其次为维生素 B_2。

3. 油菜籽

油菜籽含油量很高，为33.0%~49.8%，比大豆高1倍，比棉籽高5%左右，是我国食用油的主要来源之一。油菜籽还含有28%左右的蛋白质，是一种营养丰富的油料食品原料。但是，目前我国栽培的油菜中存在"双高"问题：一是榨出的菜油中脂肪酸组成中芥酸含量过高；二是油菜籽中芥子苷的含量也很高。芥酸对人体没有营养价值，而芥子苷在芥酸酶的作用下水解生成对人体和畜禽有剧毒的含氰化合物。因此用菜籽饼作高蛋白饲料时必须经过脱毒处理。菜籽油的相关行业和国家标准详见二维码6-2。

二维码6-2

二、 果蔬类食品原料

（一）果蔬类食品原料的分类

按照果树的果实结构，水果类食品原料可分为仁果类（蔷薇科，如苹果、梨、山楂、木瓜等，多数为高大乔木或灌木）；核果类（蔷薇科，如桃、李、杏、樱桃等，大多为落叶的乔木或灌木）；浆果类（包括不同属的植物，如葡萄、树莓、猕猴桃等，多数为矮小的落叶灌木或藤本，极少数为乔木或草本）；坚果类（又称壳果类，如板栗、核桃，果皮多坚硬，全部变成木质或革质，成熟时干燥但不会开裂，含水量低，蛋白质含量较高，含有丰富的淀粉和油脂）；柑橘类（芸香科，如柑、橘、橙等，果实多肉多汁，但构造比浆果类复杂）。

按照食用器官分类，蔬菜类原料可分为根菜类（萝卜、甜菜、豆薯等）；茎菜类（茭白、竹笋、莲藕等）；叶菜类（白菜、甘蓝、叶用莴苣等）；花菜类（金针菜、菜花、紫菜薹等）；果菜类（黄瓜、冬瓜、丝瓜等）。

（二）果蔬类食品原料的化学组成及特性

果蔬的化学组成一般分为水和干物质两大部分，干物质又可分为水溶性物质和非水溶性物质两大类。水溶性物质又称可溶性固形物，它们的显著特点是易溶于水，组成植物体的汁液部分，影响果蔬的风味，如糖、果胶、有机酸、单宁和一些能溶于水的矿物质、色素、维生素、含氮物质等。非水溶性物质是组成果蔬固体部分的物质，包括纤维素、半纤维素、原果胶、淀粉、脂肪以及部分维生素、色素、含氮物质、矿物质和有机盐类等。

1. 水分

水分是新鲜水果和蔬菜中的主要成分，其含量平均为 80%~90%。水分在果蔬中以两种形态存在：一种为游离水，主要存在于液泡和细胞间隙，其含量最多，占总含水量的 70%~80%，具有水的一般特性，在果蔬加工过程中极易失掉。另一种为结合水，是果蔬细胞里胶体微粒周围结合的一层薄薄的水膜，它与蛋白质、多糖类、胶体等结合在一起，一般情况下很难分离。

2. 碳水化合物

果蔬中的碳水化合物主要有糖类、淀粉、纤维素、半纤维素和果胶物质。水果中所含的糖类主要是葡萄糖、果糖和蔗糖。水果类型不同，其所含的糖类不同。例如，仁果类中以果糖为主，葡萄糖和蔗糖次之；核果类中，杏、桃、李以蔗糖为主，可达 10%~16%；浆果类主要含葡萄糖和果糖，而蔗糖的含量很低。常见果蔬中糖的种类及含量见表 6-6。

表 6-6　　　　　　　　　　常见果蔬中糖的种类及含量

名称	转化糖/%	蔗糖/%	总糖/%
苹果	7.35~11.62	1.27~2.99	8.62~14.61
梨	6.52~8.00	1.85~2.00	8.37~10.00
桃	1.77~3.67	8.61~8.74	10.38~12.41
李	5.84~9.05	1.01~1.85	6.85~10.70
杏	3.00~3.45	5.45~8.45	8.45~11.90
甜樱桃	13.18~16.57	0.17~0.43	13.35~17.00
酸樱桃	11.52~12.30	0.17~0.40	11.69~12.70
葡萄	16.83~18.04	—	16.83~18.04
甜橙	4.82	3.01	7.99
橘子	2.14	4.53	6.67
草莓	5.56~7.11	1.48~1.76	7.41~8.59
枣	56.00	8.00	64.00

续表

名称	转化糖/%	蔗糖/%	总糖/%
香蕉	10.00	7.00	17.00
菠萝	3.00	8.00	11.00
胡萝卜			3.30~12.00
甜菜			9.6~13.3
洋葱			2.5~14.3
甘蓝			2.0~5.7
番茄			1.50~4.20
甜椒			4.2~7.4
茄子			2.2~4.6
黄瓜			2.52~9.0
西瓜			5.5~9.8
甜瓜			4.0~5.19

资料来源：蒋爱民，2020.

　　成熟果实中含淀粉量较少，但未成熟果实含有较多的淀粉，经过贮藏淀粉转化为糖增加甜味，这种现象在香蕉及晚熟苹果中更为显著。蔬菜含淀粉较多，其淀粉含量与老熟程度成正比。凡是以淀粉形态作为储存物质的种类，均能保持休眠状态而利于贮藏。对于青豌豆、甜玉米等以幼嫩粒供食用的蔬菜，其淀粉的形成会影响食用品质及加工产品品质。

　　纤维素和半纤维素主要存在于果蔬的表皮细胞内，起到保护果蔬，减轻机械损伤，抑制微生物的侵袭，减少贮藏和运输中的损失的作用。纤维素的含量显著影响果蔬的口感。含纤维素较多的果蔬，其质地粗糙多渣，品质不佳。

　　果实中多含有果胶物质，主要存在于果实、块茎、块根等器官中。山楂、苹果、柑橘、南瓜、胡萝卜等果实中富含果胶，山楂中的果胶含量高达6.4%。果胶质以原果胶、果胶、果胶酸等3种不同的形态存在于果实组织中。原果胶多存在于未成熟果蔬的细胞壁间的中胶层中，不溶于水，所以未成熟的果实显得脆硬。随着果蔬逐渐成熟，在原果胶酶的作用下，原果胶分解为果胶，果胶溶于水，与纤维素分离，转渗入细胞内，使细胞间的结合力松弛，具黏性，使果实质地变软。成熟的果蔬向过熟期变化时，果胶在果胶酶的作用下转变为果胶酸。果胶酸无黏性，不溶于水，因此，果蔬呈软烂状态。原果胶、果胶、果胶酸的转化见图6-4。

　　3. 有机酸

　　酸味是果实的主要风味之一，主要是由果实中含有的有机酸引起的。果蔬的酸味并不由酸的总含量决定，而取决于它的pH。新鲜果实的pH一般在3~4，蔬菜在5.0~6.4。果蔬中含有蛋白质、氨基酸等成分，能阻止酸过多地离解，因而可限制氢离子的形成。果蔬经加热处理后，蛋白质凝固，失去缓冲能力，氢离子增加，pH下降，酸味增加。这就是果蔬加热

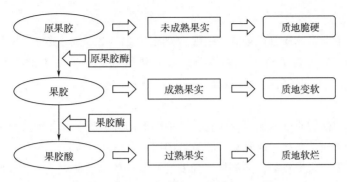

图6-4　原果胶、果胶、果胶酸之间的转化

后经常出现酸味增强的原因。

4. 单宁

单宁（鞣质）具有收敛性的涩味，对果蔬及其制品的风味起着重要的作用。单宁在果实中普遍存在，而在蔬菜中含量较小。单宁物质可分为两类：一类是水解型单宁，具有酯的性质；另一类是缩合型单宁，不具有酯的性质，果蔬中的单宁即属于此类。单宁的含量与果蔬的成熟度有关，未成熟果实的单宁含量往往是成熟果实的5倍。对于同一种果实，部位不同，产地不同，单宁的含量也有差异。葡萄果实中的单宁，主要包括儿茶素、表儿茶素、表没食子儿茶素、表儿茶素没食子酸酯4种单体和原花青素B1和原花青素B2等二聚体或多聚体单宁。如表6-7所示，以上几种单宁在葡萄籽中的含量远高于果皮中的含量，不同产地的葡萄果实中的6种单宁的含量均有显著性差异。

表6-7　　　　　　　　　葡萄果皮和籽中6种单宁类物质的含量　　　　　　单位：　mg/kg

名称		德钦	沙城	烟台
儿茶素	皮	36.86±1.94b	44.07±0.60a	36.35±0.07b
	籽	2183.44±1.24c	2476.62±3.51b	4752.36±25.62a
表儿茶素	皮	95.82±0.05c	96.21±0.09b	97.92±0.04a
	籽	672.78±0.20b	477.37±0.63c	686.92±3.83a
表没食子儿茶素	皮	59.77±2.36b	32.42±1.44c	72.08±1.63a
	籽	111.04±2.26ab	102.39±1.34b	131.40±22.55a
表儿茶素没食子酸酯	皮	122.68±9.36a	67.71±0.85b	56.80±1.82b
	籽	—	—	—
原花青素B1	皮	60.92±0.25b	43.51±0.96c	107.70±0.67a
	籽	543.13±0.54b	497.15±0.20c	613.51±3.32a
原花青素B2	皮	840.12±2.75a	475.02±0.50b	279.97±0.63c
	籽	2024.34±0.94a	1377.66±2.24c	1589.79±9.37b

资料来源：李蕊蕊，2016.

5. 含氮物质

果实中存在的含氮物质普遍较低，一般含量在 0.2%~1.2%。其中以核果、柑橘类含量较多，仁果类和浆果类含量较少。蔬菜中的含氮物质远高于果实中的含量，一般含量在 0.6%~9.0%。食用菌的蛋白质含量较高，在 1.7%~3.6%。

6. 糖苷类

糖苷为糖与其他物质脱水缩合的产物，其中糖的部分为糖基，非糖部分称配基。果蔬中存在者许多糖苷物质，例如，花青素、花黄素都以糖苷形式存在；苦杏仁苷存在于多种果实的种子中，以核果类含量较多；茄碱苷（龙葵苷）存在于马铃薯块茎、番茄及茄子中；黑芥子苷存在于十字花科蔬菜中，芥菜、萝卜含量较多；橙皮苷、柚皮苷、枸橘苷和圣草苷等存在于柑橘类果实中，均是具有活性的黄酮类物质。苦杏仁苷和茄碱苷的水解产物有毒，食用或加工时要除去。黑芥子苷具有特殊的苦辣味，在酶作用下可水解成特殊的芳香物质，使蔬菜腌制品产生特殊香气。橙皮苷是引起糖水橘片罐头白色混浊、沉淀的主要原因。

7. 维生素

大多数维生素必须从植物体内合成，所以果蔬是人体获得维生素的主要来源。果蔬含有各种维生素，其中脂溶性维生素包括维生素 A、维生素 D、维生素 E、维生素 K；水溶性维生素包括 B 族维生素（维生素 B_1、维生素 B_2、烟酸、泛酸、维生素 B_6、叶酸、生物素、胆碱）和维生素 C。

维生素 C 具有较强的还原性，在食品上广泛用作抗氧化剂。与其他种类的维生素相比，维生素 C 还有代谢快，需要量大的特点。因此，食物中应有足够量的维生素 C，这对维持人体健康是十分重要的。果蔬中含有极丰富的维生素 C，是人类摄取维生素 C 最重要的来源，如辣椒、甘蓝、菠菜、大白菜、萝卜等蔬菜都含有较多的维生素 C，水果中的鲜枣、山楂、草莓、柑橘类果实、猕猴桃、刺梨等，维生素 C 含量都极为丰富。

果蔬组织中并不存在维生素 A，只含有胡萝卜素。蔬菜中胡萝卜素的含量与颜色有明显的相关性。深绿色叶菜和橙黄色蔬菜中的胡萝卜素含量较高，而浅色蔬菜中其含量最低。果蔬中的胡萝卜素不溶于水，而溶于脂肪，一般情况下对热烫、高温、碱性、冷冻等处理均相当稳定。

8. 矿物质

果实和蔬菜中含有各种矿物质，并以磷酸盐、硫酸盐、碳酸盐或与有机物结合的盐的形式存在，如蛋白质中含有硫和磷、叶绿素中含有镁等。其中与人体营养关系最密切的矿物质是钙、磷、铁等。

豆类、花生、谷类、核桃中含磷较多。果蔬中的钾、钠主要存在于细胞液中，参加糖代谢，调节细胞渗透压和细胞膜透性。果蔬中 K^+、Na^+ 进入人体后与 HCO_3^-，结合，使血浆碱性增强。

9. 芳香物质

果蔬中普遍含有挥发性的芳香油，由于含量极少，故又称精油，是每种果蔬具有特定香气的主要原因。各种果实中挥发油的成分不是单一的，而是多种组分的混合物，主要香气成分为酯、醇、醛、酮、萜及烯等。

水果香气比较单纯，其香气成分中以酯类、醛类、萜类为主，其次是醇类、酮类及挥发酸等。水果香气成分随着果实的成熟而增加，而人工催熟的果实不及在树上成熟的水果香气成分含量高。

蔬菜的香气不及水果浓，但有些蔬菜具有特殊的气味，如葱、韭、蒜等均含有特殊的辛辣气味。

10. 脂类物质

在植物体中，脂肪主要存在于种子和部分果实中，根、茎、叶中含量很少，其中与果蔬贮藏加工关系密切的是脂肪和蜡质。各种果蔬种子可以用于提取植物油，故在果蔬加工中应重视种子的收集与利用。

11. 色素物质

色素物质为果蔬色彩物质的总称，可刺激人们的食欲，有利于对食物的消化吸收。果蔬的色泽也是品质评价的重要指标，它在一定程度上反映了果蔬的新鲜度、成熟度和品质变化等。

叶绿素是一切果蔬绿色的来源，它最重要的生物学作用是光合作用。在酸性介质中叶绿素分子中镁易被氢取代，形成脱镁叶绿素，呈褐色；叶绿素分子中的镁可为铜、锌等所取代。铜取代后的叶绿素色泽亮绿，较稳定，食品工业中可作为着色剂。

类胡萝卜素是广泛存在于果蔬中的一大类脂溶性色素，是一类以异戊二烯为残基的具有共轭双键的多烯色素，现已在果蔬中发现了 300 种以上，主要有胡萝卜素、番茄红素、番茄黄素、叶黄素等。

花青素是使果蔬呈现红、紫等绚丽色彩的主要色素，对苹果、葡萄、桃、李、樱桃、草莓、石榴等的外观质量影响很大。花青素能与金属离子反应生成盐类，因此，含花青素多的水果罐藏时宜用涂料罐或玻璃罐。铝对花青素的作用不像铁、锡那样显著，因而果蔬加工宜用铝或不锈钢器具。

三、　畜禽类食品原料

（一）畜禽类食品原料的组成及特性

1. 畜禽类食品原料的形态结构

畜禽类食品原料由肌肉组织、脂肪组织、结缔组织和骨组织四大部分构成。这些组织的构造、性质直接影响肉品的质量、加工用途及其商品价值，依动物的种类、品种、年龄、性别、营养状况不同而异。

（1）肌肉组织　肌肉组织是构成肉的主要部分，占胴体 50%～60%，包括骨骼肌、平滑肌和心肌，其中骨骼肌占大多数。骨骼肌是肉的重要来源，也是肉制品加工的主要对象，下面提到的肌肉是指骨骼肌。肌肉的基本构造单元是肌纤维，肌纤维与肌纤维之间被一层很薄的结缔组织膜围绕隔开，此膜为肌内膜（Endomysium）。每 50～150 条肌纤维聚集成束，称为初级肌束（Primary bundle）。初级肌束被一层结缔组织膜所包裹，此膜为肌束膜（Perimysium）。由数十条初级肌束集结在一起并由较厚的结缔组织膜包围就形成了次级肌束。由许多次级肌束集结在一起形成肌肉块，其外面包有一层较厚的结缔组织膜，称为肌外膜（Epimysium）。骨骼肌肌肉的构造见图 6-5。

（2）脂肪组织　动物的脂肪多积存于皮下结缔组织、肌肉间结缔组织、肠系膜及肾脏周围的结缔组织中，这类脂肪称为"蓄积脂肪"，其含量也因肥育程度不同而不同，含量15%～45%不等。脂肪对肉的食用品质影响甚大，肌肉内脂肪的多少直接影响肉的多汁性和

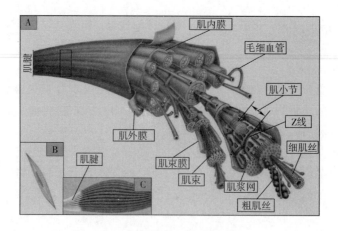

图6-5　骨骼肌肌肉的构造

嫩度，脂肪酸的组成在一定程度上决定了肉的风味。脂肪在活体组织中起着保护组织器官和提供能量的作用。肌肉中的脂肪组织及分布见图6-6。

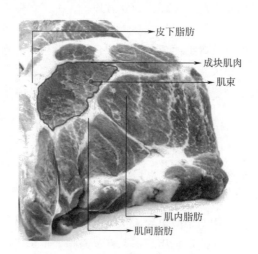

图6-6　肌肉的脂肪组织及分布

资料来源：刘业学，王稳航，2020.

（3）结缔组织　结缔组织是将动物体内不同部分连结和固定在一起的组织，分布于体内各个部位，起到支持、连接各器官组织和保护组织的作用，使肌肉保持一定硬度，具有弹性，含量为9%~13%。肉中的结缔组织由结缔组织纤维、结缔组织细胞和基质构成。结缔组织纤维主要包括胶原纤维、弹性纤维和网状结构蛋白。绝大部分结缔组织纤维为胶原纤维，主要由胶原蛋白组成。胶原蛋白的不溶性和坚韧性是由于其分子间的交联，特别是成熟交联所致。随着动物年龄的增加，肌肉结缔组织中的交联，特别是成熟交联的比例增加，这也是随着动物年龄增大，其肉嫩度下降的原因。

（4）骨组织　骨组织和结缔组织一样也是由细胞、纤维性成分和基质组成，在肉中占比为5%~20%。但是，不同的是基质已被钙化，所以很坚硬，具有支撑身体和保护器官的作用，同时又是钙、铁、钠等元素的储存组织。成年动物骨骼的含量较恒定，变动幅度较小。猪骨占胴体的 5%~9%，牛占 15%~20%，羊占 8%~17%，兔占 12%~15%，鸡占 8%~17%。

2. 肉的化学组成及性质

肉主要由水分、蛋白质、脂质、碳水化合物、含氮浸出物、矿物质和维生素等组成。常见的畜禽肌肉组织化学组成见表6-8。

表6-8　　　　　　　　　　　　　　畜禽肌肉组织的化学组成

名称	含量/%					热量/（J/kg）
	水分	蛋白质	脂肪	碳水化合物	灰分	
牛肉	72.91	20.07	6.48	0.25	0.92	6186.4
羊肉	75.17	16.35	7.98	0.31	1.92	5893.8
肥猪肉	47.40	14.54	37.34	—	0.72	13731.3
瘦猪肉	72.55	20.08	6.63	—	1.10	4869.7
马肉	75.90	20.10	2.20	1.33	0.95	4305.4
鹿肉	78.00	19.50	2.25	—	1.20	5358.8
兔肉	73.47	24.25	1.91	0.16	1.52	4890.6
鸡肉	71.80	19.50	7.80	0.42	0.96	6353.6
鸭肉	71.24	23.73	2.65	2.33	1.19	5099.6
骆驼肉	76.14	20.75	2.21	—	0.90	3093.2

资料来源：靳烨，2013.

（1）蛋白质　蛋白质占肌肉的 18%~20%，按其分布位置和在盐溶液中的溶解度可分成以下三种：肌原纤维蛋白质、肌浆蛋白质和基质蛋白质。肌原纤维蛋白质占肌肉蛋白质总量的 40%~60%，它主要包括肌球蛋白、肌动蛋白、肌动球蛋白和 2~3 种调节性结构蛋白质。肌浆是浸透于肌原纤维内外的液体，含有机物与无机物，一般占肉中蛋白质含量的 20%~30%。这些蛋白质易溶于水或低离子强度的中性盐溶液，是肉中最易提取的蛋白质。肌浆蛋白质的功能主要是参与肌细胞中的物质代谢。基质蛋白质是肌肉组织磨碎之后在高浓度的中性溶液中充分抽提之后的残渣部分。基质蛋白质包括胶原蛋白、弹性蛋白、网状蛋白及黏蛋白等，存在于结缔组织的纤维及基质中。

（2）脂肪　动物性脂肪主要成分是甘油三酯，约占 90%，还有少量的磷脂和固醇酯。肉类脂肪有 20 多种脂肪酸，其中饱和脂肪酸以硬脂酸和软脂酸居多：不饱和脂肪酸以油酸居多，其次是亚油酸。

（3）矿物质　矿物质是指一些无机盐类和元素，肉中矿物质含量一般为 0.8%~1.2%，这些无机盐在肉中有的以游离状态存在，如镁、钙离子；有的以螯合状态存在，如肌红蛋白中含铁，核蛋白中含磷。肉中尚含有微量的锰、铜、锌、镍等。

（4）维生素　肉中主要是 B 族维生素，主要存在于瘦肉中，瘦肉是人们获取此类维生素的主要来源之一。猪肉中的维生素 B_1 的含量比其他肉类要多，而牛肉中叶酸的含量则又比猪肉和羊肉高。此外，动物的肝脏中，几乎各种维生素含量都很高。

（5）浸出物　浸出物是指除蛋白质、盐类、维生素外能溶于水的浸出性物质，包括含氮浸出物和无氮浸出物。含氮浸出物为非蛋白质的含氮物质，如游离氨基酸、磷酸肌酸、肌苷、尿素、ATP等。这些物质为肉滋味的主要来源，如磷酸肌酸分解成肌酸，肌酸在酸性条件下加热形成肌酐，可增强肉的风味。无氮浸出物包括碳水化合物和有机酸。

（6）水　水是肉中含量最多的组成成分，不同组织水分含量差异很大，肌肉含水70%，皮肤为60%，骨骼为12%~15%。肉中水分含量及其持水性能直接影响到肉及肉制品的组织状态、品质，甚至风味。肉中的水分存在形式大致可分为以下三种：①结合水，约占水分总量的5%，由肌肉蛋白质亲水基所吸引的水分子形成一紧密结合的水层；②不易流动水，肌肉中80%水分是以不易流动水的状态存在于纤丝、肌原纤维及肌细胞膜之间；③自由水，存在于细胞外间隙中能自由流动的水，约占总水分15%。肉中水的不同存在形式见图6-7。

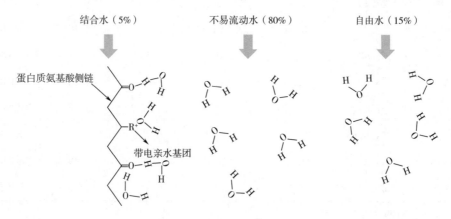

图6-7　肉中水的存在形式

3. 肉的物理性质

（1）肉的颜色　肉的颜色对肉的营养价值并无多大影响，但在某种程度上影响食欲和商品价值。肉的颜色是由肌肉中所含肌红蛋白和血红蛋白产生的。肌红蛋白为肉自身的色素蛋白，肉的深浅与其含量多少有关。肌红蛋白本身为紫红色，与氧结合可生成氧合肌红蛋白，为鲜红色，是新鲜肉的特征。肌红蛋白与氧合肌红蛋白均可以被氧化成高铁肌红蛋白，呈褐色，使肉色变暗。肌红蛋白、氧合肌红蛋白和高铁肌红蛋白之间的转换见图6-8。

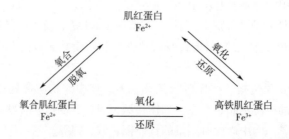

图6-8　肌红蛋白、氧合肌红蛋白和高铁肌红蛋白之间的转换

（2）肉的风味 肉的风味大多通过烹调后产生，生肉一般只有咸味、金属味和血腥味。当肉加热后，前体物质反应生成各种呈味物质，赋予肉滋味和香味。这些物质主要是通过美拉德反应、脂质氧化和一些物质的热降解这三种途径形成。肉的风味由肉的滋味和香味组合而成，滋味的呈味物质是非挥发性的，主要靠人的舌面味蕾感觉，经神经传导到大脑反映出味感；香味的呈味物质主要是挥发性的芳香物质，主要靠人的嗅觉细胞感受，经神经传导到大脑产生芳香感觉。如果是异味物，则会产生厌恶感和臭味的感觉。

（3）肉的嫩度 嫩度是肉的主要食用品质之一，是指肉在咀嚼或切割时所需的剪切力，表明了肉在被咀嚼时柔软、多汁和容易嚼烂的程度。大部分肉经加热蒸煮后，肉的嫩度有很大改善，并使肉的品质有较大变化。但牛肉在加热时一般是硬度增加。如图6-9所示，随着熟制温度的升高，牛排的剪切力呈现上升的趋势，表明牛排嫩度的下降，这可能是加热过程中肌纤维蛋白和胶原蛋白变性所致。

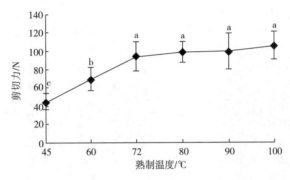

图6-9 不同熟制温度下牛排剪切力的变化

资料来源：郎玉苗，谢鹏，李敬，等，2015.

（4）肉的保水性 肉的保水性是一项重要的肉质性状，它不仅影响肉的色香味、营养成分、多汁性、嫩度等食用品质，而且有着重要的经济价值。肉的保水性是指肌肉在压力、切碎、冷冻、解冻、贮藏、加工等外力作用下，其保持原有水分与添加水分的能力。影响肉的保水性的最主要因素有pH、空间效应、加热和盐。

（二）乳的组成及特性

以牛乳为例，介绍乳的组成及特性。

1. 乳的组成及其分散体系

（1）乳的组成 乳是哺乳动物分娩后由乳腺分泌的一种白色成微黄色的不透明液体，其中至少含有上百种化学成分，主要包括水分、脂肪、蛋白质、乳糖、无机盐类、维生素、酶类及气体等。牛乳的基本组成见表6-9。

表6-9　　　　　　　　　　　　　牛乳的基本组成

项目	成分					
	水分	总乳固体	脂肪	蛋白质	乳糖	无机盐
变化范围/%	85.5~89.5	10.5~14.5	2.5~6.0	2.9~5.0	3.6~5.5	0.6~0.9
平均值/%	87.5	13.0	4.0	3.4	4.8	0.8

（2）乳的分散体系 牛乳是一种复杂的胶体分散体系，分散体系中的分散剂是水，分散质有脂肪、蛋白质、乳糖、无机盐等。牛乳在常温下呈液态的微小球状分散在乳中，球的直径平均在 $3\mu m$ 左右。分散在牛乳中的酪蛋白颗粒，其粒子大小大部分为 $5\sim15nm$，乳白蛋白的粒子为 $1.5\sim5nm$，乳球蛋白的粒子为 $2\sim3nm$，这些蛋白质都以乳胶体状态分散。牛乳的分散体系见二维码 6-3。

2. 乳中化学成分的性质

（1）乳脂肪 乳脂肪是乳的主要成分之一。在乳中的平均含量为 $3\%\sim5\%$，对乳的风味起重要作用。乳脂肪中的 $98\%\sim99\%$ 是甘油三酯。牛乳脂肪为短链和中链脂肪酸，熔点低于人的体温，仅为 $34.5℃$，且脂肪球颗粒小，呈高度乳化状态，所以极易消化吸收。乳脂肪还含有人类必需的脂肪酸和磷脂，也是脂溶性维生素的重要来源。乳脂肪球及其脂肪球膜结构见图 6-10。

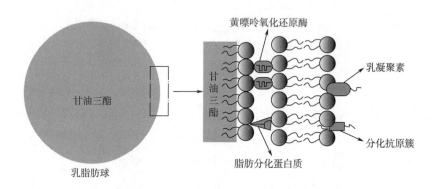

图 6-10 乳脂肪球及其脂肪球膜结构

（2）乳蛋白质 牛乳中含有 $3.0\%\sim3.5\%$ 乳蛋白，占牛乳含氮化合物的 95%，还有 5% 为非蛋白态含氮化合物，牛乳中的蛋白质可分为酪蛋白和乳清蛋白两大类，另外还有少量脂肪球膜蛋白质。酪蛋白占乳蛋白总量的 $80\%\sim82\%$，乳中的酪蛋白与钙结合生成酪蛋白酸钙，再与胶体状的磷酸钙结合形成酪蛋白酸磷酸钙复合体，以微胶粒的形式存在于牛乳中，大体呈球形（图6-11）。乳清蛋白是指溶解于乳清中的蛋白质，占乳蛋白的 $18\%\sim20\%$，可分为热稳定和热不稳定的乳清蛋白两部分。热不稳定的乳清蛋白是指调节乳清 pH $4.6\sim4.7$ 时，煮沸 20min 发生沉淀的一类蛋白质，约占乳清蛋白的 81%。热稳定的乳清蛋白约占乳清蛋白质的 19%。除蛋白质外，牛乳的含氮物中还有非蛋白态的氮化物，包

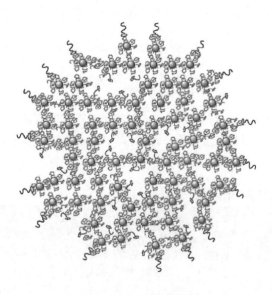

图 6-11 酪蛋白微胶粒结构

括氨基酸、尿素、肌酸及叶绿素等。

（3）乳糖　乳糖是哺乳动物乳汁中特有的糖类。牛乳中含有乳糖4.6%~4.7%，全部为溶解状态。乳的甜味主要由乳糖引起的，其甜度约为蔗糖的1/6。乳糖水解后产生的半乳糖是形成脑神经中重要成分的主要来源，有利于婴儿的脑及神经组织发育。一部分人随着年龄的增长，消化道内缺乏乳糖酶，不能分解和吸收乳糖，饮用牛乳后会出现呕吐、腹胀、腹泻等不适应症，称其为乳糖不耐症。在乳品加工中使用乳糖酶，将乳中的乳糖分解为葡萄糖和半乳糖，或利用乳酸菌将乳糖转化为乳酸，不仅可预防乳糖不耐症，而且可以提高乳糖的消化吸收率，改善制品风味。

（4）乳中的无机盐　乳中的无机盐也称为矿物质，主要有磷、钙、镁、氯、钠、硫、钾等。牛乳中的盐类虽然很少，但对乳品加工，特别是对热稳定性起着重要的作用。牛乳中的盐类平衡，特别是钙、镁等阳离子与磷酸、柠檬酸等阴离子之间的平衡，对于牛乳的稳定性具有非常重要的意义。

（5）乳中的维生素　牛乳中几乎含有所有维生素，包括脂溶性维生素A、维生素D、维生素E、维生素K和水溶性的维生素B_1、维生素B_2、维生素B_6、维生素B_{12}、维生素C等两大类。

（6）乳中的酶类　乳中的酶类有很多种，但与乳品生产有密切关系的主要有脂酶、磷酸酶、蛋白酶和乳糖酶。牛乳在脂酶的作用下水解产生游离脂肪酸，从而使牛乳带上脂肪分解的酸败气味。牛乳中的蛋白酶能分解蛋白质生成氨基酸。乳糖酶起着催化分解乳糖形成葡萄糖和半乳糖的作用。

（7）乳中的其他成分　除含有上述成分外，乳中还含有少量的有机酸、气体、色素、细胞成分、风味成分及激素等。

3. 乳的物理性质

（1）乳的色泽　新鲜正常的牛乳呈不透明的乳白色或稍带些黄色。乳白色是乳的基本色调，这是由于乳中的酪蛋白酸钙–磷酸钙胶粒及脂肪球等微粒对光的不规则反射的结果。牛乳中的脂溶性胡萝卜素和叶黄素使乳略带淡黄色，而水溶性的核黄素（维生素B_2）使乳清呈荧光性黄绿色。

（2）乳的滋味与气味　乳中含有挥发性脂肪酸及其他挥发性物质，这些物质是牛乳滋味与气味的主要构成成分。这种香味随温度的高低而异，乳经加热后香味浓烈，冷却后减弱。新鲜纯净乳稍带些甜味，这是由于乳中含有乳糖。除甜味外，因乳中含有氯离子，所以稍带咸味。

（3）乳的酸度　刚挤出的新鲜乳若以乳酸度计，酸度为0.15%~0.18%（16~18°T），固有酸度或自然酸度主要由乳中的蛋白质、柠檬酸盐、磷酸盐及二氧化碳等酸性物质所造成。乳在微生物作用下发生乳酸发酵，导致乳的酸度逐渐升高。由于发酵产酸而升高的这部分酸度称为发酵酸度。固有酸度和发酵酸度之和称为总酸度。一般情况下，乳品工业中测定的酸度是指总酸度。

（4）乳的相对密度和密度　15℃时，正常乳的相对密度平均为1.032g/cm³；在20℃时，正常乳的密度平均为1.030g/cm³。在同温度下，乳的密度较相对密度小0.0019g/cm³，乳品生产中常以0.002g/cm³的差数进行换算；密度受温度影响，温度每升高或降低1℃，实测值就减少或增加0.002g/cm³。

（5）乳的黏度 牛乳的黏度随温度升高而降低。在乳的成分中，脂肪及蛋白质对黏度的影响最显著。在一般正常的牛乳成分范围内，非脂乳固体含量一定时，随着含脂率的增高，牛乳的黏度也增高；当含脂率一定时，随着乳固体的含量增高，黏度也增高。

（三）禽蛋的组成及特性

1. 禽蛋的组成

虽然各种禽蛋的大小不同，但其基本结构是大致相同的。禽蛋由蛋壳、蛋白和蛋黄三部分组成，各部分有其不同的形态结构和生理功能。禽蛋及其构造见图6-12。

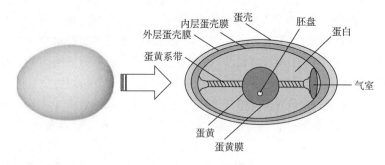

图6-12　禽蛋及其构造

蛋壳包括外层蛋壳膜、石灰质蛋壳和内层蛋壳膜三部分。蛋壳具有固定禽蛋形状并起保护蛋白、蛋黄的作用，占蛋重的12%左右。蛋壳表面有许多肉眼看不见的微小气孔，且分布不均匀，这些气孔是蛋进行气体代谢的通道，且对蛋品加工有一定的作用。

蛋白又称蛋清，是一种胶体物质，占蛋重的45%~60%，颜色为微黄色。蛋白由外向内的结构是：第一层为外稀蛋白层，贴附在蛋白膜上，占整个蛋白的23.3%；第二层为外浓蛋白层，约占57.2%；第三层为内稀蛋白层，约占16.8%；第四层为内浓蛋白层，为一薄层。

蛋黄是蛋中最富有营养的部分，位于蛋的中央，呈球状。包在蛋黄外周的一层透明薄膜称为蛋黄膜，其韧性随存放时间的增加而减弱，稍遇震荡即行破裂，成为散黄。蛋黄中的脂质占30%，主要以甘油三酯为主的中性脂质。蛋黄中的蛋白质大部分为脂质蛋白质，蛋黄中的碳水化合物以葡萄糖为主，另外，蛋黄中含有较多的色素，所以蛋黄呈黄色或橙黄色。不同禽蛋的组成成分见表6-10。

表6-10　　　　　　　　　　　　　不同禽蛋的组成成分

种类	水分/%	固形物/%	蛋白质/%	脂肪/%	灰分/%	碳水化合物/%
鸡全蛋	72.5	27.5	13.3	11.6	1.1	1.5
鸭全蛋	70.8	29.2	12.8	15.0	1.1	0.3
鹅全蛋	69.5	30.5	13.8	14.4	0.7	1.6
鸽蛋	76.8	23.2	13.4	8.7	1.1	—
火鸡蛋	73.7	25.7	13.4	11.4	0.9	—
鹌鹑蛋	67.49	32.27	16.64	14.4	1.203	—

资料来源：靳烨，2013.

2. 禽蛋的加工特性

（1）凝胶性 禽蛋在受热、盐、酸或碱及机械作用下则会发生凝固，由流体变成固体或半固体状态，这是蛋白质分子结构发生变化的结果。蛋的凝固又称凝胶化，是蛋白质的重要特性。

（2）起泡性 当搅打蛋白时，空气进入并被包在蛋白液中形成气泡。在起泡过程中，气泡逐渐由大变小，且数目增多，最后失去流动性，通过加热实质固定。利用蛋白的起泡性，可以用来制作蛋糕等产品。

（3）乳化性 蛋黄中含有丰富的卵磷脂，所以具有优良的乳化性。蛋黄的乳化性对蛋黄酱、色拉调味料和起酥油面团等的制作有非常重要的意义。蛋黄的乳化性受加工方法及其他因素的影响。其中，温度是一个重要影响因素。例如，在制作蛋黄酱时，用凉蛋乳化效果不好，一般以 16~18℃ 的温度比较适宜，温度超过 30℃ 又会由于过热使粒子黏结在一起而降低蛋黄酱的质量。

四、 水产类食品原料

1. 水产食品原料的种类

水产品原料是指具有一定经济价值和一些可供食用的、生活于海洋和内陆水域的生物种类。水产品原料范围极为广泛，按照生物学特征，可分为动物性原料和植物性原料。动物性原料有鱼类、软体动物、甲壳动物、棘皮动物、腔肠动物和爬行动物。植物性原料主要为藻类。

2. 水产食品原料的组成

（1）蛋白质 蛋白质是组成水产动物肌肉的主要成分，一般鱼肉含有 15%~22% 的粗蛋白质，虾、蟹类与鱼类大致相同，贝类含量较低，为 8%~15%，鱼类和虾、蟹类的蛋白质含量与牛肉、半肥瘦的猪肉、羊肉相近，因此，水产品是一种高蛋白、低脂肪和低热量食物。鱼贝类蛋白质含有的必需氨基酸的种类、数量均一平衡。它们的第一限制氨基酸大多是含硫氨基酸，少数是缬氨酸，鱼类蛋白质的赖氨酸含量特别高。因此，对于以米、面为主食的人群而言，在膳食中适当摄入鱼类，可以有效避免氨基酸的缺乏或不足。

（2）脂肪 鱼贝类的脂肪含量较少，而且多由不饱和脂肪酸组成。鱼贝类中的脂肪酸大都是 $C_{14}~C_{20}$ 的脂肪酸，其脂肪酸不饱和程度较高。鱼贝类脂质的特征之一是富含 $n-3$ 系的多不饱和脂肪酸（PUFA），如二十碳五烯酸（EPA）、二十二碳六烯酸（DHA），它们在降低血压、胆固醇、防治心血管疾病方面的生理活性逐步被人们认识，大大提高了鱼贝类的利用价值。

（3）碳水化合物 鱼贝类组织中含有的碳水化合物主要是糖原和黏多糖，也有单糖、二糖。鱼类组织中是将糖原和脂肪共同作为能源来储存的，而贝类特别是双壳贝却以糖原作为主要能源储存，所以贝类的糖原含量高于鱼肉。

（4）矿物质 鱼贝类中的矿物质是以化合物和盐溶液的形式存在，主要有钾、钠、钙、磷、铁、锌、铜、硒、碘、氟等人体需要的常量和微量元素，含量一般较畜肉高。

（5）维生素 鱼贝类的可食部分含有多种人体所需要的维生素，包括脂溶性维生素 A、维生素 D、维生素 E 和水溶性 B 族维生素和维生素 C，含量的多少依种类和部位而异。维生素一般集中在肝脏，可供制作鱼肝油制剂。

（6）呈味物质 鱼贝类的呈味物质主要有游离氨基酸、低分子肽及其核苷酸关联化合物、有机盐基化合物、有机酸等。其中，鱼类呈鲜味的是谷氨酸和肌苷酸。各种鱼有其自身特有的呈味特征是因为其各自的呈味成分的组成不同，对鲜味起到不同作用。

3. 水产食品原料的特性

以鱼类为例介绍。

（1）易腐性　鱼类易于腐败变质的原因有两个：一是原料的捕获与处理方式；二是其组织、肉质的脆弱和柔软性。鱼类捕获后，很少立即进行原料处理，而是带着易于腐败的内脏、鳃等运输和销售。鱼类的肌肉组织水分含量高，肌基质蛋白较少，脂肪含量低，表面组织脆弱，鳞片易于脱落，容易受损而遭细菌侵入。

（2）凝胶性　凝胶的形成是鱼肉凝胶化特性指标，其强弱决定了鱼糜制品（如鱼糕、鱼丸、鱼香肠）弹性的强弱。一般来说，海洋白肉鱼绝大部分凝胶形成能力强，淡水鱼绝大部分凝胶形成能力弱。

（3）呈味特性　鱼肉中含有十分丰富的游离型呈味成分，往往可用水或热水抽提而得到，这些呈味成分包括呈鲜味的谷氨酸或鲜味增效物 IMP 及 GMP，呈甜味的甘氨酸、脯氨酸、丙氨酸及氧化三甲胺，呈苦味的精氨酸、甲硫氨酸及缬氨酸，以及对呈味具有重要贡献的有机酸和 Na^+、K^+、Cl^-、PO_4^{3-} 等无机成分。

第二节　各类食品加工工艺

一、粮油类食品加工

尽管世界各国的饮食文化千差万别，但是大多数国家和地区的人们日常饮食中都离不开以小麦、大米等为代表的粮谷类食品原料。因此，也可以说，粮谷类食品原料为人类生存提供最基本的物质来源。作为影响国计民生的大宗农产品，粮谷类食品原料在许多国家都被视为重要的战略物资，其重要性可见一斑。随着食品加工技术日新月异的发展，粮谷类食品的生产和加工也朝着多样化、营养化、健康化、便捷化、优质化的方向转变。

常见的粮谷类加工食品有面包、饼干和糕点等，此类食品方便携带、应时适口，是人们生活中经常食用的一类食品。在欧美等发达国家和地区，面包几乎占据了主食的 2/3，是人们日常饮食中主食的主要来源。按照生产工艺，可将面包分为主食面包、点心面包、硬质面包等。制作面包的原辅料主要为：面粉、酵母、油脂、盐、水、糖、表面活性剂、氧化剂等，这些成分在面包的生产中各司其职，它们各自发挥的作用如下：面粉的主要作用是形成持气性的具有一定黏弹性的面团结构；酵母主要将发酵的碳水化合物转化为二氧化碳和乙醇，二氧化碳能使面团起发，进而有利于生产出质地柔软、结构膨松的面包；油脂可以使面包维持持久的柔软质地和绝佳的口感；盐能增强面团的筋力，且可以赋予面团一定的流变学特性；水起到溶剂和增塑剂的作用；表面活性剂可以提高面团的持水能力，有助于增强面团的机械可操作性；氧化剂可以增加面团的筋力，使面包保持较好的组织结构。目前，二次发酵法是普遍采用的生产面包的工艺（图 6-13），其主要操作流程为：首先，将一部分面粉、水以及全部酵母进行混合直到形成疏松的面团；经过 3~5h 的发酵后，加入剩余的原料，二次混合后，揉和成成熟面团；静置醒发，分割，成型装盘；最后，通过焙烤制成成品面包。

经过二次发酵法生产的面包，一般呈细微的海绵状结构，兼具柔软的质地和良好的风味，且产品质量不易受到外界条件的影响。

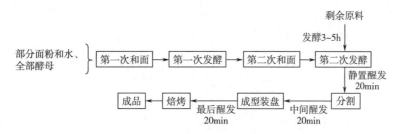

图6-13　二次发酵法生产面包的加工工艺流程

　　据史料记载，饼干最早在古埃及出现。现代的饼干产业则诞生在英国，19世纪的英国航海技术十分发达，在漫长的航海途中，面包因其含水量较高而不适合长期储存，所以人们发明了含水量较低的"面包"，这就是饼干。饼干具有酥松的口感、丰富的营养，便于贮藏和携带，已经成为居家、旅行等常备的一种重要的主食品。饼干的种类繁多，分类方法也不少。目前，饼干主要有两种分类方法，一是根据原料配比进行分类，二是根据成型方法以及油脂和砂糖用量的范围来分类。按照原料的配比不同，可将饼干分为粗饼干、韧性饼干、酥性饼干、甜酥性饼干和苏打饼干五大类。不同的成型方法中规定了不同的油脂和砂糖的用量范围，按照成型方法以及油脂和砂糖用量的范围，饼干又可分为苏打饼干、冲印硬饼干、烙印饼干、冲印酥性饼干和挤条饼干五大类。GB/T 20980—2021《饼干质量通则》将饼干分为酥性饼干、韧性饼干、发酵饼干、压缩饼干、曲奇饼干、夹心（或注心）饼干、威化饼干、蛋圆饼干、蛋卷、煎饼、装饰饼干、水泡饼干、其他饼干共13种。与面包制作所需的原辅料类似，在饼干的生产加工中，同样需要加入面粉、油脂、水以及各种食品添加剂（如疏松剂、乳化剂、抗氧化剂等）。面粉作为制作饼干最基本的原料，根据所生产饼干类型，需要选用相应的面粉种类。如制作发酵苏打饼干时，应采用面筋含量高或者中等、面筋弹性强或者适中的面粉；而对于其他类饼干的制作，则应选择面筋弹性中等或者弱、面筋含量较低、延伸性较好的面粉。油脂主要起到提高饼干的酥性，改善产品的风味和口感、调节面团胀润度的作用。疏松剂主要用于控制饼干的疏松程度，调节面筋的弹性。抗氧化剂起到防止油脂氧化，延长饼干保质期的作用。乳化剂则有利于脂肪的均匀混合，能降低黏度，还可以增加饼干的酥松性、增强色泽，延长饼干的保质期。以韧性饼干为例，其加工工艺流程见图6-14。

　　糕点是以面粉、油脂、食糖等作为主要原料，以蛋品、乳品、果仁等作为主要辅料，经过调制、成型、熟制加工而制成的一种营养丰富、造型精美、口感美妙的一种方便食品。据考证，我国糕点生产具有十分悠久的历史，距今已有4000多年，糕点的制作工艺中蕴藏着我国劳动人民的聪明才智。随着国际交往的日益密切，我国也陆续引进了不少西式糕点的生产线，使得市场上的糕点品种更加多样，消费者的选择性也变得更多。目前对于糕点的分类并没有形成一个统一的方法，是因为某些面包、饼干也属于糕点的范畴。按照生产区域的不同，一般可将糕点分为两类，一类为中式糕点，另一类为西式糕点。中式糕点与西式糕点之间的主要差异：①在配料上，中式糕点以面粉为主要原料，以油脂、食糖、蛋品、果仁等作为辅料；而西式糕点面粉用量比中式糕点低，且乳品、食糖和蛋品在辅料中占比较大；②在

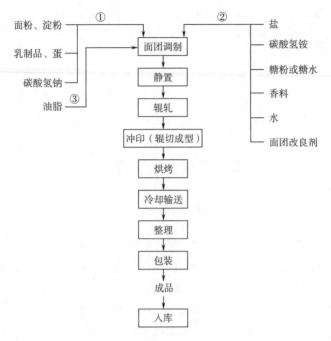

面粉、淀粉 ①

乳制品、蛋

碳酸氢钠

油脂 ③

② 盐

碳酸氢铵

糖粉或糖水

香料

水

面团改良剂

面团调制

静置

辊轧

冲印（辊切成型）

烘烤

冷却输送

整理

包装

成品

入库

图 6-14　韧性饼干加工工艺流程

注：图中标注①②③为投料顺序。

工艺方面，中式糕点的加工一般经过制皮、包馅、成型、烘烤、油炸等工序，图案点缀不多；而西式糕点则以夹馅、挤糊、挤花为主，图案装饰较多；③在风味上，中式糕点多以香味、甜味、咸味为主，而西式糕点中奶油、食糖、蛋品的风味比较明显。按照产品特性，可分将中式糕点为酥皮类、蛋糕类、浆皮类、油炸类等，西式糕点可分为奶油清酥类、奶油混酥类、茶酥类等。糕点的制作工艺通常包括面团的调制、馅料的制作、糖膏和油膏的调制、糕点成型、熟制加工、熬浆和挂浆、冷却、包装。

面团调制指的是将面粉或者米粉与油脂、蛋品、食糖、水等经过调和而成的适用于糕点加工的面团，它是糕点制作中的一道非常重要的步骤，与产品的品质具有密切联系。胀润、糊化、吸附和黏结是面团形成的常见方式。馅料又称为馅心，一般占糕点质量的 40% ~ 45%，馅料的种类和制作方法对成品的品种和风味产生很大的影响。从口感上来分类，馅料可分为甜馅、咸馅以及咸甜馅。馅料的制作方法一般有炒制和拌制两种，炒制馅是指将面粉与其他原料通过加热炒制而成的馅料，而拌制馅是熟面粉与其他辅料经过拌合而成的馅料。糖膏和油膏的调制是为了使糕点的外部美观，同时改良产品风味。糕点成型的方式较多，主要有手工成型、印模成型和机械成型三种。糕点的熟制工艺包括油炸、蒸煮、烘烤等，在实际生产中，应根据产品的要求，选择合适的熟制方式，只要成熟的方法适当，且工艺条件合理，就可以生产出优质的糕点。对于油炸类糕点，还需要进行熬浆和挂浆的处理。熟制完毕的糕点需要经过冷却处理，从而使产品维持良好的形状，同时可以避免糕点的霉变。在包装时，需要根据不同产品的性质，选择相应的包装材料。

二、　果蔬类食品加工

果蔬类食品主要有果蔬汁饮料、果蔬干、果蔬蜜饯等，它们的加工工艺各异。果蔬汁饮料是以新鲜果蔬作为主要原料，经过压榨、浸提等物理方法提取而得到的汁液，或者以该汁液为原料，加入水、食糖、香精等配料加工而成的食品。果蔬类饮料富含维生素、矿物质、膳食纤维等，不仅具有普通软饮料良好的口感，还对调节生理机能、维持肠道功能等起到一定作用。按照外观形态，可将果蔬汁饮料分为澄清型果蔬汁饮料和混浊型果蔬汁饮料两大类。其中，澄清型果蔬汁饮料在其保存期内都具有良好的澄清性和透明度，而混浊型果蔬汁饮料因含有一定的果肉而呈现混浊样。在风味方面，澄清型果蔬汁饮料的口感清爽，而混浊型果蔬汁饮料的味道浓厚。在此以澄清型果蔬汁的加工为例，介绍果蔬汁饮料的加工工艺。澄清型果蔬汁的加工工艺（图6-15）一般包括原料的清洗、挑拣和分级、预处理、榨汁、果汁澄清、过滤、调和、脱气、杀菌和罐装。在原料选择方面，应当选用汁液丰富、色泽鲜艳、芳香浓郁、酸甜适中、风味纯正的健康品种作为原料。果蔬在生长、成熟、运输等过程中很容易被外界环境污染，其表面通常含有一定数量的尘土、微生物、残留的农药等，因此在加工果蔬汁之前必须对原料进行充分清洗，以最大程度减少杂质进入果汁。果蔬清洗的方式主要为喷水清洗或者流动水清洗，对于农药残留较多的果蔬，可采用稀酸溶液或洗涤剂处理后再用清水冲洗。榨汁是果蔬饮料生产的重要步骤，大多数果蔬都可以通过压榨法来制汁，少数难以通过压榨法获取果汁的果实可通过加水浸提的方式进行制汁。在制作澄清型果蔬饮料时，必须通过物理或化学方式除去果蔬汁中含有的混浊的或者容易导致混浊的悬浮物和胶粒，如在榨汁过程中混入到果蔬汁中的细胞碎片、酚类物质和其他物质反应产生的悬浮物，它们的存在会导致果汁的品质和稳定性的下降。常见的物理澄清方法有吸附澄清法、超滤澄清法、冷冻澄清法、加热凝聚澄清法；常见的化学澄清法有明胶单宁澄清法、壳聚糖澄清法、酶澄清法等。杀菌的目的是改良果蔬汁饮料的风味和口感、提高营养成分的可利用率和可消化性以及延长果汁的保质期。目前，果蔬饮料的杀菌方式以热杀菌为主，热杀菌的方法有常压杀菌、高温杀菌和超高温杀菌等。在果蔬汁饮料的罐装密封方式方面，目前有热罐装和冷罐装两种方式，其中，热罐装能实现高效和节能的效果，而冷罐装又包括常温罐装和无菌冷罐装。

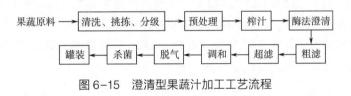

图6-15 澄清型果蔬汁加工工艺流程

果蔬的干制是通过除去果蔬中的一定水分，同时将可溶性物质的浓度提高到微生物难以利用的程度的一种加工方法，经该方法制成的产品称为果蔬干。果蔬干的风味良好，易于携带，保存期长，深受消费者的欢迎。常见的果蔬干制品有苹果干、芒果干、葡萄干等。果蔬干的制作工艺包括原料选择、原料的处理、干制。用于制作果品干的原料应当含有较多的干物质，较低的纤维素含量，风味良好；用于制作蔬菜干的原料应当具有厚实的肉质、致密的组织、较低的粗纤维含量等。大多果蔬干的制作中，原料的处理一般有清洗、去皮（去核）、切片等。果蔬干的干制方法主要有自然干燥法和人工干燥法。

果蔬蜜饯是以果蔬作为主要原料，经过食糖或蜂蜜腌制加工而成的一类产品，其含有易被人体吸收的转化糖和丰富的果酸、矿物质、维生素C等，不仅能给消费者带来酸甜可口的味觉享受，还能提供较高的营养价值。果蔬蜜饯的加工中，食糖（白砂糖、饴糖、淀粉糖浆、果葡糖浆等）、甜味剂（山梨糖醇、甘露糖醇、麦芽糖醇、木糖醇等）、酸味剂（主要为有机酸，如柠檬酸、酒石酸、苹果酸等）、二氧化硫、防腐剂（苯甲酸钠、山梨酸钾等）、着色剂（苋菜红、胭脂红、赤藓红等）等是常见的辅料。果蔬蜜饯的加工工艺包括原料的选择、去皮、切分、硬化处理、硫化处理、染色、腌制、加糖煮制、烘干和包装。

三、畜产类食品加工

（一）畜产食品分类

畜产类食品的种类繁多，主要包括肉制品、乳制品和蛋制品。肉制品是指以畜禽肉或者其可食的副产物为主要原料，添加或者不添加辅料，经过腌制、卤煮、熏烤、油炸、发酵、烘焙等加工工艺制成的产品。按照肉制品加工工艺的不同，GB/T 26604—2011《肉制品分类》将肉制品分为：腌腊肉制品、酱卤肉制品、熏烧焙烤肉制品、干肉制品、油炸肉制品、肠类肉制品、火腿肉制品、调理肉制品和其他类肉制品共9大类。按照加工温度的不同，肉制品又分为高温肉制品和低温肉制品2大类。其中，高温肉制品的加工温度为121℃，因其消毒彻底，在常温下一般可以保存3~6个月的时间；而低温肉制品的加工的中心温度为70℃左右，因其杀菌温度较低，所以保质期较短，且需要进行冷链运输和销售。按照生产地域和加工工艺的不同，肉制品又可分为中式肉制品和西式肉制品。中式肉制品是指通过酱卤、烘烤等传统工艺在较高温度（高于95℃）下加工而成的产品，主要有中式火腿、中式香肠、腌腊制品等。西式肉制品一般经过原料肉的解冻、盐水注射、真空滚揉、腌制、蒸煮、包装、杀菌等过程，主要产品有火腿肠、蒸煮肠、盐水火腿等。

（二）中式肉制品

中式肉制品中，火腿是一类极具特色的产品，其生产加工具有悠久的历史，是我国传统名特肉制品，较为著名的品种有金华火腿、宣威火腿、如皋火腿等，而金华火腿最为有名。下面以金华火腿作为代表，介绍火腿的加工工艺。金华火腿的传统加工工艺一般由原料的选择、原料的修整、腌制、浸腿、洗腿、整形、发酵、堆叠等工序组成（图6-16）。在原料的选择方面，应选用皮薄爪细、肌肉色泽鲜红、脂肪含量低、瘦肉比例高的新鲜猪腿。腌制是制作金华火腿关键的工序，腌制的温度、湿度、时间、加盐量和加盐操作都有严格的要求，从而保证火腿具有良好的品质。

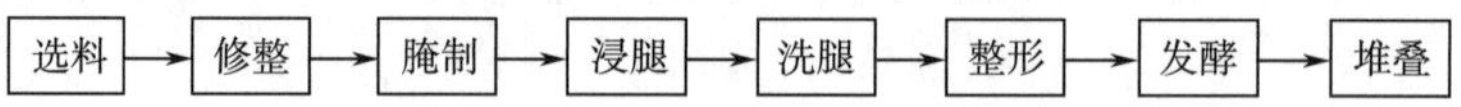

选料 → 修整 → 腌制 → 浸腿 → 洗腿 → 整形 → 发酵 → 堆叠

图6-16　金华火腿的加工工艺流程

（三）西式肉制品

西式肉制品中，以香肠类产品最为常见。香肠是指原料肉经过绞碎、斩拌、乳化并添加调味料、香辛料或填充料，充入肠衣内，再经过蒸煮、烟熏、烘烤等工序加工制成的肉制品。香肠类肉制品的品种繁多，主要分为生鲜香肠、生熏肠、熟熏肠和干制、半干制香肠4大类。生鲜香肠是指新鲜原料肉不经过腌制处理，绞碎后加入香辛料、调味料充填到肠衣中加工而成。生熏肠的加工中需要经过烟熏处理但是不进行熟制工序。熟熏肠是原料肉经过腌制、绞碎、斩拌、熟制、烟熏处理加工而成的产品。半干香肠以猪肉和牛肉为主要原料，经过熏制和蒸煮得到，而干制香肠是由猪肉制成，并且不经过熏制或煮制处理。西式香肠制品的加工工艺（图 6-17）一般包括原料肉的选择、初加工、腌制、绞碎、斩拌、灌制、烘烤、熟制、烟熏、冷却的环节。原料肉应是健康卫生的肉，初加工包括原料肉的修整、剔骨、除污等。在香肠的加工中，斩拌是非常重要的步骤，斩拌的目的是使脂肪充分乳化，进而保证产品良好的品质。

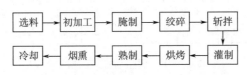

图 6-17　西式香肠制品的加工工艺流程

（四）乳制品

乳制品包括液体乳、乳粉、干酪等。液体乳是指以生鲜牛乳为主要原料，不添加或添加辅料，经巴氏杀菌或灭菌制成的液体产品。液体乳种类繁多，分类方式也较多，一般按照热处理方式、脂肪含量、营养成分或特性进行分类。按照热处理方式不同，可将液体乳分为巴氏杀菌乳、超高温灭菌乳和保持灭菌乳 3 类。按照脂肪含量不同，可将液体乳分为全脂乳、部分脱脂乳和脱脂乳 3 类。根据营养成分或特性的差异，可将液体乳分为纯牛乳、复原乳、调味乳、营养强化乳和含乳饮料 5 类。下面以巴氏杀菌乳（图 6-18）为例，介绍液体乳的加工工艺。巴氏杀菌乳的加工分为原料乳的验收和分级、预处理、标准化、均质、杀菌、冷却、罐装、冷藏、运输共 9 道工序。一般而言，在巴氏杀菌乳的生产过程中，冷却、离心净乳和杀菌是必需环节，大部分国家在生产巴氏杀菌乳时都采用均质的工艺，而当牛乳含有较多空气或产品中存在挥发性异味的情况下，还需要进行脱气处理。

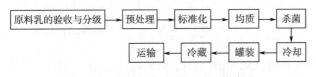

图 6-18　巴氏杀菌乳的加工工艺流程

乳粉是指以生牛乳或生羊乳为主要原料，采用冷冻或加热的方式除去乳中含有的水分，得到干燥的粉末状产品。乳粉保持了新鲜乳中原有的大部分营养成分，而且具有冲调方便，便于运输的优点，因此，乳粉是我国乳制品的重要组成部分。乳粉种类繁多，主要分为全脂乳粉、脱脂乳粉、配制乳粉、速溶乳粉等。乳粉的加工工艺通常包括原料乳的验收、原料乳的预处理和标准化、乳的杀菌、真空浓缩、喷雾干燥、冷却、贮藏、包装。

干酪是以乳、稀奶油、脱脂乳或部分脱脂乳、酪乳或这些产品的混合物为主要原料，经凝乳酶或其他凝乳剂凝乳，并排出乳清制成的新鲜或发酵成熟的产品。GB 5420—2021《食品安全国家标准 干酪》中，将干酪分为成熟干酪、霉菌成熟干酪和未成熟干酪 3 类。成熟干酪是指生产后不能立即食用，需要在一定的温度条件下放置一段时间，以使其发生生化和物理变化，进而产生具有该类干酪特征的干酪。霉菌成熟干酪主要是通过干酪中霉菌的生产作用，促进其成熟的干酪。未成熟干酪是指生产后不久就能食用的干酪。干酪的加工（图 6-19）一般经过原料乳的验收、标准化、原料乳的杀菌和冷却、凝块的形成和处理、搅拌和加热、排除乳清、成型压榨、加盐、干酪的成熟共9道工序。其中，凝块的形成和处理是生产干酪的重要环节，此过程需要凝乳酶的参与。凝乳酶的主要作用是促进乳的凝结，同时为排除乳清创造前提条件。

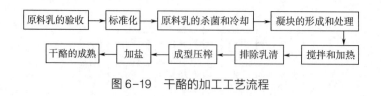

图6-19　干酪的加工工艺流程

（五）蛋制品

蛋制品包括腌制蛋、蛋粉、蛋黄酱等。腌制蛋是指在保持蛋原形的情况下，经过碱、食盐、酒糟等加工处理后制成的蛋制品，主要有皮蛋、咸蛋和槽蛋3种。下面以皮蛋为例，介绍腌制蛋的加工工艺。皮蛋是我国十分有名的蛋制品，成熟的皮蛋，其蛋白一般呈现棕褐色或绿褐色，富有弹性，味道鲜美。皮蛋的加工工艺主要有浸泡包泥法、包泥法和浸泡法3种。这里仅介绍浸泡包泥法生产皮蛋的过程。浸泡包泥法包括原料蛋的选择、辅助材料的选择、料液的配制、装缸与浸泡、成熟期的管理、品质检验、涂泥包糠和装缸贮藏。

蛋粉属于干蛋品，是指通过喷雾干燥方式除去蛋液中的水分制成的粉末状产品，主要有全蛋粉、蛋白粉和蛋黄粉3类。蛋粉的加工工艺（图6-20）主要有蛋液的搅拌过滤、巴氏杀菌、喷雾干燥、筛粉、包装。

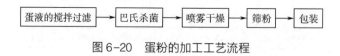

图6-20　蛋粉的加工工艺流程

蛋黄酱是指利用蛋黄的乳化作用，以精制植物油、食醋、蛋黄为基本成分，添加调味料加工而成的一种半固体产品。蛋黄酱中含有丰富的维生素、蛋白质、卵磷脂等，能给人体提供充足的营养。蛋黄酱的加工（图6-21）一般包括原辅料的混合、增黏、搅拌和包装。

图6-21　蛋黄酱的加工工艺流程

四、水产类食品加工

水产类加工食品主要有水产腌制品、水产干制品、鱼糜及其制品等。水产腌制品的腌制方式有干盐渍法、盐水盐渍法、混合盐渍法、低温盐渍法4种。干盐渍法又称为干腌法，是指通过利用鱼体中渗出的水分和干盐形成盐溶液而进行盐渍的方法。盐水盐渍法是将鱼体直接浸入盐溶液中进行腌制的方法。混合盐渍法是将干盐渍法和盐水盐渍法进行结合的方法，主要操作步骤为将表面敷有干盐的鱼体放到底部盛有盐水的容器中，然后以层盐层鱼的方式叠堆放好，在最上层再撒上一层盐，盖上盖板再压上重石进行腌制。低温盐渍法包括冷却盐渍法和冷冻盐渍法，冷却盐渍法是指在低温（0~5℃）条件下进行盐渍的方法，冷冻盐渍法是将鱼体冷冻后再进行盐渍的方法。

水产腌制品的加工工艺包括原料的筛选、原料的清洗和整理、擦盐和塞盐、入池、封盐和压石、成熟、出料。在实际加工中，需要根据不同产品的特性，对具体的工艺进行相应的改进。

水产干制品的方法有自然干燥法、人工干燥法，自然干燥法即是利用天然辐射和风力等进行干燥的方法。人工干燥法一般是通过鼓风干燥法、真空冷冻干燥法、辐射干燥等方式进行干燥的方法。水产干制品的品种繁多，一般可分为生干品、煮干品、盐干品和调味干制品四类。生干品是指原料不经过盐渍、调味、煮制等处理，通过直接干燥制得的水产品，生干品的组织结构保存较完整，营养成分保留程度高，并且具有良好的色泽。煮干品是原料经过煮制后再进行干燥得到的产品。煮干品的色泽好、贮藏时间长、风味佳。盐干品是指经过盐渍和漂洗后再进行干燥制成的产品。调味干制品是指原料经过调味或浸渍后再进行干燥得到的产品。下面以真空冷冻干鱼片为例，介绍水产干制品的加工工艺（图6-22）。真空冷冻干鱼片的加工包括原料的选择、清洗沥水、冻结和一次干燥、检验、回软、压块、二次干燥、去除回软水分、包装。

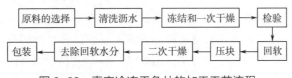

图6-22　真空冷冻干鱼片的加工工艺流程

鱼糜制品是以鱼肉作为主要原料，经过绞碎、加盐擂溃、调味后，再进行煮制、油炸、烘干等加热或者干燥处理制成的具有一定弹性的水产食品。鱼糜制品主要有鱼丸、鱼糕、鱼香肠等。冷冻鱼糜的加工工艺（图6-23）包括原料的解冻、擂溃、成型、加热、冷却。其中，擂溃是生产鱼糜一道十分重要的工序，其目的是使鱼肉形成黏稠状鱼糜，从而保证鱼糜具有良好的弹性。

图6-23　冷冻鱼糜的加工工艺流程

第三节　食品分析与检验

众所周知，食品是人类生存不可或缺的物质来源，食品质量的优劣与否直接影响人们的身体健康，因此，研究与评估食品品质及其变化对控制食品质量尤为重要。食品分析与检验是一门实验性质的学科，主要借助物理、化学、生物化学等学科的基础知识及相关食品标准，通过现代化的仪器、设备和分析方法，对食品中的主要成分、含量、工艺参数等进行分析与检测，以保证能够生产出品质合格、质量过关的食品。

　　食品分析与检验是食品相关专业学生的一门很重要的科目，它不仅能为正确评定食品质量提供可靠技术保障，也有助于开发新类型产品、指导研制新技术及新工艺、增强人们的食品质量安全意识等。可以说，食品分析与检验是保障食品质量的有力工具。

一、 食品分析与检验的内容

　　食品的组成复杂，种类众多，分析目的不同，分析的项目也会有明显差别，因此，食品分析与检验涉及的范围很广泛，主要包括：①食品感官检验；②食品营养成分分析与检验；③食品添加剂分析与检验；④食品中有毒有害物质分析与检验。

（一）食品感官检验

　　所有的食品都具有色、香、味等基本感官属性，优质的食品不仅需要满足人体对营养素、能量的需要，也应带给人们感官上的愉悦和舒适感。食品感官检验是食品质量检测的重要内容之一，能够快速、直接、有效地对食品的感官品质进行评价。感官检验在食品工业中有很广泛的应用，在食品生产、销售、开发等环节，都需要感官检验的参与。所谓食品感官检验，就是指人体使用感觉器官（视觉、听觉、嗅觉、味觉、触觉），对食品的感官特性（外观、质地、口感、风味等）产生感觉后，然后通过大脑对各种感觉信息加以分析，最终形成对食品质量的评价和判断。食品感官检验的方法有很多，在进行感官检验之前，需要明确检验的目的和要求，才能选择出合适的检验方法。目前，常见的感官检验方法有：差别检验法、标度与类别检验法和描述性检验法。图6-24所示为食品感官检验的程序。

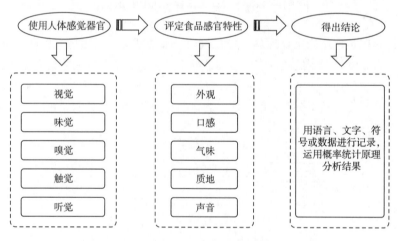

图6-24　食品感官检验的程序

（二）食品营养成分分析与检验

　　食品能满足人体对水分、蛋白质、脂肪、糖类、矿物质、维生素等营养素的需要，但是由于单一食品并不能提供人体所需的全部营养素，在日常饮食中，人们就必须根据个人的身体状况、对营养的需求等，合理选择、搭配不同类型的食品，以获得全面的营养补充，达到平衡膳食的目的。GB 28050—2011《食品安全国家标准　预包装食品营养标签通则》（二维码6-4）中规定食品营养标签应当提供食品中的营养成分表、营养声称等内容，以便于消费者了解食品的营养成分信息。另外，《中国居民膳食指南》中也对人体日常膳食对营养物质的摄入方面提供了参考和建议。鉴于此，明确食品中的营养成分对人们选择食品具有积极的指导作用。此外，在食品生产和制作过程中，从工艺参数的确定到工艺的合理性评价，从生产环节的质量控制到成品品质的监督检测，都与食品中营养成分的分析与检验密切相关。特别是在我国相当一部分的食品标准中，营养指标涉及较少，在注重安全的同时，营养指标越来越受到人们的普遍关注。因此，食品营养成分分析与检验是食品质量检测中的一项十分重要的内容。

二维码 6-4

（三）食品添加剂分析与检验

　　食品的加工制作过程中，有时为了改善食品的色泽、香气、味道和防止食品的腐败变质以及适应加工工艺的需要，添加到食品中的物质，称之为食品添加剂。食品添加剂是食品工业重要的基础原料，对食品的生产工艺、产品质量、安全卫生都起着至关重要的作用。食品添加剂的来源广泛，品类繁多，据不完全统计，目前全世界使用的食品添加剂多达 14000 种，经常使用的有 1000 多种。根据来源的差异，食品添加剂主要分为 2 类，即天然食品添加剂和化学合成食品添加剂。其中，天然食品添加剂是以动植物组织、分泌物以及微生物的代谢产物作为基础原料，通过提取和加工获得，如辣椒红素、番茄红素等都是从植物中提取出来的；化学合成食品添加剂则是利用一些化学方法合成得到的有机物或者无机物。

　　天然食品添加剂一般对人体没有危害作用，但是化学合成食品添加剂在目前使用的添加剂中占据了主导地位。由于化学合成食品添加剂大多具有一定的毒性，食用过量会危及消费者的身体健康。因此，必须规范使用化学合成食品添加剂，从而达到保证食品质量安全，保障人民健康的目的。国家对食品添加剂的使用范围和使用量均做了严格的规定。为了监督在食品生产中合理使用食品添加剂，保证食品的安全性，就必须建立一套完整的食品添加剂分析与检验方法。食品添加剂的测定分析一般包括 2 个步骤，首先需要借助一种或几种分离技术将待检物质从食品中分离出来，再根据待测物质的物化性质选择合适的分析方法。

（四）食品中有毒有害物质分析与检验

　　正常情况下，食品中不应存在有毒有害物质，所谓有毒有害物质，指的是对人体造成生理毒性，食用后会诱发不良反应，危害身体健康的物质。但是，在食品的生产（包括作物种植、收获、畜禽饲养）、加工、运输、销售等过程中，一些有毒有害物质常会混入到食品中去。食品中的有害物质，按照其性质，可分为以下几类：①物理性有害物质，如玻璃、石子、金属等；②生物性有害物质，食品的生产或者贮藏环节的不当操作会导致生物性有害物质（如细菌、霉菌等）的产生；③化学性有害物质，如重金属（如铜、铅、汞、镉、锡、铬等）、农药和兽药残留、贝类毒素等，化学性有害物质一般包括有毒物质。根据来源的不同，可将化学性有害物质分为天然存在化学性有害物质以及人为引入的化学性有害物质两大类。天然存在的化学性有害物质，主要有真菌毒素（肉毒毒素、黄曲霉毒素）、贝类毒素（麻痹性、腹泻型、神经性）、蘑菇毒素、组胺、鱼肉毒素（河豚毒素）等。人为引入的化学性有害物质主要发生在食品生长、加工、包装、运输、销售等环节。例如，在食品原料的生长阶段，过量或者长期施用农药，会导致食品中的农药残留量超过最大残留限量，进而对人体造成危害；此外，不恰当的使用兽药、不遵守休药期的规定、非法使用违禁药物等会导致食品中的兽药残留，人如果长时间食用含兽药的食品，会出现中毒反应。在食品的加工过程中，某些特定的生产工艺会引入有害物质，如在食品腌制的过程，会形成亚硝胺；在烟熏、烤制的过程中，会生成苯并芘。在食品的包装过程中，如果使用不合格的包装材料，这些来自包装材料的有害物质会发生迁移，进而在食品中产生有害物质。可想而知，如果不对食品中有毒有害物质成分加以监督和检验，将会对公共卫生安全和人民身体健康产生严重的不良影响。为此，开展食品中有毒有害物质的分析与检测工作，就成为了食品安全检测领域的重要内容。

二、 食品分析与检验的方法

食品分析与检验的方法主要有：感官检验法、物理分析法、仪器分析法、化学分析法和生物分析法用 5 大类。

（一）感官检验法

感官检验是人体的感官器官（眼、鼻、口、耳等）对食品的质量特征产生感觉（视觉、嗅觉、味觉、听觉等），通过语言、文字、符号、数据等形式进行记录，再使用概率论统计方法分析得出结论，对食品的外观、质地、色泽、口感、风味等质量属性做出评价的方法。食品感官检验是在食品基本理化特性分析的基础上，融合了心理学、生理学、统计学等知识的一种检验方法。该方法在食品质量评估、生产过程控制、新产品开发等方面应用普遍，是从事食品生产经营活动、产品研制与开发等从业者必须熟悉和掌握的一门知识。

因为进行感官评价的主体是人，那些影响人的因素如生理因素、心理因素等都会影响感官评价的结果，此外，外界环境如评价方法、分析环境、辅助器皿等的变化也是感官评价的影响因素。为了保证感官检验的可靠性、准确性以及灵敏性，需要注意以下几点：①根据评价对象的性质以及实验的目的选择正确的感官检验方法；②结合生理因素（年龄、性别、身体特征等）和心理因素（期望、位置、反差或趋向等），选择合适的感官评价人员；③对感官评价的环境如温度、湿度、光线等进行规范要求；④对辅助器皿进行标准化，如在进行酒的感官评价时，就要对酒杯进行标准化要求，是因为酒杯的形状对酒的流向、气味、强度等起决定性作用，进而影响对酒的味道、香度、余韵等的评价。

尽管感官检验方法具有实用性强、灵敏度高、结果可靠等优点，但是其也存在一定的缺陷。例如，感官检验涉及到使用评价者的感觉器官，因此，评价结果的准确性与检验者感觉器官的敏锐程度有关。此外，感官检验的结果也受到检验者主观因素（身体健康状况、行为习惯、文化背景等）以及感官检验环境（温度、湿度、光线等）的影响。考虑到食品感官检验方法的上述不足，在实际的食品分析中，通常需要将感官检验与仪器分析方法相结合，进而得到食品的完整信息。

（二）物理分析法

物理分析法是根据食品的物理性质（如密度、折光度、旋光度等），得出食品中某种组分的含量信息，进而判断食品品质的一种检验方法。物理分析法在食品工业生产中具有广泛的应用。下面介绍物理检验法在食品分析与检验中的案例。

相对密度是物质的重要物理常数，各种液态食品都有其一定的相对密度，当其成分及浓度发生变化时，相对密度也会发生改变。通过测定液状食品的相对密度，可以检验食品的纯度或浓度。例如，正常牛乳在20℃时的相对密度为1.028~1.032，当牛乳掺水时，其相对密度会降低，而脱脂牛乳的相对密度则会升高，所以可通过测定牛乳的相对密度判断其是否为正常乳。正常新鲜鸡蛋的相对密度为 1.05～1.07，可食蛋的相对密度大于 1.025，劣质蛋的相对密度则低于 1.025，因此可根据蛋的相对密度来判断鸡蛋的新鲜与否。液态食品相对密度测定方法见二维码 6-5。需要注意的是，食品的相对密度异常时，即可判断该食品的品质有问题；食品的相对密度正常时，并不能确定该食品是否有质量问题，还需要结合其他分析检验方法，才能做出判断。

二维码 6-5

折光法是通过测定物质的折射率来鉴定物质的组成，确定物质的纯度、浓度，进而判断物质的品质的一种分析方法。折射率反映的是物质的均一程度和纯度。通过测定液态食品的折射率，能鉴别食品的组成和浓度，判断食品的纯度及品质。折射率的测定已用于分析油脂、乳品的品质，测定果汁和饮料中的可溶性固形物含量。例如，每一种脂肪酸都有其特定的折射率，在分子中所含碳原子数目相等的情况下，不饱和脂肪酸的折射率比饱和脂肪酸大得多，且随着不饱和脂肪酸相对分子质量的增加，折射率也越大。由此可通过测定折射率来鉴别油脂的纯度和品质。

某些有机化合物能使偏振光的振动方向旋转一定角度，不同物质旋转的角度和方向不同。化合物具有的这种性质称为该物质的旋光性，旋光法是通过测定物质的旋光度来确定物质含量的分析方法，旋光法可用于糖类、味精、氨基酸的分析以及测定食品中淀粉含量，其特点是准确性和重现性好。图 6-25 是旋光仪的工作原理示意图。

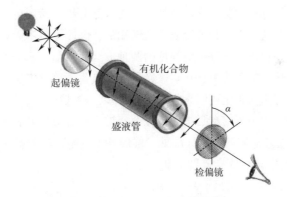

图 6-25　旋光仪的工作原理示意图

（三）仪器分析法

仪器分析法是通过仪器设备测定物质的光学性质、电化学性质等来鉴定组分含量的分析方法，主要包括光学分析法、电化学分析法、色谱分析法和质谱分析法，见图 6-26。光学分析法中有紫外-可见分光光度法、原子吸收分光光度法、荧光分光光度法等，主要用于分析食品中的无机物、碳水化合物、维生素等。电化学分析法有电导分析法、电位分析法等。电导分析法可测定糖类的灰分和水分含量；电位分析法能测定食品中的无机元素、酸根等。色谱分析法是一种新的食品分析与检验技术，常见的有气相色谱法和高效液相色谱法，色谱分析法主要可用来检测食品中的氨基酸、糖类、维生素、农药残留量等。质谱分析法在食品检测中主要与其他分析仪器进行联用，尤其是与气相色谱和液相色谱的联用，主要用于确定样品的相对分子质量和分子结构。

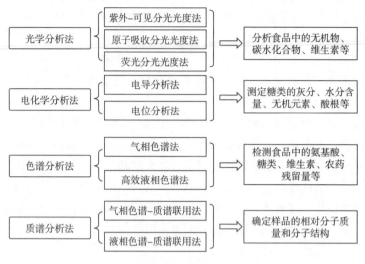

图6-26　常见的仪器分析法

（四）化学分析法

化学分析法作为食品分析的基础，是食品分析与检验最重要的分析方法，它主要是以物质的化学反应作为基础，通过待测物质与反应试剂产生的作用来鉴定组分的含量。一般来说，化学分析包括定性分析和定量分析两种，但在食品分析与检验中，以定量分析为主，是因为对于绝大多数的食品而言，其主要成分是已知的，因此也就不需要再进行定性分析。重量法和滴定法是食品中化学定量分析最常见的两种方法。食品中水分、灰分、脂肪等成分的测定属于重量法的范畴。滴定法主要有酸碱滴定法、氧化还原滴定法、配位滴定法和沉淀滴定法，其中，酸碱滴定法和氧化还原滴定法使用最多，酸碱滴定法可用于酸度、蛋白质的测定，氧化还原滴定法可用于测定食品中的还原糖、维生素 C 等。食品中还原糖的测定标准见二维码6-6，食品中抗坏血酸的测定标准见二维码6-7，食品中总酸的测定标准见二维码6-8，食品中蛋白质的测定标准见二维码6-9。

二维码6-6　　　　　二维码6-7　　　　　二维码6-8　　　　　二维码6-9

（五）生物分析法

目前，在食品分析与检验中应用的生物分析法主要有酶分析法、微生物分析法等。酶作为一种生物催化剂，在生物体内的生化反应中发挥着重要的作用，其专一性强的催化特点赋予酶与底物间反应的"一对一"识别的特性，使酶在复杂的反应体系中排除其他物质干扰，准确的"识别"底物，催化其特有的生化反应。进而能够借助于化学反应的特征对底物的性质加以确认，即定性的分析测定底物。化学反应中的反应速率和产物的量与底物的量相关联，因此通过测定生化反应的反应速率或产物的量就可以定量的分析测定底物。酶分析法是通过酶的反应对物质进行定性和定量的方法，它能从复杂的食品体系中检测某一成分且不易受到其他共存组分的干扰，可用于测定食品中的有机酸、糖类、淀粉等，具有快速、准确、方便等优点。酶分析法在食品分析中的应用实例见表6-11。微生物分析法是利用某些微生物生长需要特定的物质特性为基础进行分析的，具有很高的选择性，已用于食品中维生素、抗生素残留等的分析。

表6-11　　　　　　　　　酶分析法在食品分析中的应用实例

分类		主要种类
食品成分	碳水化合物	葡萄糖、果糖、半乳糖、蔗糖、棉子糖、麦芽糖、甘露糖、淀粉
	有机酸	柠檬酸、异柠檬酸、L-或D-乳酸、甲酸、乙酸、抗坏血酸、苹果酸、丙酮酸
	氨基酸	谷氨酸、天冬氨酸
	醇类	乙醇、木糖醇、甘油酸、山梨酸、胆固醇
	其他成分	乙醛、尿素、肌酸、卵磷脂、焦磷酸、氨
食品添加剂	柠檬酸及其盐类	柠檬酸（结晶或无水）、柠檬酸钠（钙）
	琥珀酸及其盐类	琥珀酸、琥珀酸钠、琥珀酸二钠（结晶、无水）
	乳酸及其盐类	乳酸、乳酸钙、乳酸铁、乳酸钠液
	富马酸及其盐类	富马酸、富马酸钠
	葡萄糖酸及其化合物	葡萄糖酸、葡萄糖酸液、葡萄糖内酯
	L-抗坏血酸及其化合物	L-抗坏血酸、L-抗坏血酸钠、L-抗坏血酸硬脂酸酯

三、　食品分析与检验的发展趋势

随着科学技术的发展，新型食品分析与检验方法不断涌现，食品分析与检验技术也在发生新的变化。如今，其他学科的最新技术已经渗透到食品检测领域，随着新技术的引入，食品工业也在加快推进研发分析速度快、精确度高、准确性好、反应灵敏、自动化程度高的现代食品检测仪器的进程。近些年来，研发的食品检验新技术有近红外光谱技术、拉曼光谱技术、PCR基因扩增技术等。近红外光谱技术能够用于确定物质的组成与结构、组分的含量等，具有测试简单、测试速度快、测试成本低、测试范围广等优点，已用于检测食品中的蛋白质、水分、脂肪等成分的含量，此外，它也可用于检测食品的品质、农业品质育种等。拉曼光谱技术能提供分子的振动或转动的信息，具有操作简便、样品用量少、对样品无损伤等优点，可用于分析食品中营养成分的分析、食品掺假分析、食品农药残留分析等。PCR扩增技术作为一种分子生物学技术，可放大特定的DNA片段，具有特异性强、灵敏度高、快速等优点，已用于食品中致病菌的检测、转基因食品检测等。总之，从定性分析和定量分析技术两方面考虑，未来食品分析与检验将朝着准确、可靠、灵敏、方便、快速、简单、经济、安全，自动化的方向发展。

第四节　食品加工工程

一、概述

食品工业生产的本质是对食品原料进行一系列物理、化学、生物等方面的加工或操作，进而获得成品或者中间产品的过程。在食品的生产中，只有当这些加工操作过程得到有效控制和高效运转，才能使产品的品质、安全性、功能性等得到充分保证。食品加工就是指将食物或原料经过劳动力、机器、能量及科学知识，将它们转变成半成品或可食用的食品的过程。例如，乳粉的生产需要经历原料乳的验收、过滤或净化、标准化、浓缩、喷雾干燥、冷却贮藏、包装等过程，其中，过滤或净化、浓缩、喷雾干燥属于典型的物理加工过程，对成品的获得起到关键作用。实际上，对整个食品工业生产过程来说，物理性质的操作过程都是起着主导作用的。可见，食品工程的理念涉及到食品生产的各个方面，熟悉掌握运用食品工程学原理与方法，对生产品质优良的食品具有重要意义。食品加工工程是一门涵盖热力学、动力学、传质、传热等工程学知识的学科，学习食品加工工程有助于加深对食品生产过程的认识，强化工程实践的意识。

食品加工工程的研究贯穿基本理论和基本方法，在基本理论中，主要是"三传原理"，即动量传递、热量传递和质量传递3个方面的原理；在基本方法中，主要是指与"三传原理"相适应的单元操作方法。单元操作的概念来源于化工行业。在化工产品的生产中，涉及到许多物理操作步骤，如流体输送、搅拌、均质、过滤、离心、蒸发、冷冻、蒸馏、干燥等，这些物理操作步骤称为单元操作。与化工类型产品生产类似，食品工业生产过程也是由多种单元操作构成的。单元操作的特点是：各类单元操作都是物理操作或以物理操作为主；单元操作应用于不同化工类型的生产过程，其原理相同；同一单元操作的设备在各种化工类型生产过程中可以通用，但其数量和排列顺序按照不同工艺的要求当然可以发生变化。除上述提及的研究内容外，由于食品保藏与食品加工是相互联系的，因此食品保藏的相关内容也会在本章进行介绍。

二、动量传递涉及的单元操作

动量传递涉及的单元操作包括：流体流动及输送、沉降、过滤、乳化等。

流体（Fluid）是液体和气体的总称，大多数食品原料都为流体形式存在。在食品的加工过程中，经常需要物料从一台设备输送到另一台设备，从前一道工序转移到后一道工序，在此过程中，就得向物料输送能量，使其能够克服流体的阻力，顺利完成输送环节。设备中发生的传热、传质以及化学反应等也都与流体流动的状态密切相关。因此，研究流体的特性及流动规律，可以有助于食品加工系统的设计与开发。在研究流体流动时，常将流体看作由无数流体微团组成的连续介质，每个分子微团称为质点，其大小与管道或容器的几何尺寸相比是微不足道的。把流体视为连续介质，可以摆脱复杂的分子运动，从宏观角度来研究流体的流动规律。但是，并不是在任何情况下都可以把流体当作连续介质，如高度真空下的气体就不能再视为连续介质了。流体运动中，流速是最基本的参数，流量则是对生产过程进行调节和控制的重要参数。在食品的生产过程中，经常要对流速和流量等参数进行测量，并加以调节、控制。常见的流量测定装置分为变压头流量计（如测速管、孔板流量计和文丘里流量计）和变截面流量计（如转子流量计）。为流体提供能量的机械设备称为流体输送机械。通常，输送液体的机械称为泵，输送气体的设备则按其所产生的压强的高低分别称为通风机、鼓风机、压缩机和真空泵。

在食品加工中，机械分离占有十分重要的地位，研究食品的机械分离方法，能为食品加工的科学化提供重要意义。机械分离是指分离的混合物至少由两相的物料组成。分离设备只是简单的将混合物进行分离，属于非均相物系的分离。食品工业生产中的机械分离主要包括：固-固分离（如筛分、分级）、固-液分离（如利用板框过滤机等将酵母从啤酒发酵液中分离）、固-气分离（如利用旋风分离器将乳粉颗粒从热风中分离）和液-液分离（如利用碟式离心机将稀奶油从牛乳中分离）。下面介绍过滤和沉降这2种食品中常见的机械分离方式。

过滤是分离悬浮液最常用和最有效的单元操作之一，是指在外力作用的情况下，通过多孔介质来截留悬浮液中的固体粒子，进而达到固、液分离的目的。过滤所用的多孔物质称为过滤介质，通过介质通道的液体称为滤液，被截留在上游的物质称为滤饼或滤渣。过滤在食品的加工中应用十分普遍，如生产果汁饮料时，需要在果汁澄清后进行过滤操作，以分离其中的沉淀和悬浮物，使果汁澄清透明。常用的过滤设备有袋滤器、板框压滤机、离心分离机等。另外，为了减少澄清果汁中的微生物数量，可采用无菌过滤，无菌过滤只用于澄清果汁的精滤。对于非常混浊的果汁或为了经济起见，可以采用硅藻土过滤作为一种预滤。又如，液态乳的生产中，预处理的过程就包含过滤操作，其目的是去除混入到原料乳中的机械杂质中的部分微生物。沉降分为重力沉降（当悬浮在静止流体中的颗粒的密度大于流体密度时，在地球引力的作用下，颗粒就会沿重力方向运动，并从流体中分离出来的方法）、离心沉降（令静止流体及其中的颗粒旋转，颗粒因离心力作用而甩向四周，并与流体分离的方法）和离心分离（利用离心力来达到固-液、液-液以及液-液-固分离的方法）。重力沉降适用于分离较大颗粒，离心沉降适用于分离较小的颗粒，离心分离主要用于脱水、浓缩、澄清等工艺过程。混浊型果汁（含有一定的果肉）的生产涉及到离心步骤，是因为混浊型果汁要求含有一定的果肉，经常要使用离心机分离多余的果肉，从而维持产品良好的品质。沉降可用于果汁、酒类等制品的生产，目的是除去悬浮液的浑浊杂质。

乳化（Emulsify）是将两种原本不相溶的液体进行混合，使一种液体以微小球滴或固形微粒（分散相）的形式均匀分散在另一液体（连续相）中的一种特殊的混合操作。为改善乳化体系中各组分的表面张力，形成均匀分散的乳化体或分散体，通常需要加入乳化剂。乳化剂是指一类分子中同时具有亲水基团和亲油基团的表面活性剂。食品中的乳化体系一般有两类：水包油（O/W）型和油包水（W/O）型，它们分别是以油相和水相为分散相。水包油型乳化液的典型代表为牛乳，油包水型乳化液的典型代表有巧克力、蛋黄酱等。图6-27是水包油型和油包水型乳化液的示意图。

在食品加工行业中，乳化技术的应用十分广泛。在巧克力的生产中，一般需要添加乳化剂来使巧克力充分乳化，从而降低巧克力的黏度，提高流动性和分散性，此外，乳化还可以有效延缓巧克力晶型的衍变、阻止油脂的迁移、抑制巧克力起霜。巴氏杀菌乳的生产中，需要进行均质处理。自然状态下的牛乳，其脂肪球的直径大小不均匀，为$1\sim10\mu m$，经过均质

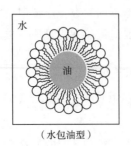

（水包油型）　　　　　　　（油包水型）

图 6-27　水包油型和油包水型乳化液

处理后，乳脂肪的直径可控制在 1μm 左右，乳脂肪的表面积增大，浮力下降；此外，经过均质处理的牛乳，其直径明显减小，有利于人体的消化吸收。在西式肉制品的生产中，乳化也是重要的步骤。肉中的盐溶性球蛋白是一种优良的乳化剂，当用盐腌制，并经滚揉、斩拌等机械作用处理时，有效地将盐溶性蛋白质大量抽提出来，与水形成良好的溶胶，经加热就能形成封闭网络结构，有效地保持着肉制品中的水分和脂肪。图 6-28 是肉中盐溶性球蛋白乳化的示意图。

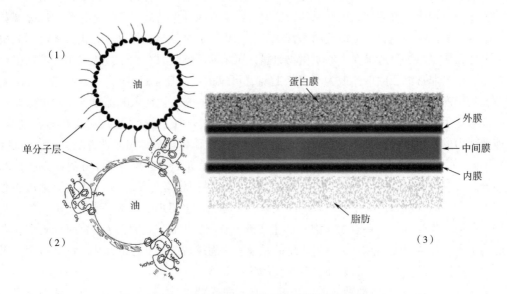

图 6-28　肉中盐溶性球蛋白乳化的示意图

资料来源：Jiang, Xiong, 2015.

三、 热量传递涉及的单元操作

在食品工业中，很多生产工艺中涉及热量的导入与移除，为此需要了解传热的基本知识。加热方式主要有热传导、热对流和热辐射 3 种。热传导是指物体各部分或物体间发生的热量传递是由分子、原子或自由电子等微观粒子的热运动引起的，而不是物体各部分间发生相对位移引起的。热对流是指流体因宏观质点运动所产生的热量传递过程，但是在食品工业中，大量遇到的是流体在流过固体表面时与该表面所产生的热量交换，而流体与固体表面之间的传热是流体的导热和对流的联合作用的结果，将其统称为热对流。在物理学上，将物质通过电磁波传递能量的过程称为辐射，所传递的能量称为辐射能。其中，波长为 0.4～1000μm 的电磁波投射到物体上，能被吸收，并转变成为热能，这些电磁波称为热射线。热射线的传播过程就是热辐射。热辐射的实质是高温物体内部电子的振动，由振动产生的热射线会向外发射辐射能。

热量传递包含的单元操作有：结晶、热杀菌、冷冻等。

结晶主要用于从水溶液中获得纯净物质或者去除稀溶液中的水，如控制巧克力中脂肪的结晶能使产品获得某些流变学特性。巧克力的生产中，调温是一个十分重要的工艺，其目的是控制巧克力物料在不同温度下相态的转变，从而实现调质。巧克力的物料组成中 30% 以上为可可脂，可可脂在不同的温度下，会呈现不同的晶型。当可可脂从液态转变为固态时，随着物料温度的下降，最先出现 γ 结晶，以后转变为 α 晶型，这是一种针状发亮的结晶。γ 和 α 晶型都不稳定，熔点很低，这类不稳定的晶型对巧克力的品质时不利的。随着物料温度的继续降低，在较低温度下，α 晶型又转变为 β' 晶型，这种晶型仍然是不稳定的。如果继续保持较低温度，β' 晶型继续转变为 β 晶型，这是一类稳定的晶型，熔点也高。因此，巧克力中含有的 β 晶型的比例越高，品质也越稳定。

热杀菌是一种常见的食品杀菌方式，其目的是杀灭在食品正常的保质期内可导致食品腐败变质的微生物，一般认为，达到杀菌要求的热处理强度足以钝化食品中的酶活性。但是，热处理的同时也会造成食品色、香、味、质构、营养成分等的损失。因此，热杀菌处理的最高境界是既达到杀菌及钝化酶活性的要求，又尽可能使食品的质量特征少受破坏。

食品的腐败变质主要是由食品中的酶以及微生物的作用引起的，微生物促使食品营养成分分解，酶的催化作用促成食品变质加速，使食品质量下降，发生变质和腐败。采用冷冻的方式，使食品处于低温环境中，微生物会停止繁殖，甚至死亡，酶的催化能力也会减弱或丧失，从而达到保鲜的目的。速冻是一种快速冻结的低温保鲜法，它是将原料经前处理后在 -30℃ 的低温下快速冻结，使食品在 30 min 内迅速通过 -11～-1℃ 最大冰晶生成带，产品中 80% 以上的水分变成冰晶，然后包装并在 -23～-18℃ 下贮藏和流通。速冻相比慢冻，在食品内部形成极小的冰晶，对细胞的损伤较小，能最大限度地保持食品的原汁和香味，且保存时间较长。速冻是果蔬贮藏保鲜的一种有效方式，它能够使果蔬中 90% 以上的水分在原来的位置生成细小的冰晶，产品中的冰晶分布接近冻前产品中液态水分布的状态，组织结构无明显损伤，有利于抑制果蔬内部的理化变化和微生物的破坏作用，从而使产品获得更长的保质期，同时还可以保持新鲜果蔬原有的色泽、风味和营养价值。图 6-29 是速冻果蔬的主要生产工艺，包括原料的采摘筛选、预处理、冻结、贮藏、销售环节。

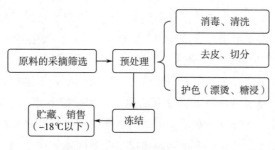

图 6-29 速冻果蔬的生产工艺

四、 质量传递涉及的单元操作

质量传递涉及的单元操作包括蒸馏、萃取、干燥、膜分离等。蒸发是指采用加热方法使溶液达到沸腾状态，溶液中的溶质不具有挥发性，溶剂则汽化逸出液面，从而使溶液中溶剂减少，溶质浓度提高的单元操作过程。食品工业中，经常需要将液体原料或半成品进行分离、提纯，以便进行下一步操作。例如，在酒精的生产中，除了乙醇，还有醛类、酯类、挥发性酸等其他成分，而蒸馏操作可以根据各种组分沸点的不同，使溶液发生部分汽化和冷凝，进而达到逐步提纯的目的。此外，食品原料如牛乳，含有大量的水分，在生产乳粉的过程中，喷雾干燥之前，通常需要通过蒸发除去其中过多的水分，使原料中的水分由液态或固态转变为气态，逸入大气中，达到浓缩的目的。一般要求原料乳浓缩至原体积的1/4，乳的干物质达到45%左右。

大部分食品从生产到消费都要经历一个漫长的过程，而许多新鲜食品含有大量的水分，容易腐败，食品干燥能降低水分活度，避免贮藏期间食品受到微生物的侵染，从而减缓食品的腐败变质。此外，干燥处理过的食品其体积和质量都大大减少，有利于食品的运输和贮藏。干燥是指在自然条件或者人工控制的条件下，使食品中的水分蒸发的过程。食品的干制在我国历史悠久，源远流长，古代人们就利用日晒进行自然干燥，如通过自然干燥法加工葡萄干、腊肉、风干鱼等，大大延长了食品的保藏期。随着科技的发展和社会的进步，人工干燥技术如热风干燥、微波干燥、喷雾干燥等有了较快的发展。按照干燥过程中加热方式的不同，可将干燥分为空气对流干燥、接触式传导加热干燥、冷冻干燥等。

分离膜是指具有分离能力的，由固体、液体、气体等物质构成的薄层凝聚相所构成的一类薄型材料，膜分离是通过分离膜进行分离的过程，具有分离效率高、操作简单、能耗少等优点。膜分离已用于牛乳的浓缩、牛乳乳糖的脱除，生产大豆分离蛋白等。以大豆分离蛋白的膜分离法生产为例，由于大豆蛋白是大分子物质，不能通过半透膜，因此，可将大豆蛋白的碱提取液（已去除了不溶性物质）在压力作用下进行超滤，便可将小分子的可溶性物质去除，这样蛋白质就得到进一步的提纯。

液-液萃取是指两个完全或部分不相溶的液相接触后，一个液相中的组分转移到另一液相，或在两液相中重新分配的过程。液-液萃取适合食品中热敏性成分的提取，如用于提取维生素、有机色素、香料等。又如，精炼油的生产中的水洗操作，是将稀碱液与原料油搅拌混合，油中的有机酸会溶解于碱液中，从而使油得到净化。

五、 食品保藏

从狭义上讲，食品保藏是为了防止食品腐败变质而采取的技术手段，因而是与食品加工相对应而存在。但是从广义上讲，保藏与加工是相互包容的，这是因为食品加工的一个重要目的就是保藏食品，而为实现有效的保藏食品的目的，必须采取合理、科学的加工工艺与方法。

食品保藏的方法有很多，按照保藏原理可分为四种类型：①维持食品最低生命活动的保藏法，此法主要用于新鲜水果、蔬菜等食品的保藏，通过控制水果、蔬菜保藏环境的温度、相对湿度及气体组成等，就可以使水果、蔬菜的新陈代谢维持在最低的水平上，从而延长它们的保藏期，包括冷藏法、气调法等；②通过抑制变质因素如微生物、酶等的活动来达到保藏目的的方法，主要有冷冻保藏、干藏、腌制等；③通过发酵来保藏食品，通过培养有益微生物进行发酵，利用发酵产物——酸和乙醇等来抑制腐败微生物的生长繁殖，从而保持食品品质的方法，如食品发酵；④利用无菌原理来保藏食品，利用热处理、微波、辐射、脉冲等方法，将食品中的腐败微生物数量减少到无害的程度或全部杀灭，并长期维持这种状况，从而达到长期保藏食品的目的。下面介绍常见的食品保藏方法。

（一）罐藏法

罐藏是指将食品原料经预处理后密封在容器或包装袋中，通过杀菌工艺杀灭大部分微生物营养细胞，在维持密闭和真空的条件下，食品得以在室温下长期保存的食品保藏方法，凡是密封容器包装并经高温杀菌的食品称为罐藏食品。作为一种食品保藏方法，罐藏法的优点有：①保存时间长，罐藏食品一般能在常温下保存1~2年；②食用方便，无须经过额外的加工处理；③安全卫生，已经过杀菌处理，无致病菌和腐败菌存在；④调节市场，保障制品周年供应的作用，罐藏食品是航海、军需、登山等特殊作业及长途旅行者的必备方便食品。

（二）低温保藏法

食品的低温保藏即降低食品温度，并维持低温水平或冷冻状态，阻止或延缓它们的腐败变质，从而达到远途运输和短期或长期贮藏目的的方法。微生物的生命活动和酶的催化反应在食品的腐败变质中起着重要的作用，而微生物的生命活动和酶的作用都与温度密切相关，当温度下降时，微生物的生命活动和酶的活力都会受到抑制。尤其是在食品冻结时，生成的冰晶使微生物细胞受到破坏，微生物丧失活力不能繁殖，甚至死亡；同时酶的活力受到严重抑制，其他反应（如氧化还原反应）也随着温度的降低而显著减慢。

任何微生物都有其适宜的生长温度范围，温度对微生物的生长、繁殖影响很大，一般来说，温度越低，微生物的生长和繁殖速率越低。

另外，酶的活性也与温度有密切关系，大多数酶的适宜作用温度在30~40℃，酶的活性与温度的关系常用温度系数 Q_{10} 来衡量，Q_{10} 是指温度每增加10℃，酶活性变化前后的反应速率比值。大多数酶促反应的 Q_{10} 值在2~3范围内，也就是说，在最适温度点以下，温度每下降10℃，酶活性就会削弱至1/3~1/2。果蔬的呼吸是在酶的作用下进行的，呼吸速率的高低反映了酶的活性。表6-12是部分果蔬呼吸速率的 Q_{10} 值，从表6-12可以看出，多数果蔬的 Q_{10} 为2~3，而在0~10℃范围内，温度对呼吸速率的影响较大。

表6-12 部分果蔬呼吸速率的温度系数 Q_{10}

种类	Q_{10}					种类	Q_{10}	
	0~10℃	11~21℃	16.6~26.6℃	22.2~32.2℃	33.3~43.3℃		0.5~10.0℃	10.0~24.0℃
桃子	4.10	3.15	2.25	—	—	豌豆	3.9	2.0
柠檬	3.95	1.70	1.95	2.00	—	菠菜	3.2	2.6
葡萄	3.35	2.00	1.45	1.65	2.50	番茄	2.0	2.3
橘子	3.30	1.80	1.55	1.60	—	胡萝卜	3.3	1.9
						黄瓜	4.2	1.9

资料来源：卢晓黎，杨瑞，2014.

（三）气调保鲜法

新鲜果蔬采摘后，仍进行着旺盛的呼吸作用与蒸发作用，从空气中吸取氧气，分解消耗自身的营养物质，产生二氧化碳、水和热量。由于呼吸要消耗果蔬自身的营养物质，所以延长果蔬贮藏期的关键是降低呼吸速率。低氧含量能有效抑制呼吸作用，高二氧化碳含量，对呼吸跃变型果蔬有推迟呼吸跃变启动的效应，从而延缓呼吸作用。气调保鲜是利用控制气体比例的方式来达到储藏保鲜的目的，它是采用适宜低温下保持低氧和较高二氧化碳含量的空气环境，使果实呼吸作用降低，营养物质消耗减少，后熟衰老过程减缓，延长果实寿命，保持较好品质的一种方法。常用的气调方法有塑料薄膜帐气调、硅窗气调、催化燃烧氧气气调和充氮降氧气调。

（四）干制保藏法

食品干制保鲜是将食品水分活度（或水分含量）降低至足以防止其腐败变质的水平，并保持在此条件下进行长期保藏的方法。食品干制源于自然现象，人们发现谷物干燥失去大部分水分后不易变坏，同样的，其他一些物质干燥后也不易腐烂，如棉花、木材等。食品干制后失去大量水分，使食品的质量大大减少、液体食品变为固体食品，食品的体积也会减小，这使得食品的储运费用减少，贮藏、运输和使用变得比较方便。干制过程对食品中的微生物和酶产生重要影响。食品干制后，微生物就长期处于休眠状态，环境一旦适宜，微生物会重新吸湿恢复活动。因此，严格地讲，干制并不能将微生物全部杀死。食品中的酶需要水分才有活性，食品经过干制后，水分含量降低，酶的活性也会随之下降。食品的干制方式主要有自然干燥法和人工干燥法。自然干燥是指在自然环境下干制食品的方法，如晒干、风干等，该方法简单、管理粗放，无须特别的能源，生产费用低，我国民间仍大量采用自然干燥方法来制作干制食品，如果蔬干、鱼干、肉干等。人工干燥是指在人工控制的条件下对食品进行干燥的方法。与自然干燥相比，人工干燥具有不受气候限制，干燥时间短，产品清洁、卫生、质量好的优点。

（五）化学保藏法

食品的化学保藏是指在食品的生产、贮藏和运输过程中使用化学物质来提高食品的耐藏性和尽可能保持食品原有质量的措施。食品化学保藏的优点在于，往食品中添加少量的化学制品，如防腐剂、抗氧化剂或保鲜剂等，就能在室温条件下延缓食品的腐败变质。相比其他食品保藏方法如干藏、低温保藏和罐藏等，食品化学保藏具有简便而又经济的特点。需要注意的是，化学保藏法只能在有限的时间才能保持食品原来的品质状态，属于一种暂时性或辅助性的保藏方法。食品化学保藏使用的化学制品虽然用量较少，但是其应用受到限制，在使用化学制品时首先需要考虑到其安全性，其使用必须符合 GB 2760—2014《食品安全国家标准　食品添加剂使用标准》和相关的食品卫生标准。其次，食品化学保藏只能在一定时期内防止食品变质，因为添加剂食品中的化学制品只能控制和延缓微生物生长，或只能短时间内延缓食品的化学变化。目前，化学保藏法已经用于许多食品如罐头、果蔬制品、肉制品等的加工生产中，食品保藏剂的种类繁多，按照保藏机制的不同，一般分为防腐剂和抗氧化剂。

食品防腐剂是指防止食品在加工、贮藏、流通过程中由微生物繁殖引起的腐败、变质，保持食品原有性质和营养价值的一类物质。目前，用于食品保藏的化学防腐剂有 30~40 种，按其性质可分为有机防腐剂和无机防腐剂。有机防腐剂有苯甲酸及其钠盐、山梨酸及其钠盐、对羟基苯甲酸酯类、脱氢乙酸及其钠盐、双乙酸钠、丙酸盐。无机防腐剂有亚硫酸及其盐类、硝酸盐和亚硝酸盐、稳定态二氧化氯、二氧化碳。

食品抗氧化剂是指为了阻止或延缓食品氧化而添加到食品中，以提高食品质量的稳定性和延长贮藏期的一类食品添加剂。按溶解性的不同，抗氧化剂分为脂溶性抗氧化剂和水溶性抗氧化剂。脂溶性抗氧化剂有丁基羟基茴香醚（BHA）、二丁基羟基甲苯（BHT）、没食子酸丙酯（PG）、叔丁基对苯二酚（TBHQ）及生育酚混合物。其中，BHA 是目前国际上广泛应用的抗氧化剂之一，也是我国常用的抗氧化剂之一。水溶性抗氧化剂有 L-抗坏血酸、植酸。

（六）食品腌渍、烟熏保藏技术

食品的腌渍和烟熏是经典的食品保藏方法，具有操作简单、经济实用的特点。食品腌渍是利用食盐、糖等盐渍材料的渗透性，渗入到食品组织中，降低水分活度，提高渗透压，抑制微生物生长，延长食品保存期。我国腌渍食品起源于周朝，距今大约有 3000 多年的历史。《周礼》中有"醇人掌共五齐七菹"和《诗经·小雅·南山》中有"田有庐，疆场有瓜，是剥是菹"的记载，菹者酸菜，即腌菜。食品类型不同，采用的腌渍剂和腌渍方式不同，常用的腌渍剂有盐、糖、酸等。用盐作为腌制剂进行盐渍的过程称为盐渍，用糖作为腌制剂称为糖渍，用调味酸如醋或糖醋香料液浸渍的过程称为酸渍。

烟熏是借助木屑等各种材料焖烧时所产生的烟气或人工烟气来熏制食品，提高食品的防腐能力、延长保藏期，并产生特有的烟熏味。烟熏是加工肉、禽、鱼等烟熏制品的主要手段，特别是西式肉制品如灌肠、火腿、培根等均需经过烟熏。

第五节　食品的安全性

食品安全的概念在 1974 年于罗马召开的世界粮食大会上首次被提出，在这次大会上，联合国粮农组织认为，食品安全是人类的一种基本生存权利，应当保证任何人在任何地方都能得到为了生存和健康所需要的足够食品。世界卫生组织在 1984 年题为《食品安全在卫生和发展中的作用》的文件中，认为食品安全与食品卫生含义相同，都是指在生产、加工、储存、分配和制作食品过程中，确保食品安全可靠，有益于健康并且适合人消费的各种必要措施和条件。而在 1997 年，世界卫生组织在《加强国家级食品安全性计划指南》的文件中，认为食品安全和食品卫生是两个完全不同的概念。食品安全是指在食品的生产和消费过程中，有毒、有害物质或因素的添加剂量没有达到对人体产生危害的程度，从而保证人体在按照正常添加剂量和以正确的食用方式摄入该食品时，不会发生急性或慢性的危害。《中华人民共和国食品安全法》中规定，食品安全是指食品无毒、无害，符合应当有的营养要求，对人体健康不造成任何急性、亚急性或者慢性危害。食品安全中的安全有两层含义，第一层是指食品量的安全，即要保证足够的食品供应，从而满足人们的基本物质需要；第二层含义为食品质的安全，是指食品中不应含有对人体健康造成危害或者损伤的物质或因素。由于目前世界上绝大多数国家的食品都能满足自身的需要，因此，食品安全主要是指食品质的安全。食品安全既属于公共安全问题，又属于食品科学问题。因此，对食品安全问题的研究与探讨，需要综合利用物理学、环境科学、微生物学、毒理学、管理学、社会学等多种自然科学的基础理论，同时运用理化性质检验、微生物特性分析、仪器分析等多种检验分析方法。总而言之，食品安全强调的是食品在加工、贮藏、销售等过程中的食品卫生及食用安全，进而降低疾病隐患，最终保证消费者的身体健康。

一、食品的生物性安全及其控制

食品的生物危害主要是指生物（尤其是微生物）本身及其代谢过程、代谢产物（如毒素）等对食品原料、加工过程和产品的污染。1987 年，世界卫生组织（WHO）在欧洲开展了针对食源性疾病和食物中毒的监测行动，并对食源性疾病的病原因子即食品的生物性危害进行了分类。污染食品的微生物来源可分为土壤、空气、水、操作人员、动物、加工设备、容器及包装材料、原料和辅料等多个方面。

（一）细菌性危害

细菌既是评价食品卫生质量的重要指标，也是污染食品和引起食品腐败变质的主要微生物类群。细菌性危害是指细菌及其毒素产生的生物性危害。细菌对食品安全和质量的危害主要表现在两个方面，一为引起食品腐败变质，二为引起食源性疾病。食品中的细菌性危害是涉及面最广、影响最大、问题最多的一类生物性危害，也是目前食品安全问题的主要控制内容。在全世界所有的食源性疾病暴发的案例中，66%以上为细菌性致病菌所致。食品中较常见的污染细菌主要有：空肠弯曲菌、肉毒梭菌、产气荚膜梭菌、大肠杆菌、李斯特菌、沙门氏菌、志贺菌属和金黄色葡萄球菌。

1. 空肠弯曲菌

（1）生物学特性　空肠弯曲菌（Campylobacter jejuni），微需氧菌，是一种革兰氏染色阴性、可运动、无芽孢的杆状细菌。细胞较小、脆弱、形成弯曲的螺旋状。空肠弯曲菌的形态见图 6-30。空肠弯曲菌在 5%的氧气、8%二氧化碳和 87%的氮气的微氧环境生长。生长温度范围是 37~42℃，在 25℃时不能生长。空肠弯曲菌的抵抗力不强，易被干燥，日光直射或弱消毒剂均能杀灭，56℃、5min 可被杀死。

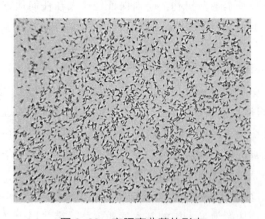

图 6-30　空肠弯曲菌的形态

（2）致病机制和临床症状　空肠弯曲菌产生不耐热的肠毒素。空肠弯曲菌引起弯曲菌病感染剂量很低，仅需 500 个细胞。摄入后，症状在 2~5d 内出现，一般持续 2~3d。主要症状是腹泻和腹痛，有时发热，偶有呕吐和脱水。细菌有时可通过肠黏膜入血流引起败血症和其他脏器感染。

（3）相关食品　由于空肠弯曲菌在动物、鸟类和环境中出现的频率较高，所以许多食物包括动物性和植物性食品都很容易被其污染。食品可能会被感染空肠弯曲杆菌的人和动物的粪便直接污染，也可能通过污水和被污染的水间接污染。

（4）控制和预防措施　控制食物原料中空肠弯曲菌的存在相当困难，特别是动物性食品。然而合理的卫生程序能够减少这些微生物在生产、加工和以后的处理过程中污染食品原料。肉在食用前要彻底加热，除此之外，处理生冷的鸡或牛肉后一定要洗手，台面及厨房用具应及时清洗干净。

2. 肉毒梭菌

（1）生物学特性　肉毒梭菌（*Clostridium botulinum*）是革兰氏阳性短杆菌，有鞭毛、无夹膜。产生芽孢，芽孢为卵圆形，位于菌体的次极端或中央，芽孢大于菌体的横径，所以产生芽孢的细菌呈现梭状。肉毒梭菌的形态见图 6-31。适宜的生长温度为 35℃左右，严格厌氧。在中性或弱碱性的基质中生长良好。其繁殖体对热的抵抗力与其他不产芽孢的细菌相似，易于杀灭。但其芽孢耐热，一般煮沸需经 1~6h，或 121℃高压蒸汽 4~10min 才能杀死。它是引起食物中毒病原菌中对热抵抗力最强的细菌之一。所以，罐头的杀菌效果一般以肉毒梭菌为指示细菌。

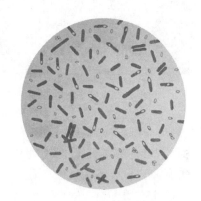

图 6-31　肉毒梭菌的形态

（2）致病机制和临床症状　肉毒梭菌产生的肉毒毒素本质是蛋白质，为神经毒素，共产生六种毒素：肉毒毒素 A、肉毒毒素 B、肉毒毒素 C、肉毒毒素 D、肉毒毒素 E、肉毒毒素 F，其中的肉毒毒素 A、肉毒毒素 B、肉毒毒素 E、肉毒毒素 F 与人类的食物中毒有关。肉毒毒素毒性剧烈，少量毒素即可产生症状甚至致死，对人的致死量为 0.1μg。毒素摄入后经肠道吸收进入血液循环，输送到外围神经，毒素与神经有强的亲和力，阻止乙酰胆碱的释放，导致肌肉麻痹和神经功能不全。

肉毒中毒是由摄入含有肉毒毒素污染的食物而引起的。潜伏期可短至数小时，通常 24h 以内发生中毒症状。中毒症状为虚弱、眩晕、伴随视觉成双、渐进性说话障碍、呼吸和吞咽困难。也许会有腹胀和便秘。毒素最终引起麻痹，呈渐进对称性、自上而下。

（3）相关食品　肉毒梭菌广泛存在于自然界，肉毒中毒一年四季均可发生，引起中毒的食品有腊肠、火腿、鱼及鱼制品和罐头食品等。在我国主要以发酵食品有关，如臭豆腐、豆瓣酱、面酱、豆豉等。

（4）控制措施　通过热处理减少食品中肉毒梭菌繁殖体和芽孢的数量是最有效的方法，采用高压蒸汽灭菌方法制造罐头可以获得"商业无菌"的食品，其他加热处理包括巴氏消毒法对繁殖体是有效的措施。将亚硝酸盐和食盐加进低酸性食品也是有效的控制措施，在腌制肉品时使用亚硝酸盐有非常好的效果。但在肉品腌制过程中起作用的不单单是亚硝酸盐，许多因素以及它们和亚硝酸盐的相互反应抑制了肉毒梭菌生长和毒素的产生。冷藏和冻藏是控制肉毒梭菌生长和毒素产生的重要措施。低 pH、产酸处理以及降低水分活性可以抑制一些食品中肉毒梭菌的生长。

3. 产气荚膜梭菌

产气荚膜梭菌（*Clostridium perfringens*）又称产气荚膜梭状芽孢杆菌，为厌氧芽孢菌，是引起食源性胃肠炎最常见的病原体之一。

（1）生物学特性　产气荚膜梭菌属于革兰氏阳性产芽孢杆菌，菌体呈杆状。产气荚膜梭

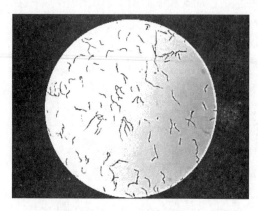

图 6-32　产气荚膜梭菌形态

菌对厌氧程度及营养要求并不严格，生长温度范围为 20~50℃，因此可用高温快速培养法进行选择分离。产气荚膜梭菌的形态见图 6-32。

（2）致病机制和临床症状　各型产气荚膜梭菌产生的外毒素（或可溶血抗原）共有 12 种，其中主要有 4 型，即 A、B、C、D。而"A 型"毒素与人类食物中毒关系最为密切。引发产气荚膜梭菌食物中毒的原因一般是被耐热性 A 型产气荚膜梭菌芽孢污染的肉、禽等生食品，虽经烹制加热，但芽孢不仅不死灭，反而由于受到"热刺激"，在较

高温度长时间储存（即缓时冷却）的过程中芽孢发芽，生长，繁殖，而且随食物进入人肠道，而这些繁殖体再形成芽孢，同时产生肠毒素，聚集于芽孢内，当菌体细胞自溶和芽孢游离时，肠毒素将被释放出来，引起中毒。该菌引起的食物中毒表现为急性胃肠炎。

（3）相关食品　产气荚膜梭菌广泛分布于自然界，经常在人和许多家养及野生动物肠道中发现。该菌产生不耐热肠毒素，引起食物中毒的原因多是食品加热不彻底，特别是畜禽肉类、鱼类食物及牛乳。引起食物中毒的食品在香、味等感官性状上常无明显变化，一旦误食后极易引起发病。

（4）控制措施　适宜的冷却处理和再加热是最佳的中毒预防措施。当产品达到合适温度（60℃以上）时，充分再加热，冷却食品（最低中心温度为 24℃）是必要的控制措施。

4. 大肠杆菌

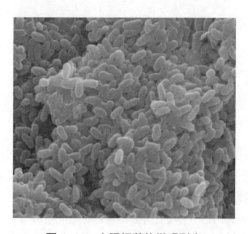

图 6-33　大肠杆菌的微观形态

大肠杆菌（*Escherichia coli*）属于肠杆菌科的埃希菌属，是人、混血动物和鸟类肠道中的正常寄居菌，大肠杆菌在环境卫生和食品卫生学中作为受粪便污染的重要指标。致病性大肠杆菌（Pathogenic *Escherichia coli*）分为 4 个类型，分别是肠道致病性大肠杆菌（Enteropathogenic *E. coli*，EPEC）、产肠毒性大肠杆菌（Enterotoxigenic *E. coli*，ETEC）、肠道侵袭性大肠杆菌（Enteroinvasive *E. coli*，EIEC）和肠道出血性大肠杆菌（Enterohemorrhagic *E. coli*，EHEC）。最近又发现了可以引起腹泻的肠道聚集黏附性大肠杆菌（Enteroaggregative *E. coli*，EAggEC）和散布黏附性大肠杆菌（Diffuse-adhering *E. coli*，DAEC）。图 6-33 所示为大肠杆菌的微观形态。

（1）生物学特性　大肠杆菌为革兰氏染色阴性、具运动性、不形成芽孢的直杆菌，属兼性厌氧细菌。最适生长温度为 37℃，但在 15~45℃均可生长。最适 pH 7.4~7.6，在 pH 4.3~9.5 时均可生长。

（2）致病机制和临床症状　致病性大肠杆菌是通过环境污染进入食品中，其种类有数百个，被致病性大肠杆菌污染的食品都引起发病，症状为：腹部痉挛、水性或血性腹泻、发烧、恶心和呕吐。

（3）相关食品　食物可能直接或间接地受到粪便排泄物污染，任何受粪便污染的食品都可能引起疾病的发生。未杀菌的牛乳、苹果汁等和这些食源性疾病发生有关。

（4）控制措施　充分加热杀菌；在4℃以下冷藏产品；防止烹调过程中发生交叉污染。

5. 李斯特菌

李斯特菌（*Listeria*）属于一种兼性厌氧的革兰氏阳性菌，其中单核细胞增生李斯特菌（*L. monocytogenes*）是唯一能引起人类疾病的一种人畜共患病的病原菌。该菌不产孢子。

（1）生物学特性　李斯特菌繁殖的最适温度为37℃，但在0～45℃范围内也能生长。该菌在潮湿环境中生长良好，在10℃时的生长速度是4℃时的2倍，能在冻结温度下存活，在pH 5.0～9.0范围内都能生长，在高酸性环境中不能存活，能在单核吞噬细胞中进行孢内生长，当加工温度高于61.5℃时能被破坏。图6-34所示为单核细胞增生李斯特菌的形态。

（2）致病机制和临床症状　健康人对单核细胞增生李斯特菌有较强的抵抗力，而免疫力低下的人则容易患病，且死亡率高。单核细胞增生李斯特菌的感染剂量是100～1000个细胞。经消化道侵入体内后，在肠道中繁殖，进入血液循环，到达敏感组织细胞，在其中繁殖，产生李斯特菌溶血素O（Listeriolysin O），使细菌死亡。

李斯特菌感染症状包括：发烧、打冷战、头痛、胃部不适和呕吐等。中毒严重的可引起血液和脑组织感染。

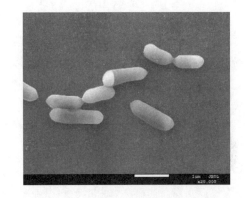

图6-34　单核细胞增生李斯特菌形态

（3）相关食品　李斯特菌在自然界广泛存在，常见于土壤、蔬菜和水，因而人和动物也常携带此菌。李斯特菌在土壤和植物中可以存活很长时间，细菌可以通过饲料进入乳等动物产品。其生存与温度有关，低温有利于生存，这在食物链中非常重要。干酪、凉拌甘蓝、热狗、禽肉等是引起李斯特菌病的常见食品。

（4）控制措施　由于李斯特菌在环境中普遍存在，食品不可能完全没有这种病原菌。即食（Ready-to-eat，RTE）食品中不允许存在单核细胞增生李斯特菌。为控制李斯特菌病的发生，应特别注意所谓的高危食品，即熟食，特别是熟肉制品。由于单核细胞增生李斯特菌常出现于乳和乳制品，应重视乳的巴氏杀菌，更应防止发生杀菌后的再污染。所有冷藏的剩余食物和即食食品在食用前要再次进行热处理。

6. 沙门氏菌

沙门氏菌（*Salmonella*）是细菌性食物中毒最常见的致病菌，主要存在于动物肠道，如禽类、牲畜、鸟类、昆虫的肠道中，也存在于人类的肠道中。沙门氏菌呈杆状，多数具运动性，不产生芽孢，革兰氏染色阴性，兼性厌氧。图6-35所示为沙门氏菌的形态。

（1）生物学特性　沙门氏菌的最适生长温度为35～37℃，但在5～46℃范围都可生长。

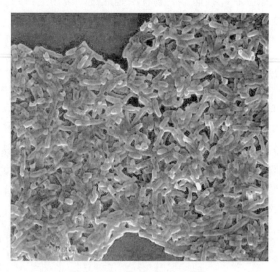

图6-35　沙门氏菌的形态

对热抵抗力很弱，60℃经20~30min即可杀死。

（2）致病机制和临床症状　沙门氏菌随食品进入人体后，可在肠道内大量繁殖，经淋巴系统进入血液。感染性食物中毒主要表现为急性胃肠炎症状，如发烧、腹泻、胃痉挛等症状。如果细菌已产生毒素，则可引起中枢神经系统症状，一般病程为3~7d，死亡率较低，约为0.5%。

（3）相关食品　动物性食品与沙门氏菌食源性疾病的暴发有密切的关系，包括牛肉、鸡肉、火鸡肉、猪肉、牛乳以及它们的产品。沙门氏菌也常从许多植物性食品（用污水浇灌或用污染的水清洗它们的产品）以及海产品（从污染的水中捕捞的）中分离出来。

（4）控制措施　减少动物携带沙门氏菌是最根本的措施。消除食品中沙门氏菌最常用的方法是热加工。除了热处理以外，多数工厂采用酸化或降低水分活性的方法消除食品中的沙门氏菌。当购买的食品可能受沙门氏菌污染时，可采取预防沙门氏菌病发生的措施，这些措施包括避免交叉污染、彻底烹饪食品以及将食品保藏在正确的温度条件下等。

7. 志贺菌属

志贺菌属（*Shigella*）是人类细菌性痢疾最常见的病原体，俗称痢疾杆菌，能引起志贺氏菌病或细菌性痢疾。

（1）生物学特性　该微生物细胞属于革兰氏阴性菌、不运动、兼性厌氧的杆菌。志贺氏菌在自然环境中生活力较弱，阳光下30min可被杀死。耐寒，在冰块中能生存3个月，在10~37℃的水中可生存20d。图6-36所示为志贺氏菌的形态。

（2）致病机制和临床症状　这些菌株含有质粒编码的侵袭性因子，能使志贺氏菌侵入小

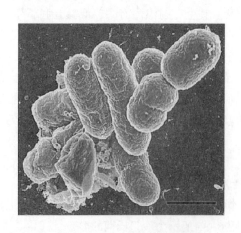

图6-36　志贺氏菌的形态

肠和大肠的上皮细胞，一旦进入上皮细胞就会产生志贺毒素。摄入污染的食物后，症状会在12h~7d内出现，一般是在1~3d内发生。轻微的感染，症状可能持续5~6d；但严重的情况下，症状可能持续2~3周。

（3）相关食品　在食物中出现的志贺氏菌，只能来自粪便排泄物的直接或间接污染，病原菌可能是来源于患者，或者来源于一个携带这种病原菌但没有任何症状的人，在他的排泄物中有志贺氏菌。直接污染主要是由于个人的不良卫生习惯，间接污染主要是由于粪便污染的水清洗食物而未经热处理引起的污染。食物的交叉污染也能引起疾病的爆发。

（4）控制措施　严格地执行卫生标准来预防即食食物的交叉污染；合理地使用消毒措施，以及冷藏食物对预防志贺氏菌疾病是非常必要的。

8. 金黄色葡萄球菌

葡萄球菌广泛分布于自然界，如空气、水、土壤、饲料和一些物品中。葡萄球菌属中由金黄色葡萄球菌（*Staphylococcus aureus*）引起的葡萄球菌食物中毒是世界范围内发生最频繁的食源性疾病之一。金黄色葡萄球菌为革兰氏阳性球菌，呈葡萄串状排列，无芽孢，无鞭毛，不能运动。兼性厌氧或需氧。图6-37所示为金黄色葡萄球菌的结构。

图6-37　金黄色葡萄球菌的结构

（1）生物学特性　金黄色葡萄球菌的最适生长温度37℃，但在0~47℃都可以生长，最适生长pH 7.4。对外界因素的抵抗力强于其他无芽孢菌，60℃、1h或80℃、30min才被杀死。

（2）致病机制和临床症状　金黄色葡萄球菌产生的肠毒素对热稳定。这些毒素的热稳定性有所不同，一般的烹饪处理不能完全破坏这些毒素。菌株毒素产生的比率直接与其生长速率和细胞浓度有关。在最适条件下病原菌生长4h后每克或每毫升食物中菌数就会超过数百万，这时毒素就能被检测到。

主要症状是毒素刺激神经系统引起唾液分泌、极度恶心和呕吐、腹部绞痛，继而出现腹泻。其他症状有发汗、打寒战、头痛和脱水等。

（3）相关食品　金黄色葡萄球菌可以出现在许多食品中并在其中生长，主要是蛋白质丰富的食品，如肉和肉制品、乳和乳制品、禽肉、鱼及其制品、奶油沙司、色拉酱（火腿、禽、土豆等）、布丁、奶油面包等。

（4）控制措施　为了防止金黄色葡萄球菌肠毒素的生成，首先应在低温和通风良好的条件下贮藏食物，以防肠毒素的形成；其次在气温高的春夏季，食物置冷藏或通风阴凉地方也不应超过6h，并且食用前要彻底加热。

（二）真菌性危害

真菌性危害主要包括真菌及其毒素和有毒蘑菇对食品造成的危害。霉菌类真菌不仅会破坏食品的品质，部分霉菌还会产生致病性毒素，致畸、致癌，造成严重的食品安全问题。与细菌毒素不同，霉菌毒素可以耐受高温，不易被破坏。到目前为止，已经发现了300多种化学结构不同的真菌毒素，其中由粮食及饲料在天然条件下生成的，而且已经被分离出来且证明有毒的、化学结构清楚的真菌毒素有 20 多种。

1. 常见的真菌毒素及其毒性

（1）黄曲霉毒素（AF） 黄曲霉毒素是主要由黄曲霉、寄生曲霉等霉菌产生的一类化学组成相似的化合物，其基本结构均有一个二呋喃环和氧杂萘邻酮，图 6-38 是主要黄曲霉毒素的结构式。霉菌污染食品后产生黄曲霉毒素的最适温度在 25~32℃，相对湿度 80%以上，食品的含水量要在 15%以上。黄曲霉毒素常存在于土壤、动植物和各种坚果，特别是花生和核桃中，在大豆、玉米、乳制品、食用油等制品中也经常发现。这类毒素化学性质稳定，268~269℃ 条件下才能被破坏，在中性溶液中较稳定，在强酸性溶液中稍有分解，但黄曲霉毒素在碱性和加热双重条件下不稳定，另外，紫外线对低浓度的黄曲霉毒素有一定的破坏作用。

黄曲霉毒素进入人体后，首先由肝微粒体中的多功能氧化酶催化，形成一种具有高反应活性的、亲电性的环氧化物。该物质一部分可与某些酶结合形成生物大分子结合物，受环氧化物酶的催化水解而被解毒；另一部分则与生物大分子的亲核中心反应，与蛋白质（包括酶）、类脂的结合引起细胞的死亡而表现为急性毒性，与核酸的结合引起突变而表现为慢性毒性。

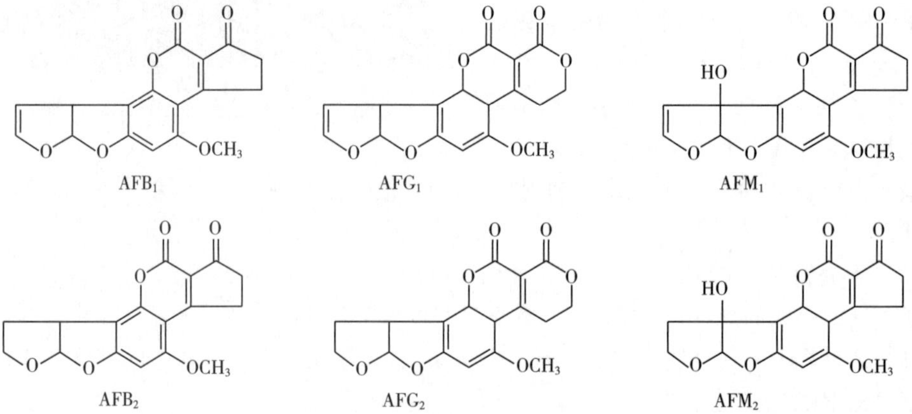

图 6-38 主要黄曲霉毒素的结构式

（2）杂色曲霉毒素（ST） 杂色曲霉毒素的基本结构为二呋喃环与氧杂蒽醌连接组成，与黄曲霉毒素的结构类似。杂色曲霉毒素的结构式见图 6-39。杂色曲霉毒素主要污染小麦、玉米、大米、花生、大豆等粮食作物、食品和饲料。

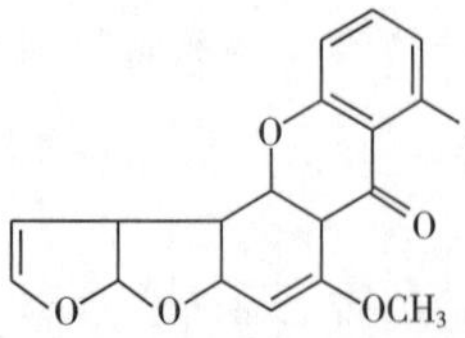

图 6-39 杂色曲霉毒素的结构式

杂色曲霉毒素急性中毒的病变特征是肝、肾坏死。但杂色曲霉毒素的慢性毒性作用较强，主要表现为肝和肾的毒性。杂色曲霉毒素具有较强的致癌性，其致癌作用仅次于黄曲霉毒素，可以导致动物的肝癌、肾癌、皮肤癌和肺癌。

（3）赭曲霉毒素 赭曲霉毒素是与异香豆素联结 L-苯丙氨酸在分子结构上类似的一组化合物，

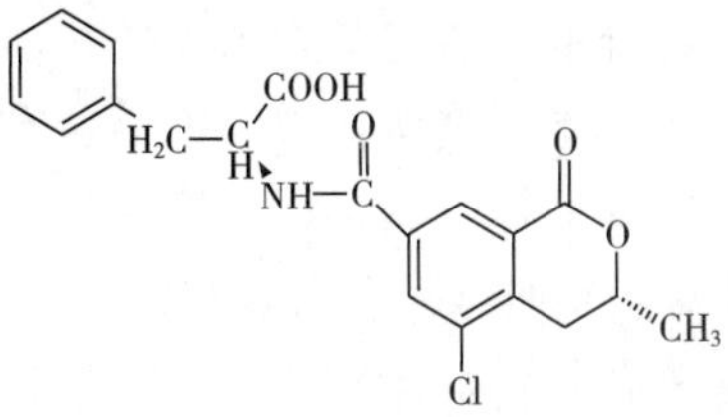

图 6-40　赭曲霉毒素 A 的结构式

是由青霉属和曲霉属的一些菌株产生的二次代谢产物，分为赭曲霉毒素 A、赭曲霉毒素 B、赭曲霉毒素 C、赭曲霉毒素 D 四种化合物。图 6-40 所示为赭曲霉毒素 A 的结构式。其中赭曲霉毒素 A 在谷物中的污染率和污染水平最高，毒性最大，对人体健康影响最大，其相当稳定，甚至在乙醇溶液中低温条件下可保存 1 年。此外，赭曲霉毒素 A 具有耐热性和化学稳定性，焙烤只能使其毒性减少 20%，而蒸煮对其毒性几乎无影响。赭曲霉毒素主要污染玉米、大豆、燕麦、大麦、花生、火腿、水果等。粮食中的产毒菌株在 28℃下产生的赭曲霉毒素最多，低于 15℃或高于 37℃时产生的量极低。

赭曲霉毒素 A 进入体内后在肝微粒体混合功能氧化酶的作用下，转化为 4-羟基赭曲霉毒素 A 和 8-羟基赭曲霉毒素 A。不同的动物种属对赭曲霉毒素的敏感性不同，其中狗和猪最为敏感。赭曲霉毒素主要对肾产生危害，造成肾肿大。

（4）伏马菌素　伏马菌素是一组主要由串珠镰刀菌产生的真菌毒素，主要污染粮食及其制品，是一类由不同的多氢醇和丙三羧酸组成的结构相关的双酯类化合物。到目前为止，已鉴定出的伏马菌素被分为 4 组，分别为 A、B、C、P 组，其中 B 组的伏马菌素 B_1 产量最丰富，这也是导致伏马菌素毒性作用的主要成分。伏马菌素 B 的结构式见图 6-41。

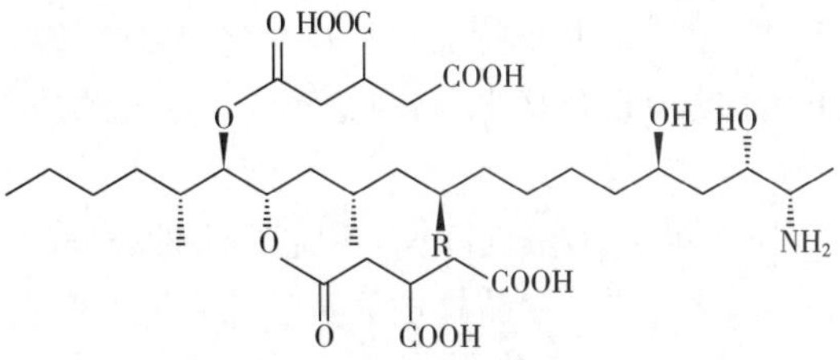

FB_1: R=OH; FB_2: R=H

图 6-41　伏马菌素 B 的结构式

伏马菌素对多种脊椎动物都有毒性，可抑制小鼠脑神经元的神经鞘脂类合成，表现为自由神经鞘氨醇在原位蓄积，神经鞘脂类总量减少等。此外，还对动物的肝脏和肾脏有损害作用，表现为肝硬变、结节增生和胆管增生等。

（5）玉米赤霉烯酮（ZEA）　玉米赤霉烯酮，又称 F-2 毒素，是一种雷琐酸内酯，是由镰刀菌属的菌种，如禾谷镰刀菌、三线镰刀菌、木贼镰刀菌及串珠镰刀菌等产生的代谢产物，以禾谷镰刀菌产生为主。玉米赤霉烯酮主要污染玉米。图 6-42 所示为玉米赤霉烯酮的结构式。

玉米赤霉烯酮具有雌激素样作用，对动物的急性毒性很小。其主要作用于生殖系统，妊娠期动物（包括人）食用含此毒素的食物可引起流产、死胎

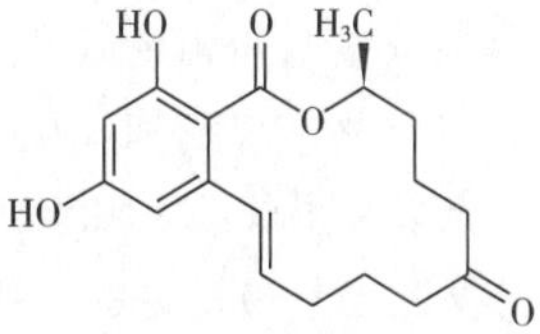

图 6-42　玉米赤霉烯酮的结构式

和畸胎。

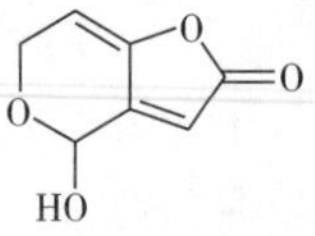

图6-43　展青霉毒素的结构式

（6）展青霉毒素　展青霉毒素又称棒曲霉毒素，相对分子质量小。能产生展青霉素的真菌有曲霉属、青霉属和丝衣霉属的部分真菌，主要有扩展青霉素、展青霉、曲青霉、棒曲霉、雪白丝衣霉等。展青霉素主要存在于霉烂苹果和苹果汁中。展青霉毒素的结构式见图6-43。

展青霉素的作用具有两重性。一方面它具有光谱抗菌作用，可抑制多种革兰氏阳性菌及大肠杆菌、伤寒杆菌等革兰氏阴性菌，对某些真菌、原生生物和各种细胞培养物的生长有抑制作用；另一方面，它又对小鼠、大鼠、兔等实验动物有较强的毒性，其毒性作用远大于其药用价值。因此，展青霉素一直被作为毒素研究。展青霉毒素对人及动物均具有较强的毒性作用，但其遗传毒性较低。

2. 真菌毒素的预防与控制

预防真菌毒素污染食品，必须做好两点：

（1）隔离和消灭产毒真菌源区，尽量减少产毒真菌及其毒素污染无毒食品，造成二次污染。

（2）严格控制易染真菌毒素及其毒素的食品的贮藏、运输等环境条件，抑制微生物在食品中大量繁殖及产生毒素。

（三）病毒性危害

病毒是一类非细胞形态的微生物，其大小、形态、化学成分、宿主范围以及对宿主的作用与细胞形态的微生物不同。病毒的基本特征是其基本结构由核酸与蛋白质组成，只能在活细胞中增殖。重要的食源性病毒有肝炎病毒、轮状病毒、禽流感病毒等。

1. 肝炎病毒

肝炎病毒（*Hepatitis Virus*）引起传染性肝炎。引起病毒性肝炎的病毒有7种，即甲、乙、丙、丁、戊、己、庚型肝炎病毒。经食品传播的肝炎病毒有甲型肝炎病毒（*Hepatitis A virus*，HAV）和戊型肝炎病毒（*Hepatitis E virus*，HEV）。

（1）生物学特性　甲型肝炎病毒为球形颗粒状，内含线性单股RNA。甲型肝炎病毒在100℃加热5min，紫外线照射1~5min，或用甲醛溶液或氯处理，均可灭活；将甲型肝炎病毒置于4℃、-20℃、-70℃条件下，不能改变其形态或破坏其传染性。戊型肝炎病毒属杯状病毒科（*Caliciviridae*），病毒体呈球状，对高盐、氯仿等敏感。

（2）致病机制和临床症状　甲型肝炎病毒是引起甲型肝炎或甲型病毒性肝炎，潜伏期为15~50d，表现为突然发热、不适、恶心、食欲减退、腹部不适，数日后出现黄疸、肝大、肝区疼痛。戊型肝炎病毒主要经粪-口途径传播，潜伏期为10~60d，临床上表现为急性戊型肝炎（包括急性黄疸型和无黄疸型）等，症状为食欲减退、腹痛。关节痛和发热。

（3）相关食品　甲型和戊型肝炎患者通过粪便排出病毒，摄入了受其污染的水和食品后因其发病，水果和果汁、乳和乳制品、蔬菜、贝类、甲壳类动物等都可传播疾病，其中水、贝类、甲壳类动物是最常见的传染源。

（4）控制措施　对食品生产、加工人员要定期进行体检，对病人的排泄物、血液、食具、物品等需进行严格消毒。加强饮用水的管理，保护水源，严防饮用水被粪便污染，对饮用水进行消毒处理；要保持手的清洁卫生；对餐具要进行严格消毒。对输血人员要进行严格体检；对医院所使用的各种器械进行严格消毒。

2. 轮状病毒

轮状病毒（Rotavirus）是引起人类、哺乳动物和鸟类腹泻的重要病原体，是病毒性肠炎的主要病原，也是导致婴幼儿死亡的主要原因之一。

（1）生物学特性　病毒呈球形，有双层衣壳，每层衣壳呈二十面体对称。内衣壳的微粒沿着病毒体边缘呈放射状排列，形同车轮辐条。

（2）致病机制和临床症状　A型轮状病毒最为常见，可引起婴幼儿腹泻、冬季腹泻、急性非细菌性感染性腹泻和急性病毒性胃肠炎，常见于冬季发病，是婴幼儿因腹泻而死亡的主要原因；B型轮状病毒可在年龄较大的儿童和成年人中暴发流行，C型病毒对人的致病性和A型类似，但发病率很低。

（3）相关食品　轮状病毒存在于肠道内，通过粪便排到外界环境，污染土壤、食品和水源，经消化道途径传染给其他人群。

（4）控制措施　注意个人卫生，饭前便后洗手，防止病毒污染食品和水源；食用冷餐食品时，要进行加热处理，对可疑污染的食品食用前一定要彻底加热消毒。接种轮状病毒疫苗可以降低感染。

3. 禽流感病毒

禽流感病毒引起禽流感，也称为高致病性禽流感（HPAI）。禽流感是多种禽类的病毒性疾病，疾病包括无症状的感染、轻微感染和急性感染，可以传播给人引起发病。

（1）生物学特性　禽流感病毒可分为甲型和乙型病毒，前者可引起大流行，对热的耐受力较低，60℃、10min，70℃、2min即可致弱，普通消毒剂能很快将其杀死。

（2）致病机制和临床症状　禽流感病毒存在于病禽的所有组织、体液、分泌物和排泄物中，常通过消化道、呼吸道、皮肤损伤和眼结膜传染。除此之外吸血昆虫也会传播该类病毒。病禽肉和蛋也可带毒。禽流感病毒通常不感染除禽类和猪以外的动物，但人偶尔可被感染。潜伏期3~5d，临床症状为感冒症状，呼吸不畅，呼吸道分泌物增加。病毒可通过血液进入全身组织器官，严重者可引起内脏出血、坏死，造成机体功能降低，甚至引起死亡。

（3）相关食品　感染病毒的家禽及其肉蛋制品均是禽流感病毒的主要传染源。

（4）控制措施　控制禽类发生禽流感的具体措施只要是做好禽流感疫苗预防接种，防止禽类感染禽流感病毒。一旦发生疫情，应将病禽及时捕杀，对疫区采取封锁和消毒灯措施。

感染禽类的分泌物，野生禽类，污染的饲料、设备和人都是禽流感病毒的携带者，应采取适当措施切断这些传染源。饲养人员和与病禽接触的人员应采取相应防护措施，以防发生感染。注意饮食卫生，食用可疑的禽类食品时，要加热煮透。对可疑餐具要彻底消毒，加工生肉的用具要与熟食分开，避免交叉感染。

（四）寄生虫危害

1. 食源性寄生虫的传染途径

寄生虫不能完全独立生存，只在另一生物的体表或体内才能生存，并使后者受到危害，受到危害的生物称为宿主。因生食或半生食含有感染期寄生虫幼虫、卵的食物而感染的寄生虫病，称为食源性寄生虫病。涉及食源性感染的寄生虫有绦虫、线虫和原虫等。

2. 食源性寄生虫的流行病学

寄生虫可通过多种途径污染食品和饮水，经口进入人体，引起疾病，一般具有两种或两种以上的宿主。食源性寄生虫病的发生具有明显的地域性、地方性，并与人们的生活和饮食习惯密切相关。其暴发流行多因患者近期食用过相同的食物，发病集中，且临床症状相似。

3. 常见的寄生虫

（1）囊尾蚴　囊尾蚴（Cysticercus）是寄生在人的小肠中的猪有钩绦虫（Taenia solium）和牛无钩绦虫（Taenia saginata）的幼虫。引起猪、牛的囊虫病（Cysticercosis），猪囊尾蚴也引起人的囊虫病。①病原体的成虫是有钩绦虫或猪肉绦虫、无钩绦虫或牛肉绦虫。幼虫阶段是囊尾蚴，也称为囊虫。囊虫呈椭圆形，乳白色，半透明，位于肌纤维的结缔组织内，长轴与肌纤维平行。②致病机制和临床症状：猪囊尾蚴主要寄生在骨骼肌，其次是心肌和大脑。人如果食用生的或未煮熟的含有囊尾蚴的猪肉，由于肠液及胆汁的刺激，头节即从胞囊中引颈而出，以带钩的吸盘吸附在人的肠壁上从中吸取营养并发育为成虫（绦虫），使人患绦虫病（Taeniasis），在人体内寄生的绦虫可生存很多年。人患绦虫病时出现食欲减退、体重减轻、慢性消化不良、腹痛、腹泻、贫血、消瘦等症状。③控制措施：加强肉品卫生检验，防止患囊尾蚴的猪肉或牛肉进入消费市场。消费者不应食用生肉，或半生不熟的肉，对切肉的刀具、案板、抹布等及时清洗，坚持生熟分开的原则，防止发生交叉污染。注意饮食卫生，生食的水果和蔬菜要清洗干净。加强人类粪便的处理和卫生间的管理，杜绝猪或牛吞食人粪便中可能存在的绦虫的节片或虫卵。

（2）旋毛虫　旋毛虫是一种动物源性人畜共患寄生虫，可导致人、畜以损害横纹肌为主的全身性疾病，几乎所有的哺乳动物对旋毛虫均易感。

①病原体　旋毛虫，即旋毛形线虫，成虫非常细小，虫体呈毛发状，一般寄生于小肠的肠壁上，可分泌具有消化功能和强抗原性的物质，可诱导宿主产生保护性免疫。

②致病机制和临床症状　旋毛虫所引起的寄生虫病通常表现为原因不明的常年肌肉酸痛，重者丧失劳动能力。急性期患者主要表现为发烧、面部水肿、肌痛、腹泻；症状往往持续数周从而造成机体严重衰弱，重度感染者可造成严重的心肌及大脑损伤并可造成死亡。

③控制措施　严格执行肉品卫生检验制度，加强食品卫生监督管理，在流行地区特别要加强对易感动物肉品的旋毛虫检验，严禁未经检疫和检疫不合格的肉类上市。改变生食或半生食猪肉及其他哺乳动物肉的习惯，煮熟烧透；饮具、食具、容器等要生熟分开，用后清洗干净。加强饲养管理，有条件的地方可组织接种疫苗，预防猪感染，切断传染源。消灭旋毛虫的宿主鼠类，减少传染来源。

（3）肺吸虫　肺吸虫又称为并殖吸虫（Paragonlmus），由其寄生所导致的寄生虫病称为肺吸虫病。

①病原体：肺吸虫的新鲜成虫呈红棕色，虫体肥厚而略透明，体形因伸缩而多变。成虫呈椭圆形，腹面扁平，背部稍微隆起，体前端有口吸盘，体中部附近有腹吸盘，雌雄同体。

②致病机制和临床症状：感染肺吸虫后常表现有低热、食欲不振、感觉疲劳、盗汗和荨麻疹等症状。

③控制措施：预防肺吸虫病一种简单有效的方法是不生食或半生食蟹类或蝲蛄等可能含

有肺吸虫的食品，不饮疫区溪水。

二、 食品的化学性安全及其控制

食品的化学性危害是指食品中的有害化学物质所产生的危害。这些有害化学物质存在于食品中的方式很多，有些是在食物原料本身天然存在的，有些是在种植或养殖过程中蓄积的，有些则是在生产加工过程中混入的。相比于食品中的其他危害，蓄积性是化学性危害的显著特点，可通过食物链的生物富集作用在生物或人体内达到很高浓度，从而带来严重的食品安全问题。

（一）食品中的天然毒素

食品中的天然毒素是指食品中自然存在的毒素，它们可能是为发挥特定作用而存在，如抵御捕食者、昆虫或微生物的化学防卫，或者因贮藏方法不当，在一定条件下产生的某种有毒成分。它们或是微生物分泌的有毒物质，或直接在食品中形成存在，或是食物链迁移的结果。根据来源的不同，食品中的天然毒素可分为：真菌毒素、藻类毒素、植物毒素和动物毒素。这些毒素有形形色色的化学结构，其性质和毒性也大有分别。

1. 真菌毒素

真菌是一类有细胞壁，不含叶绿素，无根、茎、叶，以腐生或寄生方式生存，能进行有性或无性繁殖的微生物。自然界中的真菌分布十分广泛，有些可用来加工食品，有些可造成食品的腐败变质。有些真菌本身不仅作为病原体引发人类疾病，其代谢产物真菌毒素也对人及动物造成危害。真菌毒素是农产品的主要污染物之一，人畜进食被其污染的粮油食品可导致急、慢性真菌毒素中毒症。

2. 藻类毒素

藻类毒素是由微小的单细胞藻类产生的毒性成分，对人类食品的影响常见于海产品中。海藻位于海洋食物链的始端，在生长过程中所产生的毒素会通过生物链在海产品内蓄积。最重要的海洋藻类毒素有：腹泻性贝毒素（DSP）、麻痹性贝毒素（PSP）、神经性贝毒素（NSP）、失忆性贝毒素（ASP）和鱼肉毒素（CFP）。

3. 植物毒素

植物毒素是指某些植物中存在的对人体健康有害的非营养性天然物质成分；或因贮藏方法不当，在一定条件下产生的某种有毒成分。有毒植物的种类很多，我国约有1300种，分别属于140个科。植物的毒性主要取决于其所含的有害化学成分，如妨碍营养物质吸收或破坏营养物质，甚至是毒素或致癌的化学物质，它们虽然含量少，但却表现出很强的毒害作用而严重影响了食品的安全性。

4. 动物毒素

随着人们生活水平的提高，人们的饮食结构越来越多样化，对动物食品的摄入量急剧升高，动物食品的营养价值很高，但也易含有危害物质。动物食品中的毒素主要有河豚毒素（TTX）、蟾蜍毒素、组胺、动物甲状腺毒素和动物肾上腺毒素。

（二）食品过敏原

过敏反应是一种免疫功能失调症，是指由于外来的抗原物质与体内特异性抗体结合后由肥大细胞、嗜碱性粒细胞释放大量过敏介质而造成的一组临床症候群。食品过敏原是指食物中能够引起机体免疫系统异常反应的成分，一般是相对分子质量为10000~70000的蛋白质或糖蛋白。

最常见的食品过敏原包括"八大样"和"八小样"。"八大样"主要包括蛋品、牛乳、花生、黄豆、小麦、树木坚果、鱼类和甲壳类食品，"八小样"主要指芝麻籽、葵花子、棉籽、罂粟籽、水果、豆类（不包括绿豆）、豌豆和小扁豆。大多数食品过敏原是一些对食品处理过程、烹饪和消化过程具有抗性的高稳定性蛋白质分子。但也有例外，如苹果等新鲜水果及蔬菜中的某些过敏原就是一些不稳定蛋白质。一般来说，稳定性过敏原引发的过敏反应主要发生在口腔黏膜上，因为它们被降解后就会失去过敏原性。但消化过程中食品过敏原的抗原表位是否会改变，从而影响其致敏性，进而引发过敏反应还有待进一步研究证实。

（三）无意或偶然加入的化学品

从陆地和水生环境中的生产到人们对产品的消费，在这条食物链中，污染产生的源头和路径是相当复杂的。除了食品中的生物性危害，有害金属和某些有机物等化学物质也会通过食物的摄入进入人体，从而威胁人类健康。这类污染源主要是食品加工过程中的生产环境或食品贮藏过程中的包装及容器，包括有害重金属，如铅、镉、汞、砷等；有害有机物，如多氯联苯、二噁英、塑化剂、酚类化合物等。

（四）农药残留

农药是指用于预防、消灭或者控制危害农业、林业的病、虫、草和其他有害生物以及有目的地调节、控制、影响植物和有害生物代谢、生长、发育、繁殖过程的化学合成或者来源于生物、其他天然产物及应用生物技术产生的一种物质或者几种物质的混合物及其制剂。根据来源又可分为化学合成农药、生物源农药、矿物源农药以及转基因植物农药。

农药残留是指使用农药后残存于生物体、食品和环境中的微量农药原体、有毒代谢物、降解物和杂质的总称。农药对食品的污染可通过以下途径：①农药对作物的直接污染；在农业生产中，农药直接喷洒于农作物的茎、叶、花和果实等表面，造成农产品污染。②作物对污染环境中农药的吸收；在田间喷药时，大部分农药是洒落在农田中，有些残存在土壤中，有些被冲刷至池塘、湖泊、河流中，在有农药污染的土壤中栽培作物时，残存的农药又可能被吸收而造成污染；池塘、湖泊、河流等被污染后，被鱼等水生生物吸收而造成水生食品的污染。③通过食物链的生物富集作用污染食品；生物体能不断从环境中吸收低剂量的农药，并逐渐在其体内积累。④加工和贮运中污染，食品在加工、贮藏和运输中，使用被农药污染的容器、运输工具，或者与农药混放、混装均可造成农药污染。

（五）兽药残留

兽药残留是指动物产品的任何可食部分所含兽药的母体化合物及（或）其代谢物，以及与兽药有关的杂质。产生兽药残留的主要原因大致有以下几个方面：①兽药使用不科学、不规范。②人为添加。在养殖过程中，普遍存在长期使用药物添加剂，随意使用新或高效抗生素，大量使用医用药物等现象。③屠宰前用药。屠宰前使用兽药用来掩饰有病畜禽临床症状，以逃避宰前检验，这也能造成肉食畜产品中的兽药残留。

三、食品的物理性安全及其控制

物理污染物是在食物中发现的异杂物，摄入后会对消费者造成伤害或发病。根据污染物来源可将其分为天然污染物和机械污染物，其中天然污染物主要包括以下3种：

（1）无机物污染物 包括土壤、石块、沙粒、灰尘、金属、玻璃、纤维等。

（2）植物污染物 包括杂草、叶子、根、茎、谷物穗等。

（3）动物污染物 包括蛆虫、昆虫、啮齿动物、家禽及其毛羽等。

机械污染物主要有以下来源：机械设备、包装材料、水、地板覆盖物和建筑材料及工作人员。表6-13总结了食品中常见的物理污染物及其来源。

表6-13　　　　　　　　　食品中常见的物理污染物及其来源

物理污染	来源
玻璃	原料、包装材料、照明设备、实验室仪器、加工设备等
金属	原料、办公用品（按钉、曲别针、订书钉等）、电线、清洁用具、钢丝、螺钉、螺母、机器、员工等
石块、根、茎、叶	植物性原料、食品加工设备周围环境等
木制品	植物性原料、包装材料（箱柜、篓、垫板等）
首饰、头发、指甲	人员
塑料	包装材料（柔性或硬性塑料）
绝缘体	建筑材料、加工设备
昆虫及其他秽物	原料、食品加工设备周围环境
骨头	原料、不良的加工过程
纸板	包装材料

思政案例

农业食品加工指把农、林、牧、渔业产品转化为人类食品消耗品。近年来中国农业食品加工业市场规模保持稳定增长，行业发展前景可观。按收入计算，农业食品加工行业的市场规模从2017年的36614亿元增长到2021年的43179亿元，复合年增长率约为4.5%。随着加工技术迭代、分销渠道和行业整合扩大，农业食品加工行业的市场规模预期在2022年达到44292亿元。随着农业食品加工业的迅速扩张和加工方式的发展，我国农业食品加工越来越多地采用先进技术。中国政府鼓励现代农业食品加工设施和技术的升级发展。真空冷冻干燥、超高压灭菌、微波干燥、远红外加热技术等多种现代加工技术逐步得到应用，提高了效率，增加了产能，继而促进了我国农业食品加工行业的发展。

摘自中商情报网《2022年中国农业食品加工行业市场规模及发展前景预测分析》（2022-07-02）。

课程思政育人目标：引导学生认识到食品加工业在我国国民经济发展中的重要地位，深化理解现代食品加工技术的发展对食品加工业的推动作用，从而激发学生对食品专业的学习热情，涵养科技报国的家国情怀，自觉投入到建设祖国社会主义现代化的宏伟蓝图中去。

🔍 **本章思考题**

1. 常见的粮油类原料有哪些？
2. 果蔬类原料的基本化学组成有哪些成分？
3. 简述澄清果蔬汁的一般加工工艺。
4. 简述巴氏杀菌乳的一般加工工艺。
5. 简述蛋粉的生产工艺。
6. 食品分析与检验包括哪些内容？
7. 食品分析与检验有哪些方法？
8. 简述食品保藏的方法。
9. 食品中有哪些生物性危害？
10. 食品中有哪些化学性危害？

CHAPTER

7

第七章

食品开发、管理与营销

1. 了解食品新产品开发的方法，培养不断创新的科学精神；
2. 熟悉食品企业管理的内容和方法，树立诚实守信和遵守职业操守的观念；
3. 了解食品市场营销的现状，熟悉常见的营销战略和方法。

第一节 食品新产品开发

一、食品新产品开发的意义

社会在发展，食品就要不断地创新，不断地开发新产品，这包括采用新原料、应用新技术、改进新工艺、提高食品营养价值、食品文化的发展等多方面。任何企业，包括那些年销售额上百亿元的大企业，并不是长兴不衰，它们的命运是与创新相联系的。产品创新是企业竞争制胜的法宝，因此，每一个希望发展的食品企业都在研究自己的对手，研究消费者的喜好，不断对自己的产品进行创新。

（一）食品类产品生命周期的意义

单从食品来说，无论面包、馒头、饮料还是酒，它是一个生命周期没有消退期的产品，因为人类必须食用食品，但是食品类产品又确实存在一个生命周期，否则我们的新产品就无须开发了。食品类产品的生命周期一般指某类食品中某一个产品类型或种类的生命周期。比如饮料中的碳酸饮料、蛋白饮料，酒类中的甜白酒、甜啤酒，面包中的酸面包、夹馅面包等。

产品生命周期使我们认识到大多数食品类产品的市场生命也是有限的。因此，企业开发食品新产品也必须考虑产品的生命周期。①企业在规划食品产品组合时必须考虑产品生命周期这一重要因素，尽量选择生命周期长的食品，或通过研发延长所生产食品的生命周期。②在食品类产品生命周期的每一阶段都对企业经营提出了不同的挑战。企业必须一方面从产品完整的生命周期出发考虑产品的贡献，另一方面从产品所处的不同阶段出发制定不同的营销策略。③虽然食品等产品生命周期可以在一定程度上延长，但随着科技迅猛发展，产品生命周期一直呈缩减趋势。因此，持续地开发新产品是企业长期生存的必要条件，也成为企业兴衰存亡的关键。

食品属于快速消费品，其产品周转周期短，进入市场的道路短而宽。因而使用寿命较短，消费速度较快。新产品的食品企业如无视消费者的新需要，就会失去长足发展的生命动力。

（二）开发食品新产品的意义

1. 开发新产品是企业生存和发展的根本保证

科学技术的发展以及它们在生产中的应用，使生产力飞速发展，产品日新月异，产品生命周期出现缩短的趋势，这给食品行业企业带来了巨大压力。企业必须利用科技新成果不断进行新产品开发，才能在市场上有立足之地。因此，新产品开发已成为企业生存和发展的支柱，只有这样才能做到"生产一代、改进一代、淘汰一代、研发一代、储备一代"的产品研发战略。

2. 开发新产品是提高企业竞争能力的重要手段

没有产品开发能力，企业也就没有竞争能力。不断地创新，不断地开发新产品，是增强企业竞争能力的必要条件，也有利于分散企业的经营风险。在激烈的商战中，谁拥有新产品，谁就占据市场竞争的有利地位。企业要想在竞争中立于不败之地，就必须根据市场需求和竞争对手的变化，不断推陈出新，给市场注入"新鲜血液"，及时填补市场空白，抢占市场制高点，控制生产、流通和消费的导向权，这样才能做到"人无我有，人有我优，人优我全，人全我廉，人廉我特，人特我新"。

3. 开发新产品是提高企业经济效益的重要手段

新产品开发成功与否，直接关系到实现企业的业绩与利润目标，它有利于充分利用企业的资源和生产能力、提高劳动生产率，增加产量，降低成本，取得更好的经济效益。新产品上市成功与否是实现利润目标的重要变量。

4. 开发新产品是满足消费者需求、提高国家综合实力、推动社会进步的需要

只有不断地开发新产品，及时采用新技术、新材料、新设备，不断推陈出新，逐步替代老产品，不断地开拓新市场，才能适应不断变化的市场需求，更好地满足现实和潜在的需求，才能尽快促进社会生产力的发展。

二、 新产品的概念和分类

（一） 新产品的概念

新产品就是指采用新技术原理、新的设计、新的构思、新的材料而研制、生产的全新产品，或在功能、结构、材质、工艺等某方面比原有产品有明显改进，从而显著提高了产品性能或扩大了使用功能，技术含量达到先进水平，经连续生产性能稳定、可靠、有经济效益的产品。新产品既包括政府有关部门认定并在有效期内的新产品，也包括企业自行研制开发、未经政府有关部门认定，从投产之日起一年内的新产品。新产品往往随着科技突破而出现，可以用来反映科技产出及对经济增长的直接贡献。

（二） 新产品的分类

新产品从不同角度或按照不同的标准有多种分类方法，常见的分类方法有以下几种。

1. 从市场角度和技术角度分类

从市场角度和技术角度，可将新产品分为市场型新产品和技术型新产品2类。

（1）市场型新产品　指产品实体的主体和本质没有什么变化，只改变了色泽、形状、设计装潢等的产品，不需要使用新的技术。其中也包括因营销手段和要求的变化而引起消费者"新"的感觉的流行产品。例如，某种娱乐食品的包装瓶由圆形改为方形或其他异形，它们刚出现也被认为是市场型新产品。

（2）技术型新产品　指由于科学技术的进步和工程技术的突破而产生的新产品。不论是功能还是质量，它与原有的类似功能的产品相比都有了较大的变化。例如，加入了功能性成分而不断丰富其营养成分的饼干、快餐等都属于技术型新产品。

2. 按新产品新颖程度分类

按新产品新颖程度，可分为全新新产品、换代新产品、改进新作品、仿制新产品、形成系列型新产品、降低成本型新产品和新牌子产品等。

（1）全新新产品　指采用新原理、新材料及新技术制造出来的前所未有的产品。全新新产品是应用科学技术新成果的产物，它往往代表科学技术发展史上的一个新突破。它的出现，从研制到大批量生产，往往需要耗费大量的人力、物力、财力，这不是一般企业所能胜任的。因此，它是企业在竞争中取胜的有力武器。例如，冻干蔬菜、微胶囊化香精、人参超微粉、超高压泡菜、常温保鲜的新鲜米线、保质期较长的蛋黄派类蛋糕等的问世就属于全新新产品，它占新产品的比例为10%左右。

（2）换代新产品　指在原有产品的基础上采用新材料、新工艺制造出的适应新用途、满足新需求的产品。它的开发难度较全新新产品小，是企业进行新产品开发的重要形式。例如，应用降酸新技术生产的山葡萄酒，采用魔芋生产的豆腐等，都是换代新产品。

（3）改进新产品　指在材料、构造、性能和包装等某一个方面或几个方面，对市场上现有产品进行改进，以提高质量或实现多样化，满足不同消费者需求的产品。它的开发难度不大，也是企业产品发展经常采用的形式。例如，异型包装的葡萄酒、荞麦面的水饺等新产品。改进和换代新产品目前占市场的20%~30%。

（4）仿制新产品　指对市场上已有的新产品在局部进行改进和创新，但保持基本原理和结构不变而仿制出来的产品。落后国家对先进国家已经投入市场的产品的仿制，有利于填补其国内生产空白，提高企业的技术水平。例如，我国借鉴国外的速冻调理食品生产的速冻培根菜卷、速冻春卷等。在生产仿制新产品时，一定要注意知识产权的保护问题。此类产品占新产品的20%左右。

（5）形成系列型新产品　指在原有的产品大类中开发出新的品种、花色、规格等，从而与企业原有产品形成系列，扩大产品的目标市场。例如，夹馅糖葫芦、加外包装的糖葫芦，还有不用山楂而用大枣、海棠果等制成的糖葫芦，不用竹签串起来的糖葫芦等。该类型产品占新产品的26%左右。

（6）降低成本型新产品　指以较低的成本提供同样性能的新产品，主要是指企业利用新科技，改进生产工艺或提高生产效率，削减原产品的成本，但保持原有功能不变的新产品。例如，罐头为玻璃罐和马口铁易拉罐包装，但是采用复合塑料薄膜生产的软罐头则降低了生产成本而性能变化不大。这种新产品的比例为11%左右。

（7）新牌子产品　即重新定位型新产品。指在对老产品实体微调的基础上改换产品的品牌和包装进入新的市场，带给消费者新的消费利益，使消费者得到新的满足的产品。一般多是主品牌的副品牌，是主产品的补充。

3. 按新产品的区域特征分类

按新产品的区域特征分类可分为国际新产品、国内新产品、地区新产品和企业新产品。

（1）国际新产品　指在世界范围内首次生产和销售的产品。例如，玉米面水饺，采用了新技术使玉米面的筋性增加。

（2）国内新产品　指在国外已经不是新产品，但在国内还是第一次生产和销售的产品。它一般为引进国外先进技术，填补国内空白的产品。例如，西式奶酪的生产、沙拉酱的生产等。

（3）地区新产品和企业新产品　指国内已有，但本地区或本企业第一次生产和销售的产品。它是企业经常采用的一种产品发展形式。例如，东北地区某企业生产的凉茶饮料、龟苓膏，南方某地区企业生产的具有包装的夹馅糖葫芦等。

除上述常见分类外，也有的按产品技术开发方式将新产品分为独立研制的新产品、联合开发的新产品和引进的新产品；按新产品先进程度将新产品分为创新型的新产品、消化吸收型的新产品和改进型新产品；按产品用途归属将新产品分为生产资料类的新产品和消费资料类的新产品等。

三、 新产品开发、创新的原则和方式

（一）新产品开发的原则

1. 目标市场清晰

产品的定位要清晰，很多厂家都希望自己的产品可以卖给市场所有的消费者。这是个很美好的愿望，但往往是很难实现的。即使是可乐的品牌，它的定位也只是有一定消费能力的年轻人。

2. 市场容量足够大

目标市场的容量要能给这个产品 3~5 年的发展空间。比如，有些无糖食品的目标市场定位在患有糖尿病的特定人群，在产品开发与推广上投入了大量的费用，但是由于潜在消费人群数量的限制，最终销量并不大。这类产品一般作为补充型产品来运作，如果作为重点产品操作，最终失败的可能性较大。

3. 产品生命周期较长

每个产品都有其特定的生命周期，从产品的市场进入期到衰退期，长则上百年，如可乐、传统饼干等，短则一年半载，如蛋黄饼、儿童用的异型瓶装水等。影响产品生命周期的因素有很多，所以要考虑行业的生命周期，某个品类的生命周期，产品的质量，产品的推广手段、竞争状态、可替代性等。

4. 盈利空间较大

产品上市之初的定价一定要留下较大的利润空间，为以后保证渠道的利润、产品的促销、应对对手的竞争、延长产品的生命周期等留下足够的可操作空间。例如，真空包装的即食山野菜，上市之初其价格比普通袋装酱菜高一倍，随着其他厂家产品的上市该产品降价应对，稳定占领了市场。最忌讳新品上市就以低价打市场，希望以此扩大市场占有率，从而达到控制市场的目的，但最终的结局往往是产品进入无利润区而退出市场。

5. 具有差异性

分析与竞争品牌是否存在差异性，差异性可以是产品功能的差异、价格的差异、渠道的差异、定位的差异等，产品只有存在差异性，才有可能具有一定的竞争优势。例如，速冻水饺是传统食品产业化的成功范例，市场前景较好，某厂生产出野菜馅的速冻水饺就与市场上已有的产品产生了差异，所以销售较快。

6. 能够构建壁垒

产品是否能通过申请专利或者其他有效地方式构建相关品类壁垒，这种壁垒可以是技术壁垒、资金壁垒、成本壁垒、包装或产品形式的专利壁垒等，构建壁垒有助于企业拥有足够长的盈利期。

7. 品牌关联度

推出的新品一定要与品牌的核心价值有紧密的关联度，否则也将导致失败。例如，某公司主要生产销售休闲食品，曾经推出系列的瓶装酱菜，但最终的结果却不尽如人意，失败的原因是，消费者无法将酱菜当作一个休闲食品来食用，后期其推出的牛乳饮料却能获得成功，一个基本原因就在于牛乳饮料属于休闲食品范畴。

（二）产品创新的原则

新产品开发离不开创新，对一个企业而言，没有创新的产品就没有发展，没有发展就意味着无法生存。产品创新要有专门的研发部门，要培养起一批本土化的专业技术人员，还要遵循以下几个原则。

1. 主流性

食品的产品创新，应该走主流化道路，只有把握主流消费的趋势，才能取得产品创新的成功。从中国饮料产业发展过程的回顾中可以看出，现有饮料市场强势品牌几乎都是伴随着某一主流趋势的兴起而成长的。

改革开放之初，饮料的基本功能是"解渴"，于是可乐掀起了中国饮料发展的第一波碳酸饮料狂潮；第二波是20世纪90年代掀起的瓶装饮用水浪潮，一度成了90年代中后期的主流饮料。随后，生活水平提高则催生出了与西方咖啡齐名的真正的民族饮料——茶饮料，许多企业在传统茶饮料的基础上进行了产品创新。到了21世纪初，果汁饮料以"维生素"和"美容"的面目出现，大量以营养为诉求的产品出现并获得消费者青睐。

2. 适度性

产品创新要适度，即"适度领先，超前半步"的原则。例如，某品牌香草可乐是跟在可口可乐香草味产品之后的一个跟随性产品，因为有了香草可口可乐之前的销量佐证，该品牌香草可乐就不用过分担心市场规模的风险。但是，某品牌创新过度，在可乐中加入了中草药和薄荷，改变了可乐的口味，把可乐产品本身革新掉了，消费者则是难以接受的。

3. 差异性

产品创新的直接目的就是创造产品的差异性，增强企业产品的差异化优势，加大产品在细分市场的领导力。突破新市场的方法有两种：第一，进入一个没有对手的领域，创造新品种；第二，在产品卖点上做严格的差异化。例如，某食品公司率先推出的"优先乳"产品，从创新的品类和产品名等表象来看，似乎就是一个不错的创新型产品，但它只是在概念上的一次创意。

4. 时代性

对于企业个体而言，产品创新不是时刻存在的，它是以时代机遇为基础的。好的产品创新并不能一定保证产品获得成功，它必须与时代大环境相适应。对时代环境而言，产品创新如果出现得太晚，那就可能已经过时或者被人领先；反之，如果出现得太早，就可能会使消费者无法理解和接受。例如，某品牌茶饮料虽然产品创新，但是过早地切入市场，被后来的知名企业茶饮料产品所淹没。

（三）产品创新方法

原则是成功的前提，而方法则是成功的保证，产品创新是一项理性的创造，那么，它一定有客观规律可循。我们一般将产品创新分为 4 大类，即产品技术创新、产品功能创新、产品外观创新以及产品价值创新。

1. 产品技术创新

当技术创新产生的效果具有更节能、操作更加便利、成本更低等特性时，我们就认为这种技术创新产生了完全创新型的产品，而完全创新型产品是引领消费新潮流，颠覆市场旧格局，获取市场新利润（及暴利）的最佳方式。

历史上每一次技术上的革新都会为企业带来新的发展机会，甚至产生行业竞争格局的变化。例如，新式软月饼取代老式白糖硬月饼，自热方便米饭取代传统盒饭，夹心糖葫芦取代传统无馅糖葫芦，保鲜蛋黄派蛋糕取代老式蛋糕，微波加热食品取代传统袋装食品等。

技术创新对于企业来说是高投入、高效益、高风险的行为，成则昌，败则亡。所以，企业一定要根据行业的发展情况与自身的实力来进行技术发展战略的决策，切记不能盲目追求技术上的创新。

2. 产品功能创新

相对于完全的技术创新来说，在原有技术基础上进行局部革新可能是更多企业的现实选择，不仅容易实现，而且风险比较小，在原有产品形态基础上进行，消费者需求不变，不需要进行市场教育，不仅节省费用，而且失败的风险较低。一般分为增加使用的方便性，增加使用的功能性和增加使用的稳定性 3 种。如果这些增加的产品特性能增加消费者对产品的喜好，或者消费者乐于付出额外代价，就是成功的创新。

3. 产品外观创新

一个好的产品不仅要追求好的品质、完善的功能，更要追求具有美感的外观。毕竟，对一件产品而言，人们对它的第一印象来源于它的外观。除了产品软件方面的创新外，产品外观的变化也能够使企业的产品线更加丰富，满足消费者选择的多样性需求，特别是在食品行业，产品成功与否，外观设计占了很大的比重。

对于外观上的创新来说，主要有以下几个方面：外观颜色、外观材质、外观形状、包装形象提升等。例如，某老牌国有企业，以生产传统调味品为主，多年来一直以低端形象主打流通渠道，随着近几年商超渠道的盛行和流通渠道的萎缩，企业着手规划进入商超渠道。通过对原有产品在材质、形态、设计理念等外观表现上的颠覆性创新，一改其传统产品低端流通形象，迅速提高产品档次，在糖酒会上大放异彩，很快在全国市场打开了局面。

4. 产品价值创新

产品价值创新是产品创新中最容易赢得市场的创新方式，它是针对消费者和细分市场进行的最直接的改变，能迅速获得消费者的认同感，并占领市场，在较短的时间内实现飞速发展，成为细分市场的领先产品。

虽然产品创新是一种理性创造，但事实上，没有严格的标准来检验，因此，很多时候产品创新只能是"听天由命"，等待市场检验，自然不可避免出现创新失败的风险。每个企业的具体情况不一样，但是产品创新的思路和方法是不会变的。在大的原则指导下，运用合适的创新手段，结合企业实际而推出的创新型产品，从诞生之日起就具备了先天优势，如果市场运作得当，前景将非常光明。

（四）新产品的开发方式

新产品的开发方式包括独立研制开发、技术引进、研制与技术引进相结合、协作研究、合同式新产品开发和购买专利等。

1. 独立研制开发

独立研制开发指企业依靠自己的科研力量开发新产品。它包括三种具体的形式：①从基础理论研究开始，经过应用研究和开发研究，最终开发出新产品。一般是技术力量和资金雄厚的企业采用这种方式。②利用已有的基础理论，进行应用研究和开发研究，开发出新产品。③利用现有的基础理论和应用理论的成果进行开发研究，开发出新产品。

2. 技术引进

技术引进是指企业通过购买别人的先进技术和研究成果，开发自己的新产品，既可以从国外引进技术，也可以从国内其他地区引进技术。这种方式不仅能节约研制费用，避免研制风险，而且还节约了研制的时间，保证了新产品在技术上的先进性。因此，这种方式被许多开发力量不强的企业所采用，但难以在市场上形成绝对的优势，也难以拥有较高的市场占有率。

3. 研制与技术引进相结合

研制与技术引进相结合指企业在开发新产品时既利用自己的科研力量研制，又引进先进的技术，并通过对引进技术的消化吸收与企业的技术相结合，创造出本企业的新产品。这种方式使研制促进引进技术的消化吸收，使引进技术为研制提供条件，从而可以加快新产品的开发。

4. 协作研究

协作研究指企业与企业、企业与科研单位、企业与高等院校之间协作开发新产品。这种方式有利于充分利用社会的科研力量，发挥各方面的长处，有利于把科技成果迅速转化为生产力。

5. 合同式新产品开发

合同式新产品开发指企业雇用社会上的独立研究的人员或新产品开发机构，为企业开发新产品。

6. 购买专利

购买专利是指企业通过向有关研究部门、开发企业或社会上其他机构购买某种新产品的专利权来开发新产品。这种方式可以大大节约新产品开发的时间。

四、新产品开发的过程

新产品开发是一项既复杂，投资风险又很大的工作，为了提高新产品开发的成功率，把有限的人力、财力、物力用在刀刃上，将新产品风险降至最低水平，必须建立科学的新产开发程序。不同行业的生产条件与产品项目不同，程序也会有所差异，但一般企业新产品开发的过程包括以下几个环节（图7-1）。

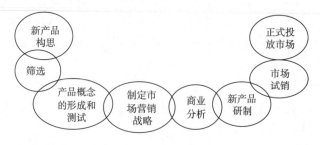

图7-1　新产品开发过程
资料来源：吴澎，张仁堂，2012.

（一）新产品构思

新产品构思是指对新产品基本轮廓结构的设想。它是新产品开发的基础与起点，没有构思就不可能生产出新产品实体。一个好的构思，往往等于新产品开发成功的一半，而一个成功的新产品，首先来自有创见性的构思。

新产品构思的来源是多方面的，一般来源包括：一是企业内部的科研机构、业务部门和营销人员的建议；二是企业外部专家、代理商、经销商、消费者或用户的建议；三是从国际、国内市场收集样品、启发构思。最有价值的新产品构思创意信息来自营销部门的有关人员，他们直接接触市场，最了解消费者的需求。

（二）筛选

筛选是指从收集到的许多构思中剔除与本企业发展目标和长远利益不一致，或本企业条件尚不具备的新产品构思，选出具备开发条件的构思方案。筛选过程实际上是一个决策过程，也就是决定企业应开发哪些产品，不开发哪些产品。

（三）产品概念的形成和测试

产品概念是指已经成型的产品构思，即用文字、图像、模型等将产品名称、质量、规格、特征、功能、样式、色泽、包装、商标、售后服务等内容，予以清晰阐述，使之在顾客心中形成一种潜在的产品形象。新产品的构思仅仅是一种创意或想法，而顾客所要买的一个实实在在的产品，而非产品的创意。所以产品创意必须经过产品具体化的过程，即将创意变成一个清楚的"产品整体概念"，并能够将它们进一步发展成为有商品价值的实质产品或服务。

新产品整体概念形成后，为了判断产品整体中哪些因素为消费者满意，可以将新产品整体形象放到消费者中进行产品概念测试。概念测试一般要在目标市场中选择有代表性的顾客群进行，测试时将概念以符号或实物的方式进行表达，然后收集顾客的反应。概念测试所获得的信息将使企业进一步充实产品概念，使之更适合顾客的需要，而且还为企业制定新产品的市场营销计划和进一步设计研制新产品提供依据。

（四）制定市场营销战略

企业选择了最佳的产品概念后，必须制定把新产品引入市场的营销战略初步计划，并在以后的各开发阶段得到进一步的完善。

（五）商业分析

商业分析也称效益分析，是指从经济效益角度分析产品概念是否符合企业目标。具体分析时主要考察新产品的预计销售量、成本、投资收益率和利润等经济指标。商业分析的目的是在发生进一步开发费用之前，剔除不能盈利的产品概念。

（六）新产品研制

新产品研制主要是将通过商业分析的产品整体概念，送交研究开发部门或技术工艺部门，试制成为产品模型或样品，同时进行包装的研制和品牌的设计。这一阶段是新产品开发从理论研究向生产实践转换的阶段。它是对新产品全部构思的可行性的检验，只有通过产品研制才能使产品构思变成产品实体，才能正式判断新产品在技术上的可行性。

（七）市场试销

市场试销也称市场检验，是指把根据选定的产品概念研制出的产品，投放到通过挑选并具有代表性的小型市场范围内进行销售试验。试销的目的是了解顾客对新产品的反应和意见，以便企业采取相应的营销对策。

（八）正式投放市场

新产品经试销后效果良好，从搜集到的资料证明是成功的，即可将新产品投放市场。新产品就进入了市场生命周期的引入期阶段。

五、食品新产品开发的策略

综合中外企业新产品开发精华，结合我国当前的实际，启发灵感、活化思维进行新产品开发策略的编制（表7-1）。

表7-1　　　　　　　　　　　　　食品新产品开发策略

策略	举例
1. 连锁开发法	分析市场消费结构的内在联系和发展趋势，把握产品之间的连锁关系。例如，传统食品饺子带动饺子面、饺子醋、饺子酱油等产品的开发
2. 冷门开发法	方便面开发出来后，都是用热水浸泡来食用，虽然方便但还需要泡开，有企业开发出干脆面
3. 缺点逆用法	某烟厂生产的保健香烟形成销售旋风
4. 改头换面法	根据产品的文化内涵和科技内涵将原产品另取名称，赋予新的含义。例如，湖北省某品牌酒销售不畅，后来根据考古发掘出编钟乐器，改为"钟乐"商标，换成编钟造型包装而名扬海外
5. 寻找漏洞法	各个产品在使用中总有不足之处，通过开展小发明、小革新、小设计和小建议活动来弥补漏洞赢得市场。例如，开发彩色巧克力等
6. 功能变换法	根据消费者需要，增减功能。例如，白酒增加保健的功能生产出药酒
7. 材料变换法	变换其中某些材料，使产品产生新的性能和功效。例如，某企业以木糖醇代替白砂糖，开发出无糖的饼干、月饼、蛋糕和面包等

续表

策略	举例
8. 外形变换法	凭外观的标新立异，博得人们宠爱。例如，水果罐头现在销路一般，企业多通过包装瓶的标新立异来吸引消费者
9. 出奇开发法	开发出奇特功能的产品来出奇制胜。如咸味、辣味的饮料，供给某些特定的地区。馅饼历来都是圆的，那么用面片和馅卷起来的长卷再围成一个圆形的饼就避免了馅饼馅分布不均匀的缺点
10. "一次"开发法	开发价格低廉、用后即扔的"一次性"使用产品。例如，开发小包装的葡萄酒、白酒等产品，避免了一次喝不完而引起的质量变化
11. "迷你"开发法	以小巧美观、便于携带取胜。其特点是轻、薄、短、小，备受消费者欢迎，例如，100mL装的扁瓶白酒，便于携带；脱水蔬菜便于运输和储存
12. "怪缺"开发法	"怪缺"产品的市场需求量也不少，主要指特殊人群需要的食品。例如，盲人需要的食品，职业病人食品等
13. 仿古开发法	例如，青色古香的酒类礼品装，还有从名称上体现古韵的御酒、红楼食品等
14. 满足好奇法	满足消费者的好奇心，例如，开发出的"跳跳糖""自混合式饮料"等
15. 发现需要法	日本人发明的方便面，就是从人们快节奏生活中发现的。野外作业人员食用的一拉热自热米饭等则是从野外饮食中发现的，"一拉热方便米饭""自热牛肉罐头"等是根据旅游中人们的饮食需要发现的
16. 配套开发法	小企业着力开发大企业不屑生产的小食品，或给大企业提供配套产品。关键是瞄准紧俏产品和目标选得准。例如，青红丝、清水保鲜蕨菜、方便面酱包、调料包、肉包等
17. 再生开发法	例如，用可食用的包装袋（盒）包装的食品、用水果罐头下脚料开发的配制酒等，可大大降低成本
18. 开发节能产品法	例如，高压锅食品、微波炉食品、超高压加工的食品等
19. 开发环保产品法	例如，无烟烧烤的肉串，采用烟熏液代替果木熏制的香肠、腊肉等大受欢迎
20. 追求流行法	及时而又准确地预测市场信息、开发相应的流行产品。例如，带果粒的蓝莓饮料满足了人们见到真材实料的心理，它来源于十年前人们开发的一种将罐头中的水果切片装入透明塑料杯中以吸引消费者的带果块的饮料产品。还有依赖某电视剧、电影流行，国内、国际大型事件的发生都可以依次开发出相应品牌的食品
21. 逆反开发法	利用逆反消费心理开发出的新产品，同样销路好。例如，传统月饼是硬的就开发软的月饼。糖果也是硬的，就开发出软糖果。榛磨、木耳、竹笋等都是干品，开发出泡发的榛磨、木耳、竹笋，满足了人们方便的需求，一时销路极好

续表

策略	举例
22. 创造市场法	一般认为，在市场经济条件下，左右市场消费结构的是消费者，而不是生产厂家。例如，保健食品"脑白金"就是创造了"送礼就送脑白金"的消费时尚，做到了引导消费
23. 创造惬意法	让人们使用起来更舒适，更能消除压力和疲劳。保健食品可以归为此类，开发具有解酒功能的保健饮料产品
24. 交叉开发法	新中国成立初期实行的是男性中心创意法，以男性眼光设计男性专用产品和女性专用产品，致使许多产品不适用而积压。后来发展为同性创意法，即男性设计男性专用产品，女性设计女性专用产品。现在出现了异性创意法，即男性也注意开发女性专用产品，例如，适合女人喝的饮料、酒等，而女性也注意开发男性专用产品，例如，男人食用的滋补食品等
25. 直观开发法	根据某种消费现象，进行纵横延伸的直观思维，找出新产品开发的路数。例如，削水果皮机、包饺子机、压面机、搅拌机，保鲜面片、保鲜面条等
26. 反观开发法	利用逆向思维反其道而行之，以期新中求异、异中求特。例如，豆腐是压制而成的，某企业开发了直接凝固成型的内酯豆腐，大受欢迎
27. 聚优开发法	把多种相关的开发思路汇聚起来，求得创新。例如，饺子产品可以将饺子馅料经过替代开发出燕窝馅的、鲍鱼馅的、鱼翅馅的等高档饺子产品
28. 发散思维	即从某研究对象出发，由一点联想到多点进行发散思维。例如，碗装方便面问世后，由它发散出碗装的"酸辣粉""羊肉泡馍""皮蛋瘦肉粥""八宝粥""土豆泥""大酱粉"等
29. 开发"保健"法	由于人们的生活水平和消费层次的不断提高，日益注重对保健的投资，因此，开发保健食品市场的潜力很大。例如，各种美容食品、减肥食品、增强记忆力食品等
30. 别出心裁法	含有食盐、辣椒等调味料的产品外观无法区别，故应用此法，将产品用从浅黄色、橙黄色到红色不同颜色深度的包装袋包装以区分不同的辣度和咸度
31. 差异开发法	即利用消费层次或消费习俗的差异化来获得新产品的开发创意。这其中不仅有消费水平、生活方式、文化习俗的差异，而且还有年龄、性别、地区以及民族等多方面的差异，开发的范围很广。由于人们的消费层次不同，注意拉开档次开发新产品。例如，既有上千元的白酒，也有百十元的白酒，还有几元一瓶的小烧白酒等
32. "时差"开发法	某发展中国家的厂商，每到美国、西欧、日本去转一趟，回来后就开发出很多新产品。发达国家现在普及、流行的许多产品，不少是发展中国家一定时间后的走俏产品，利用这一时差来开发国内的新产品
33. 紧跟开发法	有的小型企业技术开发力量薄弱，承担风险的能力差，以自身力量来开发新产品往往心有余而力不足，不妨采取紧跟开发的策略，下决心买下有利的专利或技术，组织力量生产实现效益

续表

策略	举例
34. 高点强攻法	应用高新技术开发新产品，例如，利用膜分离、超微粉碎、气调包装、欧姆杀菌、超临界萃取、超高压、分子蒸馏等食品工程高新技术开发各种食品新产品
35. 钻空隙开发法	搜集国内外著名食品公司产品，分析其市场空隙，盯紧边角市场见缝插针来开发新产品。例如，根据大企业都生产纯净水和矿泉水的现实情况，小企业开发了山泉水
36. 增值开发法	通过深加工提高产品的附加值，玉米是基本的生产原料，也是主食和饲料，将其深加工可以开发出玉米淀粉、玉米变性淀粉、玉米酒精、味精、赖氨酸等，价值大大提高

资料来源：文连奎，张俊艳，2010.

六、 研发人员的素质要求及创新思维影响因素

（一）食品新产品研发人员应具备的素质

食品新产品开发是极其复杂、群众性的探索和创新的事业，需要有胆有识、敢作敢为、勤于思考、勇于创造、能够开创新局面，富有献身精神的创造型人才。这种人才最重要的特征就是创新精神。那些因循守旧、墨守成规、胸怀狭窄、不敢越雷池半步的人，是不能适应改革时代的需要的。在研发的道路上，一个人能走多远取决于他的基础理论知识的掌握程度，一个人能走多快要看他的实践水平和动手能力。因此，食品研发人员要具备一定的素质。

1. 丰富的理论与实践经验

丰富的理论有助于研发人员进行逻辑推理，目的性强，不至于盲目地去做实验，而浪费大量的人力、物力。这种理论既包括思维创造学方面的理论，也包括食品加工工艺、技术方面的理论。丰富的实践经验使开发人员熟悉大生产的单元设备操作，不至于实验在扩大生产时产生意外。一个优秀的食品研发人员必须具备对基础知识的系统掌握，同时具有优秀的动手能力。

2. 知识面及视野宽广

世界的万物是相互联系的，只有视野广了，才容易总结它们并发现其中的规律，只有发现了其中的规律，才能灵活地运用，在食品行业也是如此。

3. 富有创新思维

科技是第一生产力，而创新则是科技的火车头。作为产品研发人员必须具备创新能力，敢于突破常规，突破权威，只要理论上行得通，勤于实践，勇于创新，大都能成功。

4. 综合能力

作为一名真正合格的食品研发人员要有强大的综合能力，不但能熟练地掌握所从事行业的加工工艺，也要了解其他食品工艺的特点，还有就是要熟练掌握食品机械设备、食品包装等方面的有关知识。此外，还要善于总结，要将产品研发过程中发生的成功与失败做详尽的记录和总结，才能不断改进，最终获得成功。

5. 市场能力

所有的产品都是面向市场的，因此，一名优秀的研发人员还必须要关注市场，只有懂得了市场，才能懂得消费心理，懂得成本控制，懂得产品设计。

在实际开发的时候，最复杂的系统不是最好的，最有效的才是最好的，如何使用最简单的技术做出一种有特色的东西，这是一个研发人员应该追求的。

（二）影响创造性思维发展的因素

人人都有创造潜力，为什么有的人发挥出来了，有的人发挥不出来呢？培养创造意识必须排除各种思想上、习惯上的不利因素。

1. 满足现有水平

对现有的产品设计、制造方法、工艺设备、质量标准，以及对现有组织机构、管理规章等过于自满，认为"现在比过去好多了""能做到这样很不简单了"。

2. 刻板僵化，习惯于走老路

刻板是以一种固定的眼光看待事物，不能考虑多种可能性的思维方式和态度，缺乏思维的弹性。长期以来使用的工艺、操作方法、设备管理、章法制度，往往在人的头脑中，形成思维定势，谁要是改变、突破，往往被认为犯规、没事找事，常常以一时一事成功的经验套用到其他方面。

循规蹈矩、因循守旧，总按老框、旧套处理问题。"老师是这么讲的""书本是这么写的"，只能照着做。人是有习惯的，这些习惯常支配人们的思想行动，习惯成自然。人们往往喜欢养成的习惯。因为这样，不用动脑就能把事情完成。这样的人是搞不出发明创造的。

3. 盲目崇拜权威

有些人往往对公认的专家的判断深信不疑，作为全部真理接受下来。不愿触及避讳的事，不敢触犯禁区或悖逆领导、权威、尊长的意愿，注重习惯、传统、规则和他人对自己的印象，而不是深究其是否合理。对权威的盲目崇拜使人们丧失自主性、主动性，没有自主选择、主动积极的努力，安于守旧，无异于扼杀创造力。

4. 过早下结论

自以为重实效，坚持立竿见影，不赞成围绕一课题进行发散思维作深刻的探索。对创造学来说，成功率与设想的数量成正比，即试验的路子越多，成功率就越高。

5. 害怕失败

有的人认为失败是耻辱、难看。害怕出差错，怕失败会惹人笑话。在创新问题上劝人或自劝说"安分点吧""稳当点好"等。害怕自己冒尖、遭到打击。从众心理使人在与别人一致的时候，感到安全，而不一致时，则感到恐慌。从众心理太强的人，往往会丧失人格的自主性。多次失败，最后成功，这在发明创造过程中是经常存在、反复出现的常规现象。"失败是成功之母"，总认为自己是一贯正确的人，是创造不出什么东西的。

6. 自卑感

自卑的人，看不起自己，也根本没想发挥自己的才能，实际上是一种自我埋没。我们常常听到有人说："我不是创造那块料。"或者"我水平低""我外行""我搞不了发明，因为我没上过大学"等。有人会想，认为自己不行，这是一种谦虚的表现，怎么会影响创造力的发挥呢？心理学家研究发现，自卑的人，他会把他所感受到的信息都带上自我否定的倾向性，他的行动也就越发畏缩小心，甚至最后真的变成一个无能的人。殊不知千千万万普通劳动者，在实践中得到真知，在长期工作中得到锻炼，熟能生巧，加上肯钻研，同样能做出发明创造。历史证明，有名皆从无名出，更有无名胜有名。

七、 食品新产品开发的评价

评价就是按照一定的观点来判断一个方案的优劣，选出最佳方案，为产品决策提供科学依据。新产品的评价方法作为开发新产品的工具，是讨论新产品开发工作的主要依据，是确定下一期新目标的基础。

（一）新产品评价的目的

新产品评价，不是新产品开发过程的一个步骤，它贯穿于整个新产品开发过程，从新产品设想的评价、产品使用测试到试销都是对新产品的评价。企业进行新产品评价的目的主要如下。

1. 剔除亏损产品

新产品评价的一个关键目的是筛选出那些将给企业带来财务危机的新产品，使企业在新产品开发中避开造成巨额亏损的风险。

2. 寻求潜在盈利的产品

新产品评价除筛选出亏损产品之外，还必须寻求有潜力的产品。如果企业丧失了产品盈利的机会，那么，它的代价是竞争对手会占领这一市场。

3. 提高产品创新工作效率

新产品评价为一系列的新产品决策提供信息。如审批一项制造产品的决策时，应首先评价项目的价值；做产品广告决策时，必须以市场敏感性评价为基础等。

4. 为后续工作提供指导

一些概念评价技术，如偏好研究、市场细分、感觉性差异，不仅能进行评价，而且能对未来活动方向、市场目标及市场定位提供良好的建议。

5. 维持新产品活动的平衡

企业的新产品活动可能不是唯一的，往往有多个新产品构思的评价同时进行。这样，各个产品的接受、否决、先后顺序应放在一起统筹安排。而且，产品的开发是共同使用企业的资源，需要综合平衡。

（二）新产品评价的内容和方法

食品新产品开发评价包括立项评价、创意构思评价和应用效果评价。其主要内容是立项构思的可行性评价、产品质量评价和市场应用效果评价，质量评价包括理化指标分析和产品感官质量评价，方法如下。

1. 专家评价法

该法是以评价者（专家）的主观判断为基础的一种评价方法。

2. 经济评价方法

该法是以经济指标为标准进行定量研究、评价的方法。

3. 运筹学评价法（OR 法）

该法运用运筹学原理，以解决新产品研究开发（特别是大型项目）中的实际问题。该法是利用数学模型对多种因素的变化进行动态定量分析。

专家评价法是一种直观的定量法，由于方法简便被称为"最实用的评价方法"。对于产品的感官评价现在有了更精确的量化方法，就是采用物性测定仪测量食品的物理特性，如嫩度、柔韧度、硬度、黏弹性等。而对于可行性和应用效果的评价则可以辅以表 7-2 和表 7-3进行。

表 7-2　　　　　　　　　　　　　　新产品评价报告表

项目名称	评分等级	分数
质量目标 （与其他同类产品比较）	非常好 好 普通 不好	
技术水平	具有特色、性能优越 有一定优点 平常 较落后	
市场规模	大 中 小	
竞争状况	无强大竞争者 存在强大竞争者但能抗衡 竞争者多 竞争能力小	
产品所属生命期	投入期 成长期 成熟期 衰退期	
开发技术能力 （在现有人员设备和技术条件下）	具有充分的可能性 需增加一定条件 需增加很多条件	
销售能力 （用现有人员和销售点）	具有充分的可能性 需增加一定条件 需增加很多条件	
收益性（预估利润率）	30%以上 25%以上 20%以上 15%以上	
合计		

资料来源：文连奎，张俊艳，2010.

表7-3　　　　　　　　　　　　　食品新产品开发评价表

品名	产地	规格

同类产品销售情况：

　包装与市价：

　促销方式：

　行销路线：

　进货路线：

　市场潜能：

　报告人摘要说明：

相关部门意见	事业部	门市部
		总经理 事业部 主管填报

资料来源：文连奎，张俊艳，2010.

八、 新产品开发举例

（一）新型果蔬纸产品

果蔬纸因其形状和性质与纸片相似而得名，是一种由新鲜果蔬经深加工而成的休闲食品，顾名思义，也能用来做食品包装材料。不同于其他果蔬脆片或干制蔬菜，果蔬纸质地薄软，可以用手撕裂，也可折叠，入口咀嚼后可化。果蔬纸能够保留原有果蔬的风味、色泽，且水分含量低（6%~8%），与新鲜果蔬相比，具有保质期长、贮藏运输方便等优点。果蔬纸的制作原料十分丰富，可以是单一果蔬，也可以是进行复配后的果蔬（表7-4）。近些年，果蔬纸食品和可食性包装纸的开发研制及其相关研究一直是国内外食品研究的热点，这对提高果蔬的综合利用具有重要意义。

表7-4　　　　　　　　　　　　　果蔬纸原料及功能特性

果蔬汁原料	种类	实例	功能特性
主料	水果	草莓、苹果、香蕉、蓝莓	为果蔬纸提供丰富的维生素、矿物质、有机酸和膳食纤维等营养成分
	蔬菜	黄瓜、芹菜、菠菜、南瓜、白菜、芹菜、海带	同上
	果蔬复配	木薯淀粉与低聚果糖复配	同上

续表

果蔬汁原料	种类	实例	功能特性
辅料	增稠剂	淀粉、CMC-Na、琼脂、海藻酸钠、甘油、果胶、黄原胶	提高果蔬纸的抗拉强度，改善口味及强化营养
	增塑剂	甘油、植物精油	甘油能降低果蔬纸的弹性和拉伸强度，增加其延伸性和断裂伸长率，同时可降低分子间作用力进而降低玻璃化转变的温度；植物精油具有提高果蔬纸强度和抗菌作用

资料来源：邓亚军，谭阳，冯叙桥，等，2017.

（二）复合果蔬肉制品

随着人们生活水平的不断提高，肉类已经逐渐由奢侈消费品转变为大众消费品。但是过量摄入动物性食品，易因肉类食品中同时含有大量脂肪、胆固醇、饱和脂肪酸进而导致高血压、高血脂等疾病的发生。另外，为减轻成本，许多企业生产的肉制品中会加入大量的非肉蛋白如大豆蛋白，使得肉制品失去原有的营养和口感。果蔬含有丰富且人体不可缺少的维生素A、维生素C、矿物质以及膳食纤维。复合果蔬肉制品是为了更好地满足人体营养的需要，并考虑到产品风味适合消费者需求，主要以肉类和果蔬作为原料复合制作而成的各种形式的新型加工制品。

目前复合果蔬肉制品的载体主要为香肠、肉丸以及休闲食品肉脯，以这三种形式为依托重点研究开发的产物包括果蔬肉类复合香肠、复合肉丸、肉脯等肉糜制品。用于复合果蔬肉制品的蔬菜类主要是胡萝卜、番茄、香菇、洋葱、芹菜、海带等以及稀有的苜蓿，水果则很少，仅苹果、菠萝、李子有少量应用（表7-5），因此，更多的果蔬原料应用于肉制品还有待进一步研发。

表7-5　　　　　　　　　　　　复合果蔬肉制品原料选择与应用

原料	种类	添加形态	复合果蔬产品
果蔬类	胡萝卜	胡萝卜泥、胡萝卜汁	香肠、火腿、肉丸、肉脯
	番茄	番茄泥	香肠
	香菇、木耳、洋葱、芹菜	香菇丁、木耳粒、洋葱粒、芹菜汁	蔬菜粒肉丸、香肠
	苹果、菠萝、李子	苹果皮、菠萝干、李子泥	香肠、肉脯
	海带	海带泥	香肠
	苜蓿	苜蓿浆	香肠

续表

原料	种类	添加形态	复合果蔬产品
	猪肉	肉丁、肉糜	香肠、肉丸、肉脯
	鸡肉	肉片、肉糜	肉脯
肉类	牛肉	肉糜	肉丸
	兔肉	肉糜	肉脯、肉松
	鹿肉	肉糜	肉脯

资料来源：邓亚敏，邵俊花，冯叙桥，等，2016.

（三）功能性食品

随着人均收入的增长和经济状况的转变，功能食品市场也逐步扩大。功能性食品的研发需要筛选功能性因子，并对其安全性、功能及机制、量效关系等进行科学的研究和评价，最终以适当的产品形式呈现给消费者。功能性食品素材可来源于植物（表7-6）、动物（表7-7）、微生物（表7-8）等。

表7-6　　　　　　　　　　　　植物来源功能性食品素材

分类	举例	功能
中草药类	枸杞子中的多糖，杏仁中的苦杏仁苷，苦荞中的黄酮类物质	杀菌、补肾、抗衰老、健脾止泻、抗癌、清热解暑、健脾益胃、润肠通便、润肺化痰、利尿解毒等
果蔬类	洋葱中含有的前列腺素 A	扩张血管、降低血液黏度、调节血脂
	坚果类食物可以提供丰富的卵磷脂和植物蛋白	抗衰老、预防肿瘤和心血管病，对改善脑部营养很有益处，特别适合孕妇和儿童食用
	苦瓜中的苦瓜多肽	较强的降低血糖作用和调节血脂功能
	葡萄中的白藜芦醇、番茄红素	抗菌、抗癌和抗诱变作用
茶	茶叶中的茶皂素与茶多酚	抗衰老、抗癌症、抗动脉硬化、防治糖尿病、减肥健美、促进胃肠功能等
香辛料	香辛料花椒中主要含有生物碱、酰胺、木脂素、香豆素、生姜精油和脂肪酸	预防心血管系统、消化系统、血液系统疾病，调节免疫机能，抗炎镇痛、镇静、抗肿瘤、抑菌杀虫等
油料作物	大豆异黄酮	延缓女性衰老、改善更年期症状、预防乳腺癌等
	葵花籽油富含亚油酸	人体必需的不饱和脂肪酸，能显著降低胆固醇，防止血管硬化和预防冠心病

资料来源：袁铭，押辉远，牛江秀，2020.

表 7-7　　　　　　　　　　　　　动物来源功能性食品素材

分类	举例	功能
肉骨类	卵磷脂、必需氨基酸、软骨素（酸性黏多糖）、骨髓中的锌、磷、钙、铁、骨中的胶原蛋白	增强皮下细胞代谢活性、延缓皮肤衰老、抗衰老、预防心脑血管疾病、防治骨质疏松、防治胃溃疡等
蛋类	维生素、酶、蛋白质、磷脂、矿物质等成分	延缓皮肤衰老，使皮肤光滑的作用；铁元素在人体中起造血和运输氧及营养物质的作用
	蛋黄含有叶黄素和玉米黄素	帮助眼睛过滤有害的紫外线，具有保护眼睛的作用
乳类	乳的主要组成是水、乳糖、蛋白质、脂肪、非蛋白氮和灰分，还含有乳清、矿物质等营养成分	补肺养胃、镇静安神、美容、促进智力发育、防治骨质疏松等功效
海洋生物资源	黄姑鱼鱼皮胶原蛋白	抗氧化活性肽，具有抑制血压升高、抗疲劳、增强免疫功能及降低胆固醇等多种生理功能
动物血液	氨基酸、矿物质、血红素铁、"创伤激素"等物质	改善缺铁性贫血，清除体内坏死细胞，促进受伤组织痊愈，改善营养不良

表 7-8　　　　　　　　　　　　　微生物来源功能性食品素材

分类	功能
真菌多糖	促进免疫，抗肿瘤，抗突变，降血脂，抗病毒等
功能性油脂	促进生物体内脂肪代谢，降低血脂、血糖、胆固醇等作用，对心脑血管疾病的预防具有重要的作用
微生态制剂（益生菌、益生元和合生素）	防治各种肠道疾病，增强免疫，防治癌症，抗过敏反应，防治各种胃病，保持泌尿生殖系统的健康，降低胆固醇和防治高血压等
功能性低聚糖	高效双歧杆菌的增殖因子，调节胃肠内的菌群结构，抑制致病菌产生，增强机体免疫抗病力，降血脂，降胆固醇，不升高血糖值，抗龋齿性，促进矿物质吸收功能
L-肉碱	促进线粒体脂肪酸的氧化
活性多肽	涉及神经激素和免疫调节，抗血栓，抗高血压，抗胆固醇，抗细菌病毒，抗癌，抗氧化，清除自由基，改善氮素吸收关系和矿质运输，促生长，调节食品风味、口味、硬度等多重功效
红曲活性物质	麦角固醇可防治婴儿佝偻病。蒙纳可林（Monacolin K）强力胆固醇合成抑制剂能降低血中的胆固醇

（四）3D打印食品

3D打印目前已经广泛应用于建筑、航天航空、生物医药等领域，解决了一些工程化的实际问题。该技术用于食物制造，可为消费者提供个性化饮食，满足不同人群的需求；同时能够制备一些传统食品以延缓目前的粮食危机。3D食品打印技术是通过利用计算机的三维建模技术对要打印的食品逐步进行程序设计和平面分解，再使用3D食品打印机按照预先设置好的运动方式挤出食品原材料，最终实现"逐层打印、堆叠成型"的目的（图7-2）。虽然目前食品材料来源众多，但是适合使用3D打印并且能满足风味需求的食品材料种类局限性仍然很大。

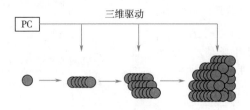

图7-2　3D打印基本原理与流程

资料来源：师平，白亚琼，2021.

目前，3D打印技术已经可以制作出糖果、巧克力、意大利面、人造生肉、冰淇淋等食品。3D食品打印技术将变革性地促进健康食材（昆虫、藻类等）开发，实现个性化或特殊膳食营养需求精准调配、极端条件（航天或野外作战等）中的食品加工、食品与传统文化/时尚艺术元素有机融合的新型文创食品研制、食品消费与互联网有机结合等方面的创新发展，开发应用前景广阔。例如，以糖、蛋白质、脂肪、肌肉细胞等原料打印出的人造肉有弹性，烹饪后有咀嚼性，营养和外观都和天然的生肉接近，适用于老年人和咀嚼、吞咽困难的病人。采用3D打印技术制作的奶油类食品可以克服传统的奶油类食品花样少，成本高且不卫生这些弊端。3D打印机制作出来的昆虫食品没有了虫子外观，易于被人们接受。受到宇宙条件的限制，航空食品种类有限，而3D打印技术可以根据宇航员每日的食谱，来为他们生产出各种新鲜美味的食品，无论是营养价值还是味道都能更好地满足宇航员的需求。3D打印技术还将会在深海作业、远方勘探等更多的领域中发挥作用，从不同的角度来改善人们的生活。总之，利用3D打印机可以制作出形状各异、个性化十足满足不同需求的食品。

第二节　食品企业管理

一、　企业管理概述

随着人类的进步和经济的发展，管理所起的作用越来越大。当今世界，各国经济水平的高低很大程度上取决于其管理水平的高低。企业管理就是管理者为了充分利用企业资源（人、财、物、技术、市场、信息），提高经济效益，达到经营目的，对企业的生产经营活动进行计划、组织、领导和控制的活动。企业管理的演变过程：经验管理（人治）→科学管理（法治）→文化管理（文治）。企业管理涵盖企业经营的各个方面，纷繁复杂，如果不进行合理的模块划分，将难以进行严谨、细致的管理活动。企业管理的要点就是要建立功能明确的企业管理体系。

（一）企业管理模块的划分

关于企业管理的模块划分，即是将企业全部的功能模块进行分类划分。将企业管理体系划分为四大模块，各模块的具体职能明细如下：

（1）企业模块　战略管理、组织管理、企业文化、品牌管理。

（2）支持模块　人力资源、财务管理、行政后勤。

（3）业务模块　研发管理、采购管理、生产管理、库存管理、物流管理、营销管理、售后服务。

（4）控制模块　信息管理、知识管理、标准管理、质量管理、风险管理。

（二）企业管理的职能

1. 计划职能

计划是确定企业目标和实现目标的途径、方法、资源配置等的管理工作，计划职能的协作是劳动的必要条件。

2. 组织职能

为实现企业的共同目标与计划，确定企业成员的分工与协作关系，建立科学合理的组织结构，使企业内部各单位、各部门、各岗位的责、权、利相一致，并且彼此协调，以保证企业目标能够顺利实现的一系列管理工作，就是组织职能。

3. 用人职能

用人职能又称人事职能，系指人员的选拔、使用、考核、奖惩和培养等一系列管理活动。人才是企业最宝贵的资源，是企业兴旺发达之本。

4. 指挥职能

企业各级领导人员行使的一种职能。为了贯彻实施企业的计划，在自己的职权范围内，通过下达指示、命令和任务，使员工在统一的目标下，各负其责，相互配合，完成各项任务。

5. 控制职能

按照既定计划和其他标准对企业的生产经营活动进行监督、检查，发现偏差，采取纠正措施，使工作按原定计划进行，或者改变和调整计划，以达到预期目的的管理活动。

（三）企业管理的任务

企业管理是以企业业务为导向的执行一系列管理职能的系统活动，因而，研究企业管理就必须明确企业管理任务，现代企业管理必须承担和完成下列三项相关的重要任务：①必须把经济上取得成就放在首位；②要使各项工作富有活力，并使员工取得成就；③履行社会责任。

二、　食品企业生产管理

（一）食品企业的生产特点

食品加工企业是以农畜水产品为原料的加工业，因此，其生产与其他工业企业相比具有如下的特点。

1. 与农牧渔业生产关系密切

因为食品加工企业的原料来自农牧渔业，所以加工企业的生产是农牧渔业生产的继续，也是营养增值、经济增值的过程。加工企业与广阔的海上、陆上的农、牧、渔业息息相关。农业生产是加工企业生产发展的先导因素和基本保证。

2. 食品企业生产的时效性与季节性

农畜产品大部分是易腐产品，采收或捕捞后必须及时加工贮藏，否则就会增加原料的损耗。因此，加工及时性与食品的营养性、经济性有着直接关系，加工企业在生产上应特别注意坚持准时生产的原则。另外，由于农业生产季节性特别明显，这就决定了食品加工生产的季节性。食品企业生产时要加强保鲜环节，延长原料的时效性，并注意调剂货源，合理安排淡旺季生产，保证企业的均衡生产。

3. 食品企业生产具有广泛的综合性和适应性

加工企业通过生产加工，不仅能提供品质优良、卫生安全、营养合理、品种多样、风味独特、方便实惠的食品，满足不同年龄、职业、劳动强度和健康状况者的需要，如婴儿食品、营养食品、老年人食品、保健食品、方便食品等，而且加工后的某些副产品及下脚料还可能就近用做饲料或肥料支援农业。因此，食品企业不仅要坚持按需生产，而且要做到经济生产，为社会提供优质产品和适用的副产品。

4. 食品企业生产规划有很大的可塑性

食品加工企业的规模，可以依据资金、资源、场地、人力、市场等条件，确定不同的规模，小的可以是作坊式，大的可以建立自动化生产的联合企业。因此，产品可以小批量、中批量、大批量，单品种、多品种。食品企业应根据自己的条件因地、因时地安排生产。

加工企业的生产，尽管规模、批量、品种有所不同，但基本的共同特点是生产过程都或多或少要有物理、化学、生物的过程手段和营养增值、经济增值的过程。

（二）食品企业生产管理的要求

作为生产经营型的食品加工企业的生产管理要以实现企业的经营目标为出发点，达到多方面的要求。具体地说，就是要实现按需生产、经济生产、均衡生产、准时生产、文明生产和安全生产。

1. 按需生产

从生产管理来讲，按需生产就是按照社会需要（国家计划任务、订货合同和市场需要）制定生产计划和组织生产，按期、按质、按量、按品种提供所需要的产品或劳务。坚持按需生产，就是要体现"以销定产"的原则，克服生产的盲目性。但为了保证生产的连续性，还必须实行"以产营销"，以实现生产经营的良性循环。

2. 经济生产

经济生产，就是在制定生产计划和组织生产时，要努力降低生产消耗，提高经济效益，把完成生产任务同经济效益统一起来。努力提高经济效益是生产管理的核心目标，它必须贯穿于生产管理的全过程。

生产管理中讲求经济性原则，具体体现在确定生产目标时，要做到品种多、数量多、质量好、交货及时、成本低；在组织生产时，要合理布置设备，缩短生产周期；在管理方法上，要运用现代化管理方法，如价值工程、网络计划技术分析法、全面质量管理方法，制定合理的消耗定额，提高劳动生产率。

3. 均衡生产

均衡生产，指的是产品在生产过程中，按照计划规定的进度，使各生产环节和各道工序中有充分负荷，均衡地生产出产品。组织生产应注意食品生产的季节性。一要尽量缓冲生产的季节性，均衡利用人力和机械设备；二要实行不同产品生产的合理搭配或初加工与精加工的科学结合；三要保证各项工作满负荷，即经营工作满负荷、设备运转满负荷、人员工作量满负荷等。

4. 准时生产

准时生产是指生产过程要严格按照生产计划规定的时间和进度进行生产，即按时组织原料供应，按时投入，按时产出。食品企业的准时生产，就是要不误农业收获季节和消费季节，适时投产。为了实现准时生产，国外推行一种准时生产（又称刚好及时法）来管理生产，即在生产过程中对各种原料都按特定的品种和规格，特定的时间和数量来供应，不提前不推后，不多也不少供应的办法，实行准时生产能给企业减少库存，提高生产效率和效益。

5. 文明（卫生）生产

文明生产要求企业建立合理的生产管理制度和良好的生产秩序，使生产各环节工作有条不紊地协调衔接，设备布局合理，运输线路畅通，工作环境卫生，防尘防污，光线充足，设备整洁，物料工具有固定存放场地等。

文明生产的新内涵还包括企业家要遵循理解人、关心人、尊重人的基本原则。同时，要注意建立具有各企业特色的企业文化观念（思想、信念、价值）。这就是"企业精神"。树立企业文化充分发挥职工主人翁作用，达到经济高效，文明生产的目的。

6. 安全生产

安全为了生产，生产必须安全，这是辩证统一的。一方面要保障职工劳动的安全，防止人身事故和设备事故；另一方面，食品作为商品，必须符合《中华人民共和国食品安全法》的要求，以保证消费者的安全。

三、 企业成本管理

众所周知，现代化企业生产经营是以提高经济效益为目的，要提高经济效益就必须加强企业的成本管理。

（一）产品成本

企业为了进行产品生产，从产品设计、试制、生产到销售全过程都需要消耗一定的劳动。这些劳动消耗所出现的费用总和就是产品的成本。这些劳动消耗的货币表现就是工资、原材料、燃料、动力和房屋设备的折旧费，以及其他管理费。为了生产某种产品所支出的这些费用总和，就是该产品的成本。产品成本是反映企业生产经营管理工作质量的一个综合性指标。企业在生产经营过程的一定时期内，生产的产品品种、数量多少、质量好坏、物资消耗多少、劳动生产率的高低、整个资金的利用等都会直接或间接地通过产品成本反映出来。因此，企业要加强成本管理，不断降低产品成本，提高经济效益。

作为食品企业而言，其产品以食品为核心，而支付的主要成本也是围绕着企业生产产品而形成的。生产过程一方面是产品实体形成的过程，另一方面也是产品成本生成的过程。产品成本一般包括制造成本和非制造成本，其中制造成本主要涉及直接材料成本、直接人工成本和制造费用，构成了企业的产品成本；非制造成本包括销售费用、管理费用和财务费用，构成了企业的期间成本（图7-3）。按照当前成熟的财务成本管理理论，产品成本需要实现归集和分配，以有效核算产品最终价值，并明确产品成本的支出结构，协助实现企业的财务成本有效管理。

图7-3　企业财务成本分类构成

（二）影响产品成本的因素

企业产品成本的提高或者降低，是各种因素共同影响综合作用的结果。

固有因素：包括企业地理位置和资源条件、企业规模和技术装备水平、企业专业化协作水平等。

宏观因素：包括宏观经济政策的调整，成本管理制度的改革，市场需求和价格水平等。

微观因素：包括劳动生产率水平，生产设备利用效果，原材料、燃料和动力的利用情况，产品生产的工作质量，企业的成本管理水平，企业精神文明建设状况。

（三）成本管理

成本管理主要包括成本预测、成本计划、成本控制、成本核算、成本分析和检查等。

四、企业设备管理

设备的范围十分广泛，包括机器、装置、设施、运输工具等。设备的管理就是围绕设备开展的一系列组织与计划工作的总称，它既包括生产工艺设备的管理，如罐头厂的封罐机、切肉机、绞肉机、斩拌机；糖果厂的成型机、包装机，啤酒厂的洗瓶机、灌装机等；也包括辅助生产设备，如交通运输设备，实验研究设备等。

设备管理从包括的工作内容来说，既包括设备的技术管理，指从选购、投入生产使用、维护、修理、改造、更新直至报废退出生产领域；也包括设备的经济管理，指设备投资、维修费用支出、折旧费、改造更新资金的筹措、积累支出等。设备的技术管理和设备的经济管理，是两种不同形态的互相对应的管理。前者要求设备经常保持良好的技术状态，保证生产经营正常进行；后者要求设备管理工作符合经济的要求，做到效率高，费用低。

设备管理的基本任务是通过采取一系列技术、经济、组织措施，对设备实行全过程的综合治理，以达到设备的寿命周期费用最经济，设备的综合效能最高的目标，具体要做到以下几点：

（1）根据技术上先进、经济上合理的原则，正确的选购和配置设备，为企业生产提供优良的技术装备。

（2）推行先进的设备管理与维修制度，保证设备经常处于良好的技术状态，做到合理使用，精心维护，按计划检修。

（3）认真做好现有设备的挖潜、革新、改造和更新工作，保证生产多快好省地发展，满足企业生产技术、加工工艺不断更新的要求。

（4）尽快掌握引进设备的使用与维修技术，保证引进设备的正常运转和发挥效率。

随着现代食品企业的不断发展，相应的设备管理也随之进入了现代化，管理现代化，是指管理的思想、组织、方法和手段达到现代化的先进水平，它必须动态地、发展地加以考察。设备管理现代化是当时世界公认的先进水平，为大多数国家所认同，但各国又都有其特色。它是运用现代先进科技和先进管理方法，对设备实行全过程管理的系统工程。在不同的时期，一个阶段的先进的管理思想等，随着社会生产力的发展，必须加以更新。现代化的管理就是系统的管理，它广泛的采用了现代科学技术及成就，如应用数学、系统工程、运筹学、信息论、控制论、行为科学、计算机应用技术等，来进行多功能、高效率和系统性的管理。设备管理是企业管理的一个重要方面，所以设备管理现代化必须在思想、组织、方法和手段上体现出时代的先进性。

五、 企业人力资源管理

（一）人力资源管理的过程

传统的人力资源管理的总体目标主要有三个：吸引求职者、留住优秀员工和激励员工。随着时间的推移，人力资源管理加进了另一个目标——员工再培训。由于人力资源管理是否有效，最终反映在利润的提高上，人力资源管理的特定目标是提高生产率、提高工作环境的质量和保证员工的工作能力弹性等。所以在实践上，增加竞争优势人力资源管理的过程流程见图7-4。

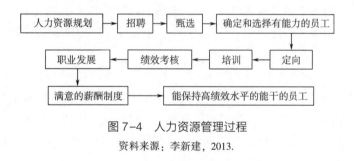

图7-4　人力资源管理过程

资料来源：李新建，2013.

从图7-4中可以清楚而全面地了解人力资源管理的过程。人力资源规划、招聘、甄选以及选择有能力的员工都是为企业寻找最适合的"人力资源"；而定向和培训是将这些"人力资源"调整到最佳状态；绩效考核、职业发展、满意的薪酬制度是对这些"资源"的保养和维护，而那些能保持高绩效水平的有能力的员工则是公司最宝贵的"资源"。

（二）食品企业人力资源规划

食品企业的人力资源规划主要包括：

1. 人力资源补充规划

食品企业会由于退休、解雇等常规的人事变动或是由于规模的扩大而需要增加人力资源。这就要对人力资源进行补充规划，即以供求预测为基础，对未来一段时间内所需补充的人力资源的类别、数量及补充渠道等预先做出安排。

2. 人力资源调配规划

组织内部人力资源的流动形式有两种：一种是垂直流动，它通常表现为晋升；另一种是水平流动，即为调动。人力资源调配计划就是通过晋升和调动等调配方式，对未来人力资源的分布预先做出安排。

3. 人力资源培训开发计划

人力资源开发计划其任务就是设计出本企业现有人员的培训方案，包括接受培训人员、培训目标、培训方式等的设计。

4. 人力资源职业发展规划

在食品企业的发展中，个人的职业生涯是与组织战略目标相一致。人力资源职业发展规划就是对本企业人力资源的职业生涯做出计划安排。

（三）食品企业薪酬制度

合理的薪酬是食品企业员工从事工作的物质利益前提，是影响甚至决定员工的劳动态度和工作行为的重要因素。薪酬实质是企业对员工为企业所做的贡献付给的相应的回报或答谢，是一种公平的交换或交易。人员薪酬的构成包括以下几个方面。

1. 基本工资

工资是劳动报酬的基本形式。我国现在各行业较普及的是结构工资制，它是由基本工资、岗位技能工资、工龄工资和若干种国家政策性津贴构成。食品行业的企业和公司的工资形式一般有计时工资、计件工资和协商工资。

2. 奖励

食品企业常采用的奖励形式有奖金和佣金等。奖金是工资的一种必要的辅助形式，是超额劳动的报酬。奖励是依据贡献进行的，具有明确的针对性和短期刺激性，是对员工近期绩效的回报，是浮动多变的。食品加工厂的生产工人会由于生产效率高或长期没有残次品而获得额外奖励。

3. 福利

福利报酬是指食品企业向其员工所提供的各种非工资、奖金形式的利益和优惠待遇。它是一种补充性的报酬，但往往不以货币的形式支付，而多以实物或服务的形式支付，如廉价住房、带薪休假等。有些食品企业为了丰富员工的业余生活，为员工建立图书室、篮球场、歌舞厅等娱乐休闲设施，从而为员工提供福利。

六、 食品质量与安全管理

（一）食品质量与安全管理体系

1. ISO 9000 质量管理体系

ISO（International Organization for Standardization）是国际标准化组织的英文简称，成立于1947 年 2 月 23 日，是世界上最大的国际标准化组织。ISO 宣称它的宗旨是"在世界上促进标准化及其相关活动的发展，以便于商品和服务的国际交换，在智力、科学、技术和经济领域开展合作"。ISO 9000 族标准不是一个标准，而是一系列标准的总称。它包括 4 个核心（ISO 9000、ISO 9001、ISO 9004、ISO 19011）、1 个支持性标准（ISO 10012）和若干个技术报告和宣传性小册子。ISO 9000 质量管理体系的八项质量管理原则见表 7-9。

表 7-9   ISO 9000 质量管理体系的八项质量管理原则

质量管理原则	含义
以顾客为关注焦点	组织依存于顾客。因此, 组织应当理解顾客当前的和未来的需求, 满足顾客需求并争取超越顾客期望
领导作用	领导者建立组织统一的宗旨、方向。所创造的环境能使员工充分参与实现组织目标的活动
全员参与	组织的质量管理不仅需要最高领导者的正确领导, 还有赖于组织的全员参与, 因此, 为提高质量管理活动的有效性, 深入开展质量管理, 确保产品、体系和过程的质量满足顾客和其他相关方的需求和期望, 应充分重视提高各级各类人员的质量意识、思想和业务素质、事业心、责任心和职业道德以及适应本职工作的能力
过程方法	将相关的资源和活动作为过程来进行管理, 可以更高效地达到预期效果
管理的系统方法	针对制定的目标, 识别、理解并管理一个相互联系的过程所组成的体系, 有助于提高组织的效率。在质量管理中采用系统方法, 就是要把质量体系作为一个大系统, 对组成质量管理体系的各个过程加以识别、理解和管理, 以达到实现质量方针和质量目标的目的
持续改进	持续改进是一个组织永恒的目标。任何事物都是在不断发展、进化中, 改善自身的条件, 不断完善, 以实现永立不败之地。只有持续改进才能为将来的发展提供快速灵活的机遇
基于事实的决策方法	决策是组织中各级领导的职责之一。所谓决策就是针对预定目标, 在一定约束条件下, 从诸方案中选出最佳的一个付诸实践。达不到目标的决策就是失策。正确的决策需要领导者用科学的态度, 以事实或正确的信息为基础, 通过合乎逻辑的分析, 做出正确的决断
互利的供方关系	组织和供方之间保持互利关系, 可增进两个组织创造价值的能力

资料来源: 李新建, 2013.

2. 良好操作规范 (GMP)

GMP (Good manufacturing practice) 是良好操作规范, 最早是美国国会为了规范药品生产而于 1963 年颁布的, 它是为生产制造安全、质优的产品, 包括生产场地和设施从原材料采购到生产、包装、出货、销售为止贯穿于全过程的关于生产及品质管理的体系标准, 是生产企业应遵循的规范。GMP 的本质是以预防为主的质量管理, GMP 的重点是制定操作规范和检验制度, 确保生产过程的安全性, 防止产品质量安全事故的发生。GMP 在食品中的应用即食品良好操作规范。

GMP 是一种特别注重在生产过程中实施对食品卫生安全的管理。GMP 要求食品生产企业应具有良好的生产设备、合理的生产过程、完善的质量管理和严格的检测系统, 确保最终产品的质量符合法规的要求。GMP 所规定的内容, 是食品加工企业必须达到的最基本的条件, 是发展、实施其他食品安全和质量管理体系的前提条件。

3. 卫生标准操作程序（SSOP）

SSOP（Sanitation standard operation procedure）是卫生标准操作程序，是食品生产企业为了保证达到 GMP 所规定的卫生要求，保证加工过程中消除不良的人为因素，使其所加工的食品符合卫生要求而制定的指导食品生产加工过程中如何实施清洗、消毒和卫生保持的作业指导文件。

SSOP 的内容包括以下几个方面：水（冰）的安全生产；食品接触表面的状况和清洁；防止交叉污染；手的清洗与消毒；卫生间设施的维护；防止外部污染；有毒化合物的正确标记、贮藏和使用；员工健康状况的控制。

4. 危险分析与关键控制点（HACCP）

HACCP（Hazard analysis and critical control point）是目前公认的最有效的管理食品安全的工具之一。首先运用食品工艺学、食品微生物学、质量管理和危害性评价等有关原理和方法，对食品原料、加工直至最终食品产品等过程实际存在和潜在性的危害进行分析判定，找出与最终产品质量有影响的关键控制环节，然后针对每一关键控制点采取相应预防、控制以及纠正措施，使食品的危害性减少到最低限度，达到最终产品有较高安全性的目的。HACCP 体系自 20 世纪 60 年代发展到现在，已经成为国际最公认的食品安全体系之一，国际食品法典委员会（CAC）积极倡导各国食品工业界实施食品安全的 HACCP 体系。HACCP 在食品行业应用和推广已经成为潮流和趋势。

HACCP 体系是鉴别特定的危害并规定控制危害措施的体系，对质量的控制不是在最终检验，而是在生产过程各环节，由以下 7 个基本原理组成。

（1）危害分析　危害分析是确定与食品生产各阶段（从原料生产到消费）有关的潜在危害性及其程度，并制定具体有效的控制措施。危害分析是建立 HACCP 的基础。

（2）确定关键控制点　关键控制点（Critical control point，CCP）是指能对一个或多个危害因素实施控制措施的点、步骤或工序，它们可能是食品生产加工过程中的某一操作方法或流程，也可能是食品生产加工的某一场所或设备。

（3）建立关键限值　关键限值（Critical limit，CL）是与一个 CCP 相联系的每个预防措施必须满足的标准，是确保食品安全的界限。安全水平有数量的内涵，包括温度、时间、物理尺寸、湿度、水活度、pH、有效氯、细菌总数等。操作限值（Operational limit，OL）是由操作人员使用的，以降低偏离的风险的标准。操作限值应当确立在关键限值被违反以前所达到的水平，是比关键限值（CL）更严格的限值。

（4）关键控制点的监控　监控是指实施一系列有计划的测量或观察措施，用以评估 CCP 是否处于控制之下，并为将来验证程序时的应用做好精确记录。

（5）建立纠偏措施　当控制过程发现某一种特定 CCP 正超出控制范围时应采取纠偏措施。在制定 HACCP 计划时，就要有预见性地制定纠偏措施，便于现场纠正偏离，以确保 CCP 处于控制之下。

（6）记录保持程序　建立有效的记录程序对 HACCP 体系加以记录。

（7）验证程序　验证是除监控方法外用来确定 HACCP 体系是否按计划运作或计划是否需要修改所使用的方法、程序或检测。

实施 HACCP 认证的优点：与国际食品安全接轨，有利于增加出口；有利于卫生注册；有利于提高企业形象；降低投资风险；节约管理成本等。

5. 食品安全管理体系（ISO 22000）

ISO 22000 食品安全管理体系标准于 2005 年 9 月 1 日正式出版，该标准旨在保证整个食品链不存在薄弱环节，从而确保食品供应的安全。ISO 22000 适用于整个食品供应链中所有的组织，包括饲料加工、初级产品加工，到食品的制造、运输和储存，以及零售商和饮食业。另外，与食品生产紧密关联的其他组织也可以采用该标准，如食品设备的生产、食品包装材料的生产、食品清洁剂的生产、食品添加剂的生产和其他食品配料的生产等。消费者或客户在持续不断地要求整个食品供应链中相关的组织能够表现并提供足够的证据证明其有能力确认和控制食品安全危害和其他可能对食品安全产生影响的因素。因此，许多国家各自都建立自己的食品安全管理体系。但这些标准互相之间存在差异，为此，协调各国食品标准的国际食品标准 ISO 22000 就产生了。这个标准更可以弥补 ISO 9001：2000 对食品制作的管理不足，可同时共用。

ISO 22000 的优点：在贸易伙伴中进行有组织和针对性的沟通；优化资源；改进记录；策划越好，事后验证越少；系统地管理前期要求；决策的基础；着重于控制必须控制的点；减少重复的体系审核以节约资源；确保产品安全；降低产品对消费者造成的伤害或死亡的风险；符合法规和贸易准则；国际认可。

（二）基于物联网的食品安全管理

物联网（Internet of things）技术是将 RFID（Radio frenquency identification，射频识别）、全球定位系统、激光扫描仪与红外感应装置融为一体，并按照约定的协议，将互联网与实物连接，利用通信、信息交换途径，实现智能化监控、定位、跟踪与管理。物联网技术是基于互联网发展而来的全新网络架构，物联网的用户终端可以进行延展，而无须人为干预就可实现。

利用物联网中的传感器、全球定位、RFID 等技术，按约定协议把食品相关信息和互联网连接起来，实施监控食品的状态和卫生等信息，也可以追本溯源查找食品生产、运输、销售等方面的信息，用来管理监督食品安全。食品安全物联网广泛应用到了农业、畜牧业、肉制品、乳制品等的生产、加工、销售、储藏、运输、管理等各个方面。不仅可以大大降低致癌物质、致病细菌对人体的侵害，也保证了食品的营养价值、新鲜和卫生等情况。食品安全物联网既是食品的监督、管理平台也是食品的安全保障平台。

基于物联网的食品供应链可追溯系统是指借助物联网技术实现食品生产、加工、运输、销售等环节的自动获取、传输、控制、分析，发挥物联网在物品追踪、识别、查询、信息等方面的作用，推进二维码、RFID 等物联网技术在养殖、收购、屠宰、加工、运输、销售、仓储、流通等各个环节的应用，实现对食品生产全过程关键信息的采集管理，保障食品安全，实现对问题产品的准确召回。基于物联网的食品供应链可追溯系统能够实现技术可获得性、国际兼容性、经济可承受性，确保食品安全（图 7-5）。

举例：奥运食品安全追溯系统

为保障奥运食品安全，北京奥运会借鉴悉尼奥运会的成功经验建立了奥运食品可追溯系统，对所有包含果蔬、水产品、畜禽类在内的奥运食品进行统一编码加贴电子标签。综合运用 RFID（无线射频识别），GPS，温度、湿度自动记录与控制，加密通信等技术，对奥运食品的生产、加工、运输、储存等全程进行追踪和信息记录。在重要节点设立质量监测点对食

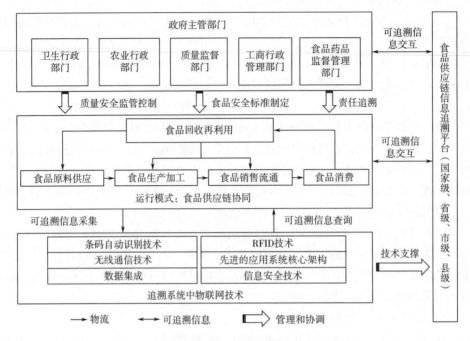

图 7-5 基于物联网的食品供应链可追溯系统模型

资料来源：姚雨辰，2014.

品质量进行检测并记录检测信息，实施从食品生产基地到加工企业、物流中心直至最终消费地的全程监控，实现奥运食品可追溯。将奥运食品备选基地、物流配送中心、食品运输车辆、餐饮服务场所等全部纳入监控，运用多种技术手段，实施奥运食品从种植、养殖源头、食品原材料加工、配送到餐桌，进行全过程监控和信息追溯。

七、 食品仓储物流管理

食品仓储物流由"食品物流作业系统"和支持食品仓储物流信息流动的"食品物流信息系统"两大部分组成。其中食品仓储物流系统包括运输、储存、装卸搬运、包装、流通加工、配送等诸多活动。

（一）食品运输

食品运输是运用设备和工具，实现食品由其生产地至消费地的空间位移，包括集货、分配、搬运、中转、卸下、分散等操作。对食品运输的管理，要求选择技术经济效果最好的运输方式及联动方式，合理确定运输路线，以实现安全、迅速、准时、价廉的要求。对于运输食品用的设备工具必须无毒、无害，符合有关的卫生要求，保持清洁，防止食品污染。在运输时不得将食品与污染物同车运输。

（二）食品储存

食品储存是对食品进行保存及对其数量、质量进行管理控制的活动。其目的是克服食品生产与消费在时间上的差异，使食品产生时间效果，实现其使用价值。对食品储存活动的管理，要求准确确定食品库存数量，明确仓库以流通为主还是以储备为主，合理确定食品保管制度和流程，对库存食品采取有区别的管理方式，力求提高保管效率，降低损耗，加速食品和资金的周转。

（三）食品装卸搬运

食品装卸搬运是在同一地域范围内进行的，以改变食品的存放状态和空间位置的活动。其中装卸是指食品在指定地点以人或机械装入运输设备或卸下。食品搬运则是指在同一场所，食品进行水平短距离移动为主的物流作业。食品装卸搬运是食品物流各功能之间能否有机联系和紧密衔接的关键，其效率会影响其他食品物流活动的质量和速度。食品装卸搬运活动的管理，主要是遵循省力化原则，减少无效作业；合理利用机械、集装单元，提高装卸搬运作业效率、作业标准化、食品安全；各环节均衡、协调，实现系统综合效果最大化。

（四）食品包装

食品包装是为了在食品的运输、储存、销售等流通过程中保护食品、方便储运、促进销售，按一定技术而采用的容器、材料及辅助物等的总称及其操作活动。食品包装既是食品生产的终点，又是食品流通的起点，在维持食品的存在价值和实现食品的使用价值方面发挥作用。食品包装活动的管理，应根据食品物流方式和销售要求来确定其包装类型，实现包装的轻薄化、单纯化、集装单元化、标准化、机械化与自动化，综合考虑食品的运输、保管、装卸搬运以及销售等环节配合，以拉高食品包装作业效率，降低整体食品物流成本。

（五）食品流通加工

食品流通加工是食品在从生产地到消费地的过程中，根据需要施加包装、分割、计量、分拣、刷标志、拴标签、组装等简单作业的过程。通过流通加工，可以保持并提高食品保存机能，使之在提供给消费者时保持新鲜。食品的流通加工主要包括冷冻食品、分选农副产品、分装食品、精制食品等。食品流通加工过程是影响食品质量安全的重要环节，应当严格、规范，采取必要的措施防止生食品与熟食品、原料与半成品和成品的交叉污染。

（六）食品配送

食品配送作为一种现代食品流通方式，是指在经济合理区域内，根据顾客的要求，对食品进行拣选、加工、包装等作业，并按时送达指定地点的食品物流活动。食品配送不是单纯的食品运输，而是运输与其他活动共同构成的组合体。而且配送所包含的运输，在整个食品运送过程中是处于"二次运输""末端输送"的地位，更直接地面向并靠近用户。食品配送活动的管理，主要是对小批量、多品种食品的快速分拣、配货、配装，并合理配置运输车辆，科学制定运输规划，确定运送路线，形成现代食品配送活动。

（七）食品物流信息

食品物流信息包括进行与上述各项活动有关的计划、预测等动态信息，以及有关的费用信息、生产信息等。对食品物流信息的管理，就是正确选定信息的内容和信息的收集、汇总、统计、使用的方法，在信息系统的支撑下，把食品物流涉及企业的各种具体活动综合起来，加强整体的综合能力。

八、食品企业危机管理

危机管理中要时刻遵循即时性、互动性、真诚性、透明性的原则。总体来看，企业进行危机管理时应遵循以下原则。

（一）时间原则

第一时间迅速做出反应，在危机事件发生后尽快与公众进行沟通，这是主动阻止谣言、防止传言的有效措施。在危机初露端倪的时候，企业要做到当机立断、快速反应、制定最佳的危机解决方案，及时向外界尤其是媒体和消费者表态，澄清事实，把负面影响的扩散控制在最小的范围内，避免事态扩大造成全局的失控，并对产生危机的因素迅速采取措施，从根本上遏制危机的蔓延。大部分危机在爆发之前，管理当局仅仅了解其潜在的严重性，但企业没有及时作出反应，错过了处理危机的最佳时间。

（二）诚信原则

诚信原则要求企业公布事件真相，消除公众疑虑，稳定公众情绪，避免事态恶化，勇于承担责任，真正解决实际问题，从关心和保护危机事件关系人和公众的生命、财产安全角度出发，在公众面前树立认真严谨的态度和形象。"诚"是我国商业的传统伦理和重要规范，"诚"不仅能够赢来商业信誉，引来更多的客源，从长远意义上来看，它也是商业长期存在和发展的支柱。诚实守信应反映在企业危机公关之中，即使当危机爆发之时，针对消费者和媒体最关心的事实真相实事求是地向社会公众说明，缓解消费者的紧张心理，并以诚实的态度妥善处理好相关事务。诚实是危机处理中最关键，也是最有效的解决办法，对消费者开诚布公，坦诚相见，建立消费者对企业的信任。

（三）责任原则

勇于承担责任是企业危机爆发时挽救企业形象的另一关键因素，企业要站在消费者等利益相关者的立场上，勇于承担责任，及时、诚恳地向消费者道歉并作出相应的赔偿，同时对企业自身的行为公开检讨。勇于承担责任的企业才能获得消费者的谅解，通过有效的危机管理，通过提高服务的质量和服务的水平，唤起社会重新审视企业的表现，把危机管理作为企业实现自我价值的有效途径。同时，在危机发生的情况下，积极的应对态度与良好的公关能力也可以化危机为机遇，改善企业的社会形象，进而增加公众的信任度。

（四）主动原则

无论是时间原则、诚信原则，还是责任原则，都要求企业主动去履行。如果企业没有主动的精神，也很难真正做到及时、诚信和承担责任。

以乳品企业为例，2004年的阜阳"大头娃娃"事件，使人们对劣质乳粉产生了警惕。而2008年震惊中外的"三鹿奶粉"事件使消费者对众多知名品牌乳粉产生了质疑，乳粉行业面临史无前例的危机。由于缺乏有效的监督，很多企业往蛋白粉或饲料中加入三聚氰胺，这成了乳粉行业"潜规则"。在"潜规则"的纵容下，不法分子为了节约成本，以婴幼儿的安全健康作赌注，铤而走险。由"三鹿奶粉"引发的乳粉质量安全问题，蔓延到了20多家乳制品企业的乳粉、液态乳和乳制品冷饮等产品中，造成至少4名婴儿死亡，将近13000名婴儿住院治疗，最终导致整个中国的乳制品产业面临空前的危机。而企业在发现乳制品质量问题后想方设法掩盖，把"公关"当作"搞定"政府部门、"摆平"媒体，进而欺骗消费者的工具。一些乳品企业并不是不能检验和发现真假蛋白质含量，也不是没有发现可能导致企业危机的潜在危险因素，而是没有承担起严格检验的责任，被"潜规则"腐蚀，为了赚钱不择手段，没有及时消除这些危机因素。

第三节　食品营销

一、食品营销的内涵、性质和特点

（一）食品营销的内涵

市场营销学是市场经济的产物，是一门关于如何满足顾客需要、引导消费和繁荣市场的经济管理学科。市场营销是从市场需求出发，运用各种科学的营销手段，通过交易程序，提供和引导商品和劳务到达消费者手中，既满足了消费者的需求，企业又获得利益，实现双方互利的一种企业经营活动。企业的市场营销活动应当包括整个企业的全部业务活动，即从市场和消费者研究开始，到选择目标市场、产品的开发、设计、定价、分销、促销及售后服务等的全部内容。

食品营销学，是市场营销学的一个分支，是市场营销理论在食品行业中的具体应用研究。食品是提供人类生命活动所需能量的生活必需品，是人类赖以生存的一种特殊的产品。因此，将食品企业同其他企业加以区别，单独对食品企业的营销进行深入的研究和探讨，具有重要的现实意义。食品营销是以市场营销学理论做指导，对食品企业进行经营策划和实施营销管理的过程，在这个过程中市场营销理论贯穿始终。食品营销学有自己独特的研究对象和内容体系，其理论和方法已经得到广泛的应用和推广。

（二）食品营销的性质

从产品的角度来说，食品市场营销是指从初级生产者到最终消费者的转移过程中，与摄入品和消费品有关的所有交换和服务活动，强调营销的核心是交换。

从企业的角度看，食品市场营销是所有出售企业产品的必要活动。例如，一个面粉企业的产品市场营销工作就需要处理产品设计、包装、品牌的选择、销售，以及制定促销策略、定价策略和选样分销渠道等许多问题。实际上，企业通过销售产品的同时，也在销售企业自己。

近几年，环境污染的加剧、有限自然资源的过度消费等问题日益引起社会公众的关心，市场营销也开始重视社会的可持续发展。从社会的角度讲，食品营销是确认消费者和社会的需要，并使其得到满足的一种社会经济活动过程。

（三）食品营销的特点

食品营销在市场营销学的基础上发展而来，也具有了市场营销学的显著特点，主要体现在如下几点。

1. 强烈的实践性

食品营销学是食品企业经营活动成功经验的总结，其理论、原则、方法和策略都是在实践中产生的，并在实践活动中不断得到修正、完善和发展。

2. 高度的综合性

食品营销学是一门以市场营销学为基础，与其他学科紧密关联的综合性的边缘学科，比如，经济学为其提供了最基本的概念和原理，行为科学为其确立了营销原则，数学、计算机学、哲学等为其提供了分析计算工具和思维方法等。

3. 丰富的应用性

食品营销学不是纯理论性研究，而是一门应用性、可操作性很强的学科。市场营销学的理论、原则和方法比较简单，容易掌握，可以很快地应用于食品企业经营管理活动之中，为企业制订营销计划和决策服务。

二、 食品营销的功能

食品市场营销的功能是指食品企业为缩短生产和消费之间的距离，消除市场障碍，提供给消费者所期待的产品效用的基本流通过程和服务。由于在生产和消费之间，存在着信息的、空间的、时间的、所有权的不一致性，市场营销能够帮助企业克服和消除这些不一致性，实现生产和消费的相互协调，达到增加产品的效用、最大限度地满足消费者需求的目的。产品的效用包括形式效用、时间效用、地点效用和占有效用，是指产品能够满足消费者需要的能力，产品对消费者来说是否有用，就决定于该产品在多大程度上满足了消费者的要求，是消费者对产品的一种感觉和评价。

食品的形式效用：是指产品必须具备一定的形式才能方便消费者食用。如冰淇淋是人们夏季喜爱的甜品，但一旦融化了就不能作为冰淇淋来食用，失去了形式效用。

食品的时间效用：是指产品是否能在消费者最需要的时间内及时提供。中秋节前后月饼的消费需求最大；冷冻类食品在炎热的夏天消费旺盛、效用高，而严冬季节冷饮的效用就很低。

食品的地点效用：消费场所和生产场所不是同一个地点，往往相隔一定距离。如果产品有地点效用，则这种产品必须在需要的时候即刻就能够买到，及时可以食用。所谓"远水不解近渴"指的就是产品没有地点效用。

食品的占有效用：在买卖交易之前，产品的所有权未转移，产品不归消费者所有，对消费者来说也是没有效用的。

食品企业开展市场营销活动就是为了使产品具有以上4种效用，更好地满足消费者的需求。食品营销的流通功能和服务功能存在于整个营销活动之中。

（一）食品营销的流通功能

1. 原料收集

用于食品加工的原料农产品广泛分散于远离加工厂的各个地理区域，将其运往加工地点集中起来，是实现地点效用的营销活动。例如，速冻蔬菜加工厂要从周围的农村产地收购新鲜蔬菜；乳制品厂要到各地的奶牛养殖场收集牛乳。根据规模经济原理，大工厂生产比小工厂生产单位产品成本低，因此，将原料运给大加工厂集中生产效率更高。

2. 原料分级

农产品收集起来以后，要进行分级，原料等级的价格受最终产品价格的影响。由于每年气候条件不同，不同地区作物生长的环境条件也不同，原料品质的差异都会影响工厂产品的质量。例如，果品和蔬菜要经过大小分级，保证产品一致，达到制造商或消费者市场的要求。这种分级就是使产品具有形式效用。美国不同等级的水果最终用途不同：特级品送往礼品市场；一级品进入高收入者的食品商场；二级品供应中低收入者，如袋装果品销售市场；三级品专供生产罐头或果汁的加工厂。

3. 原材料贮藏

由于大多数农产品生长期为一年，农产品加工企业生产有季节性，原料和配料也是季节性使用，原料必须放到仓储设施中贮藏到需要使用的季节。不同的产品使用不同的贮藏设施，谷物需要用传送带提升后置入高大的圆筒式粮仓中；果品之类易腐烂的产品，需要低温冷藏。还有一些产品如蛋黄用于食品加工时，需要冷冻贮藏。贮藏可以增加产品的时间效用，还有助于提高地点效用。

4. 食品加工

活体家畜经屠宰厂加工变成白条肉，白条肉又经过肢解加工变成在食品商店里直接销售的各种形式的加工肉。果品和蔬菜也要经过果汁厂、罐头厂或速冻加工厂进行加工；谷物类则经过磨碎并加入其他配料而制成各种配方食品。对于食品来说，多级加工变得越来越普遍。如原料先加工成配料，再送往工厂制成糕点、速溶食品和方便食品等。加工赋予产品以形式效用。

5. 产品包装

食品的形态多种多样，有块状、粒状、粉状、浆状、液状等，均需进行包装。食品包装的目的在于：①保持食品的卫生；②便于储运、销售，避免损坏；③防止吸湿、氧化和腐败，延长保存期；④定量化，便于销售；⑤增加美观、提高价值；⑥吸引消费者注目，用标签说明产品、介绍品牌。近年来，由于包装材料和包装技术的发展使食品提高了品质，减少了损失，并且改善了外观，提高了品位和档次。包装提供产品的形式效用。

6. 产品库存

食品在分销渠道中必须保持足够的储量，以便及时补充零售货架上的空缺。企业的产品仓库、批发商的商品储备库、零售商的库房、专门为需要者出租的仓储设施等，都是产品储存场所。库存为产品提供时间效用。

7. 产品分销

食品企业将产品分销给批发商、零售商和消费者的过程。企业可以自己建立独自的分销网络，还可以利用中间商渠道，将集中在加工厂仓库中的产品分配到各零售点去。分销赋予产品以地点效用。

8. 产品运输

从原料集中到最终产品的分配，运输几乎联结市场营销活动的所有阶段。加工企业要从远离工厂的地方取得原料资源，或者把产品销往其他地区，运输是一个关键的环节。运输增加产品的地点效用。

（二）食品营销的服务功能

1. 市场分析

市场分析是通过了解和分析市场的供求特点和环境条件，设法把消费者的现实或潜在需求同企业联系起来，把握市场需求特点的过程。消费者对食品的现实需求表现为购买维持最低生活需要的基本食品，而潜在需求是当收入进一步增长或饮食嗜好变化后要购买食品的欲望。企业在研制和开发产品时，首先要进行市场分析，否则生产的产品和市场需求不对路，就会导致销售不出去，造成巨大损失。

2. 产品开发

产品开发包括新产品的开发和现有产品的改进。市场营销要求企业不断推出新的产品，并进行严格的市场试销，以便寻找新的或更好的产品，适应消费者的物质和心理需要，从而提高产品的效用。食品的形状、包装、品牌的改进也属于在原有产品基础上的产品开发。

3. 需求开发

企业的规模化生产虽然可以以较低的成本大量提供产品，但是，如果需求不增加或增加缓慢，市场营销的各个环节也不可能正常运转。所以，市场营销要刺激需求、创造需求，提高需求的水平，这项工作主要是由食品加工企业来承担的。介绍新产品的广告投入大，市场开拓花费时间，一个新的产品在几周内就可以生产出来，但要被人们充分认识也许要花很长的时间。中间商在为企业介绍新产品或新品牌中也会起到重要作用，通过批发商、零售商的介绍，顾客会逐步形成对这种产品的认识。大型食品超级市场的增多，对开发食品的需求将会起到重要作用。

4. 交换服务

交换发生在食品市场营销的各个不同层次，如有加工厂和农户之间的原料买卖，还有中间商和加工厂之间、中间商和消费者之间的产品买卖等。买卖双方一经达成协议，交换就可能发生。交换形成价格，价格反映了供求关系，这在农产品市场交易、拍卖中最为明显。交换服务功能还包括货币的支付、银行结算及交货等手续。

5. 市场信息

市场信息是减少市场风险的灵丹妙药。市场信息为参与市场交换的所有人的理智性行为提供依据，使消费者选择那些最能满足他们需要的产品和服务，也使食品企业能够做出合理的决策来满足消费者的需要。国外一些大企业或公共部门建有市场营销信息系统，收集、分析、预测和传递产品将来的销售趋势，为企业和社会公众提供完善的市场信息服务。

三、 食品营销学研究的对象与内容

（一）食品营销学的研究对象

食品营销学的研究对象是食品企业在市场上的营销活动及其规律性。食品营销（Food marketing）可以认为是食品企业如何开拓市场、如何策划经营战略的一项活动。企业是从事营销活动的主体，在此，首先对营销主体的范围做一界定。

从食品的定义看，食品生产者包括食品工业企业和农业企业，它们都从事食品的生产。食品工业企业在经营方式上属于工商企业，而农业企业的概念却比较模糊，尤其是在像我国这样以小农户经营为主的国家，农业企业的界定是比较困难的。但是，既然市场营销是一种企业行为，就有必要根据研究的需要对农业企业的概念进行界定。在研究市场营销时，规定农业企业不但包括所有从事食品生产、加工、流通的企业，还包括农场、农业生产大户、生产者组织和产地政府，它们都是农产品和食品市场营销的主体。与农业企业相比较，食品工业企业更加规范化，具有典型的企业特征。

（二）食品营销学的研究内容

市场营销要素是企业开展市场咨销的手段，多种多样的营销要素在促进销售、满足消费者需求的过程中发挥着不同的作用。自从美国营销学家杰罗姆·麦卡锡（Jcrome McCarthy）将市场营销要素归纳为产品（Product）、价格（Price）、渠道（Place）、促销（Promotion）四大因素（4P）之后，形成了市场营销学研究的核心理论。由于 4P 是企业自己可以控制的因素，企业通过灵活运用，协调使用营销因素，发挥整体组合的最佳效果，就能够取得成功，因此，产品、价格、渠道、促销被称为市场营销组合（4P）。人们围绕 4P，开展营销理论和实践的研究，推动了市场营销学的发展。随着世界经济格局的变化，1984 年，菲利浦·科特勒（Philip Kotler）在 4P 的基础上又加上了政治力量（Political power）和公共关系（Public relations）两个 P，成为 6P。政治力量是指企业应该依靠国内政府的力量开展营销活动，便于进入国外或地区的市场。公共关系是指企业通过外部公关活动，在公众心目中树立良好的形象，从而改善市场环境，使企业能够比较顺利地开展国际市场营销活动。

以上 6P 营销组合是"大市场营销"的概念，是对现代市场营销核心理论的新发展。

罗伯特·劳特伯恩（Rebort Lauterborn）于 1990 年提出了与 4P 相对应的顾客 4C，即顾客解决方案（Customer solution）、顾客成本（Customer cost）、便利（Convenience）、沟通（Communication）。

食品营销学的研究内容十分广泛，已经超出了食品流通的范围，与企业的整个经营活动密切相关，基本上可以概括为以下几部分。

1. 食品和食品工业的市场营销观念

食品企业如何树立以满足消费者需求为中心的营销观念，是食品营销学学科体制展开的主线，贯穿于食品营销学各部分内容的始终。

2. 食品营销环境分析

分析企业市场营销的宏观环境和微观环境及其变化特点，确认市场机会和威胁，便于企业根据市场环境的变化来协调内部资源，制定出相应的营销策略，达到企业经营目标，并通过案例分析来进一步阐释食品企业的营销环境。

3. 消费者购买行为分析

主要研究食品消费市场及购买行为模式、影响消费者购买行为的主要因素和消费者购买的决策过程及行为分析。

4. 食品市场调查与需求预测

食品市场调查与需求预测是食品企业确定经营目标、制订生产计划和营销策略之前认识市场和了解市场发展趋势的重要手段，它包括市场调查和预测两方面的内容、步骤和方法等。企业开展市场调查，并对未来市场需求的变化进行预测，为制订经营计划、确定经营目标和制定营销策略提供可靠依据。

5. 食品营销战略

食品营销战略涉及食品企业的经营方向，关系到企业如何生存和发展，主要包括制定营销战略的意义、原则、方法及过程。企业市场营销战略的制定，包括战略计划的编制，市场竞争战略和市场发展战略的制定，以及营销的组织与控制等。

6. 食品市场细分与目标市场战略

食品市场细分与目标市场战略包括市场细分的意义、细分依据，在市场细分的基础上，制定选择目标市场和市场定位的方法和策略。

7. 食品市场营销组合策略

市场营销组合策略（4P），主要包括产品策略、价格策略、渠道策略、传播与促销策略，以及将四种营销手段组合起来综合运用，实现市场营销组合的最佳配置，以实现企业营销目标。

8. 食品市场营销管理

食品市场营销管理包括食品市场营销的计划、组织、实施和控制。

9. 国际市场食品营销

主要包括国际市场营销的特点，国际市场环境对企业营销的影响，国际市场的进入方式及营销组合策略等。

10. 食品营销模式创新

主要介绍网络营销、文化营销及期货营销模式的创新。

四、 食品营销战略

食品营销战略是食品企业职能战略中的一个重要组成部分，是指在食品企业整体战略及其战略目标的要求下，对食品营销活动，特别是如何进入、占领和扩大食品市场所做出的长远性谋划和方略。食品营销战略主要包括三个方面的内容，即目标市场战略、差异化战略和顾客满意战略。

（一）目标市场战略

目标市场战略是指企业的营销活动是为了迎合特定的目标顾客而设定的。也就是说，企业并不期望满足某一整体市场中所有顾客的需求，而只是针对其中一部分顾客开展活动。目标市场战略的出现是顾客需求多样化趋势日益显著的必然要求。从现代市场营销发展史考察，企业在 20 世纪初实行的是无差异的大量市场营销。第二次世界大战结束后，随着市场供求态势从供不应求的卖方市场向供过于求的买方市场的转变，消费者有了更多、更大的选择余地，顾客需求多样化越来越显著了。到了 20 世纪 50 年代，西方企业纷纷开始接受目标市场战略，即企业识别各个不同的购买者，选择其中一个或几个作为目标市场，运用适当的市场营销组合来满足目标市场的需求。目标市场战略由三部分组成：一是市场细分；二是目标市场选择；三是市场定位。

（二）差异化战略

差异化战略是指企业在安排营销组合时要同竞争对手相区别，比竞争对手更好、更优秀地满足顾客的需求。顾客需求或多或少地在某种程度上受到所谓"营销变量"或"营销要素"的影响。为了寻求一定的市场反应，食品企业要对这些要素进行有效的组合，从而满足顾客需求，获得最大利润。营销组合实际上有几十个要素。差异化战略的重点在于企业如何在 4P 因素及其组合中寻找到自己的特色，将自己的产品和服务同竞争对手的区别开。大量企业的实践表明，经过周密的战略规划，每一个营销要素都可以成为差异化战略成功的关键要素。

1. 产品

企业至少可以通过三种途径在产品要素中创造差异化：①开发出全新的产品，并申请专利；②增加产品附带的服务内容，以实现差异化，今天的顾客不仅需要产品本身，也需要产品附带的服务，服务的好坏直接影响着顾客的购买决策；③塑造品牌形成差异化，通过品牌实现差异化是最持久的，因为顾客一旦对品牌形成忠诚，就很难改变。

2. 渠道

很多企业并不直接面对消费者，而是注重经销商的培育和销售网络的建立，企业与消费者的联系是通过中间商的分销渠道来进行的。渠道本身就具有很强的排他性，企业一旦建立起了良好的渠道，竞争对手很难快速模仿或者复制。企业在"渠道"这一要素上实现差异化，最重要的是通过各种手段将竞争对手排除在外。

3. 促销

促销是企业注重销售行为的改变来刺激消费者，以短期的行为（如降价，买一送一、多买多送、营销现场气氛等）促成消费的增长，吸引其他品牌的消费者或潜在消费者提前消费来促进销售的增长。在现代市场营销中"促销"活动的外延被大大扩大了，变成企业和顾客间的信息沟通过程，所以有人又把这一要素称作沟通要素。在促销要素中形成差异化的最有力的工具是广告。广告在使消费者形成对企业产品和服务的差异化的认识方面非常有力。通过广告不断强化产品的卖点，可以使顾客在头脑中形成对产品的固化的认知，从而与竞争对手的产品相区别。

4. 价格

价格是一个非常灵敏的差异化工具。大多数企业在上面三个要素很难找到差异化卖点的时候，往往采取降价行动，用价格优势来形成差异化。但是在使用价格形成差异化的时候必须注意三个方面的问题：①必须有实力作保证。降价行为是一个双刃剑，在快速扩大销售量的同时，也在快速侵蚀利润。所以，企业要降价必须有实力，拥有成本优势的企业才能够在降价行为中获胜。②价格差异化很难持久。因为竞争对手很容易模仿降价行动，一旦竞争对手也加入降价行动，企业原有的价格优势就会被削弱。③提高价格也可以形成差异化。对于很多高端产品来说，高价格本身就是差异化的一部分。

（三）顾客满意战略

所谓顾客满意战略就是企业的一切经营活动都要紧紧围绕顾客的需求，以顾客满意为核心，不断提高顾客的满意度。在生产经营活动之前，企业对于市场需求的分析和预测要始终站在顾客的角度，在经营活动的过程中要充分尊重顾客，维护顾客的利益，使顾客忠诚于本企业，从而不断地推动企业的发展。顾客满意战略有以下两个要点。

1. 通过提高顾客让渡价值让顾客满意

顾客让渡价值是一个综合的概念，企业要提高顾客让渡价值，就要提高产品价值、服务价值、人员价值、时间价值，同时减少顾客的货币成本、时间成本、体力成本、精力成本。

2. 通过巩固客户关系提高顾客的忠诚度

企业通过积极深化与客户之间的关系，以掌握客户的信息，同时利用这些客户信息，量身定制不同的商业模式及策略方式，以满足客户的需求。通过有效的顾客关系管理，企业可以与顾客建立起更长久的双向关系，并获取客户忠诚，因为长期忠诚顾客的交易成本更低，交易量更大，愿意买更高价位的商品，还有可能为企业带来新的顾客。

五、 食品营销风险

所谓食品营销风险就是指在食品企业营销过程中，由于各种不确定因素带来的影响，使食品企业营销活动与预期目标发生一定偏离的可能性。

随着与国际市场的接轨，国内市场短缺经济时代的结束，微利时代的到来，新技术、新工艺的不断应用，食品质量安全性及现代信息传递机制，市场竞争的白热化，使得食品企业外部环境更加不稳定，风险概率不断提高，导致食品企业既面临发展机遇，又面临诸多营销风险。

食品营销风险管理对食品企业的意义：①食品营销风险管理能够为食品企业提供安全的经营环境，消除了食品企业及职工的后顾之忧，保证了生产活动的正常进行。②食品营销风险管理的实施能够促使食品企业在营销过程中增加收入和减少支出。可以使食品企业面临的风险损失减少到最低限度，并能在损失发生后及时合理地得到经济补偿，这就直接或间接地减少了食品企业的费用支出。实施风险管理可以实现食品经营目标，使企业获取稳定的经济利益。③食品营销风险管理能够促进企业决策的科学化、合理化，减少营销决策的风险性，有助于食品企业减少和消除经营风险、决策风险等，有效地保障了食品企业科学决策、正常营销。④食品营销风险管理是一种以最小营销成本达到最大安全保障的管理方法，要求食品企业各职能部门均要提高经营管理效率，减少风险损失，促进食品企业经营效益的提高。

食品营销风险管理的社会意义：①食品营销风险管理是积极地防止和控制风险，它能够消除或减少风险所带来的社会资源浪费，有利于提高社会资源的利用效率。②食品营销风险管理的实施有助于消除营销风险给经济、社会带来的灾害及由此而产生的各种不良后果，有助于社会生产的顺利进行，可对整个经济、社会的正常运转和发展起到稳定作用。③食品营销风险管理通过风险的避免、消除、转移等方式，提供良好的安全保障，消除人们对风险的忧虑，使人们生活在一个安定和谐的经济社会环境中，保障经济的发展，提高人民生活水平。

六、 食品网络营销

目前，我国食品企业的营销渠道主要分为线下、线上两种模式，线下主要有直营工厂、小超商场、批发零售市场、线下连锁商户等，线上则有各类电商平台、社交平台、微店、小程序、APP等。移动互联网在改变人们生活、工作方式的同时，也塑造了新的消费模式，以淘宝、天猫、京东、亚马逊等为代表的电商平台成为很多人日常消费的主要渠道，公众对这种网络营销模式逐步建立起信任并形成依赖性，线下营销门户也受到网络营销的巨大冲击。甚至随着各种社交平台、直播网站、门户流量网站的兴起，网络营销开始从单一性向多元性转变，从系统性转向零散性的发展趋势，"微商"即是这种个体化网络营销的主要代表。

网络营销的好处主要有如下几点：①摆脱实体店的束缚，实现经营的自由化。一方面可以降低高额的租金，减少成本，另一方面经营模式更加多样，对销售量有一定程度的提升。②顺应人们思想观念的改变，突出个性化营销的特点。在这个网络高速发展的年代，企业加入网络销售很大程度上满足一部分上班族的需求，不需要去超市就可以买到相应的食品，并且在很大程度上顺应了时代的发展。③具有方便和高效的特点。网络营销在很大程度上简化了购物的环节，供应商直接将第一手货源卖给消费者，省去了中间环节，不仅方便，而且省去了部分中间费用，非常高效。网络营销是企业在未来一段时间需要关注的一种方式，是每一家企业在市场营销战略中的重要组成部分。

根据调查，不同年份生鲜食品网络消费和实体消费数量所占比例是不同的。从图7-6可以看出，人们的网络消费比例也在不断地提升。

举例：社交网络营销

社交网络营销是指为实现营销目标而建立在社交网络平台上的各项营销活动，网红食品的社交网络营销方式主要是依附互联网和社交平台进行传播推广，由此聚集大量的社会关注

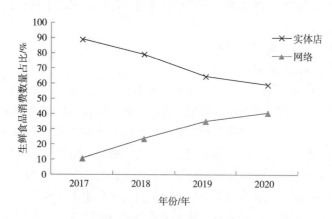

图 7-6　生鲜食品网络消费和实体消费数量所占比例

资料来源：李梅，2021.

度，吸引庞大的粉丝和形成定向的营销市场，并利用这一独特的优势影响消费市场的不同领域，如在社交平台发广告、开直播、个人公众号推送等方式进行营销（图7-7）。

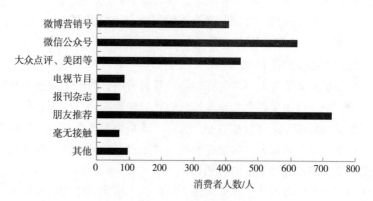

图 7-7　消费者接触网红食品的渠道

资料来源：马玲，郑郁雯，2019.

七、国际市场食品营销

随着全球化进程的加快，一个只满足于国内市场经营的企业在发展过程中会丧失不少机会，而开拓国际市场则会给企业的发展带来很多机会。从这个角度来看，一个瞄准国际市场的食品企业，了解国际营销环境、营销的方式，掌握国际市场营销策略是非常有必要的。

国际市场营销是在市场营销学的基础上延伸和发展起来的，与国内市场营销在本质上并没有根本的区别，国际营销学是借鉴了市场营销学的原理，即同样需要制定战略、设计营销组合，同样需要进行市场调研、市场细分、目标市场选择以及市场定位等，但国际市场营销活动跨越了国界，这意味着不同的营销环境，不同的消费心理，因此，国际市场营销需要针对更加广泛的国际市场营销环境，用以指导企业在更加复杂的环境中从事生产和经营活动。

由于国际市场环境的复杂性和特殊性，决定了国际营销学在与市场营销学的环境分析上，以及企业战略的制定方面都有着比较明显的特点。因此，国际市场食品营销学也会呈现出不同的特点。

国际营销学的特点体现在以下方面。

（一）特别强调营销环境的分析

由于各国的地理位置、自然条件、经济发展水平、人口状况、文化、政治、法律制度等方面都有很大的差异，因而在进行国际营销过程中，会遇到各种问题和困难。比如说，各国语言文字差异很大，产品设计、促销等决策就要比在本国内营销复杂，要考虑更多的因素；企业在国外进行产品宣传时，要注意各个国家广告法对消费品电视广告的规定都不同，比如消费品广告在美国不受限制，而在荷兰则是完全不被允许的，瑞士则规定做消费品广告只能选择某个特定的时间区段。也就是说各个国家的相关法律规定差别很大，作为企业市场营销人员进入某个国家开发市场时，要充分了解、熟悉对方的营销环境。

（二）营销策略组合更加复杂和多样化

国际营销和国内市场营销相比，不但要面临如何开发市场的问题，还要面临如何突破市场障碍成功进入市场的问题，因为企业不可能随意将产品打入任何一个国家的市场，而是需要详细的计划。选择可能的国外市场，进入某国市场之前，企业要考虑该国政府是否有相关规定和限制，消费者是否接纳，是否会有捷足先登的竞争者进行抵制策略。经济全球化的出现，区域组织的形成以及区域贸易之间的联合，使得企业不仅需要考虑基本的 4P 策略，还要考虑很多其他问题。

（三）对营销活动的管理要求更高

国际营销管理要求企业管理好每个目标市场的营销活动，同时企业还要从全球战略角度进行统一的规划和控制，以便发挥企业整体的经营优势和跨国经济效益。作为一个企业尤其是国际型企业，考虑问题时不能仅仅考虑一个国家，而是要考虑全球协调的问题。市场商机随时存在，对于企业经营者来说，如何捕捉商机、制定相应对策以及如何及时掌握和控制市场，这是一个随时都应该考虑和关注的问题。

此外，各个国家环境各有特点。比如关税、所得税、市场竞争的激烈程度、对产品需求的差异性等，企业都需要认真研究特定时期特定国家特定消费群体的需求变化，取长补短，制定最佳策略和手段，获得最佳的经济效益。

举例：食品品牌 Logo 视觉营销

品牌是一个企业的门面，是广大消费者识别不同的产品的重要标志，当人们需要购买某种产品的时候就会想到某个品牌的产品，这就是一个品牌对人们潜移默化的影响。一个良好的品牌会使企业增加许多潜在的客户，并在客户有需求的时候爆发出来。

好的 Logo 是品牌成功营销的开始。在信息泛滥和产品高度同质化的互联网时代，如何创造自己独特的符号和形象特征，将品牌形象记忆点植入消费者心智，需要食品厂商高度关注。

首先，设计高辨识度与强独特性 Logo，简单来讲就是品牌标识。Logo 是消费者认识品牌的开端，作为最直观的品牌视觉营销方式，能否被消费者认知、喜爱，并建立记忆点、消费欲与品牌信任，品牌 Logo 担负着视觉营销转化为品牌利润的首要任务。其次，传递企业文化 Logo 是品牌形象的缩影，向公众传达着品牌的行业特性、产品品质。品牌 Logo 的设计万万不可理解为仅是"设计师的工作"，如果那样的话，结果必然是成就了艺术，却失去了产品市场，也失去了品牌内涵。每一个品牌都有自己的故事，每一个企业都有自己的企业文化。作为品牌的重要资产，Logo 的设计总要与品牌背后的故事相契，与消费者产生内心的共鸣，这才是 Logo 的精华所在。最后，确保品牌的基因符号。任何品牌的成长都不可能一成不变，每个品牌都会根据品牌升级或者市场环境、营销热点的变化，而选择变换 Logo，并衍生出Logo 新旧更替成功与否的话题。

Logo 对于品牌的意义，并不只是视觉层面的花瓶或者摆设，它是一种自带营销力的符号，是品牌对外展示形象与独特记忆点的窗口。每次品牌升级都应保留自己的品牌符号基因，同时又能够成功地与市场上其他品牌区分开来，从而将品牌的语言转化为用户更容易接受的具象化视觉，成功的打通品牌和消费者之间的"视觉通道"。

▼ 思政案例

案例一：食品安全事件

分别引用以下案例：①蛋类。2006 年"苏丹红鸭蛋"事件。②乳类。2008 年三鹿"三聚氰胺奶粉"事件。③食用油类。2010 年"地沟油"事件。④肉类。2011 年"瘦肉精"事件。⑤水产类。2015 年跨省市制售非法添加氯霉素水产品系列案。⑥果蔬类。2019 年甘肃金昌洋葱种植违法使用甲拌磷案。⑦酒类。2019 年白酒甜蜜素风波。⑧冷饮类。2020 年"网红"奥雪双蛋黄雪糕微生物超标事件。

课程思政育人目标：通过对各类食品案例的分析，使学生意识到食品生产企业在经营过程中需要弘扬道德，树立正直诚信的价值观，激发学生树立职业诚信和仁爱之心。

案例二：

食品卫生管理不断完善和升级，HACCP 系统应用于食品安全管理有极其重要的作用。
以学校食堂为例。

（1）危害分析 在学校食堂中，影响卫生质量的因素大多为食品原材料采购、加工与储存以及食物供应的整个过程。

（2）关键控制点

①原料控制。对于面粉与大米应该由供应商定点供应，在包装产品与采购时不能受潮、霉变；仓库内需要有除湿设施，以保证仓库内的相对湿度，防止粮食受潮霉变；食用油与调味品等用品需要采购具有定型包装的产品，同时检查标识的内容是否合格规范，并要求供应商提供产品的检验报告或者合格证，坚决不采购"三无"食品；肉类食品必须保证新鲜，通过卫生检验；水产品则需要鲜活，含有毒素与组胺的鱼类不予采购；果蔬尽可能挑选绿色无害品种，保证已超出农药安全间隔期；食品添加剂必须满足产品质量标准。食堂用水必须保证其满足卫生标准。在仓库与管理上，粮食与蔬菜以及副食品应该分别分室进行存放；配备储存量充足的冰箱，将生、熟食品以及半成品分开存放；另外，仓库的门窗应当安装防火防盗设施，以避免出现投毒等危险事故。

②加工控制。粗加工时，荤素食品以及水产食品需要分开清洗；食物烹调时，动物性食品确保煮熟，豆角与马铃薯等食品也必须确保煮熟，熟食品与生食品使用的刀、板等工具必

须分开使用等。

③供应。有关部门应当设立专用备餐室，同时要配备防鼠防蝇设备，烹饪完成食品与供应时间相隔不能超过2h，特别是夏秋季，尽量在10℃以下存放。就餐场所必须具备防蝇与清洗设施；学生所有吃剩的饭菜必须丢弃，不可再回收利用。

④人员卫生控制。工作人员必须要有健康证并且持证上岗，另外还需要经过专业卫生培训合格取得合格证后才可上岗，最后是定期进行人员健康检查。

（3）HACCP体系的运行

①宣传培训。卫生监督部门需要对学校食堂相关部门管理领导、卫生负责人以及管理人员进行系统化培训，以能够让每位人员都清楚了解HACCP系统的内容以及使用方法，接着再由已培训人员给食堂中的各个工作人员进行培训。

②餐厅管理。相关部门需要创建餐厅卫生管理部门，根据危害分析以及控制点的实际要求，更新并完善餐厅布局以及卫生设备，并且制定有关管理制度以及考核奖罚制度。

③卫生管理监督。各个监督人员必须明确各自负责监督的餐厅，创建餐厅卫生管理组织与制定制度，对存在安全隐患设备进行更新改造，对HACCP实际运行情况逐步巡查，对于关键点控制以及纠偏措施等必须严格检查，食品的卫生质量也必须仔细排查是否合格，对餐厅HACCP运行情况进行整体评估。

课程思政育人目标：食品行业人员在食品加工、食品安全、食品营销乃至国民健康等各个方面发挥至关重要的作用。培养学生社会责任感和使命感，通过专业认同建立生涯意识。

案例三：趣谈航天食品

早在1968年，我国就已开展对航天食品的研究开发。我国载人航天工程自主研制的航天食品，包括热稳定食品、自然态食品、脱水食品、复水饮料等类型，以传统的中式菜品为主，而且还研制了茶饮料以满足中国人的饮食习惯。在神舟五号上使用的都是即食食品，不需要加热和加水，具有一口大小和不掉渣的性能。神舟六号载人飞船的食品丰盛一些，包括主食和副食，主食就有白米饭、八宝饭、咖喱饭、糯米饭4个品种，副食包括肉类、蔬菜、罐头3大类，并首次使用食品加热器，航天员吃上了热的饭菜，但是因为当时使用的是应急电源，做的米饭有点夹生。神舟七号飞船的食品品种更丰富，包括主食、副食、汤、饮料、调料、即食食品，并搭配有各种作料的调味包，航天员食品有7大类、近80种食品可选，食品包装更可靠，能经受压力剧变的考验，食品加热使用舱载主电源，消除了出现"夹生饭"现象。

最初的航天食品采用严格高温杀菌的罐头包装，后来改为轻柔的铝箔软罐头包装，还有易拉式铝罐包装，在开启盖的时候，注意不能让铝盖飞到空中。20世纪90年代，我国研制的航天食品就开始应用软罐头包装，而最近上天的航天食品不但有铝塑软罐头，还有透明的复合袋包装和复合盒包装，只需剪开就可以了。一些糯米糕类的食品就采用了复合材料的方盒包装，开盖即食。航天食品还有一项极其重要的要求就是食品安全。航天食品必须考虑包装形式和储藏的稳定性，使航天员进食方便，且易长期储藏，并能经受航天器上升段的振动、冲击和加速度负荷而不致破碎。

课程思政育人目标：航天食品的不断改进体现了我国科技的飞速发展，激发学生的爱国热情和民族自豪感。

案例四：

新冠病毒虽说不属于食品安全问题，但是与食品安全息息相关，有些人提出食品和食品包装可能附着新冠病毒，然后通过食物进行传播，所以给食品生产、加工、运输、销售及餐饮行业等带来了极大的挑战。众多研究证据表明，新冠病毒在低温（0℃以下）条件下仍有较强的生命力，可存活几十天甚至数月。一般而言，新冠病毒不耐热，食品的加工、生产、制作过程可以杀死新冠病毒，即 60~70℃，30min 便可将新冠病毒杀死。一般而言，食品的加工、生产、制作过程可以杀死新冠病毒，但世界卫生组织仍然强调动物性食物（如肉、乳、动物内脏）要注意生熟分开，避免交叉污染。此外，这点对于食品加工、生产、餐饮企业及市场监管部门的食品质量管理提出了更高的要求，同样对于家庭烹饪的食品质量管理也是非常必要的。

课程思政育人目标： 只有提升食品从业人员的食品安全认知和要求，加强食品质量管理，才能确保公众的食品安全。引导学生明确社会责任和职业素养。

🔍 本章思考题

1. 新产品开发经常面临哪些问题？
2. 举例说明新产品的开发有哪些策略。
3. 简述新产品开发应遵循的原则。
4. 简要回答新产品开发的流程。
5. 简述企业生产管理的主要内容。
6. 举例说明某种食品产品的成本构成。
7. 企业设备管理的要点是什么？
8. 试举一例简要说明企业人力资源管理的重要性。
9. 举例说明如何确保食品质量安全。
10. 新媒体时代，企业遭遇危机的特点是什么？
11. 谈谈企业失信对食品企业、行业发展的影响。
12. 食品营销可以采取哪些战略？
13. 新时代背景下，食品企业市场营销有什么特点？
14. 试举一例，介绍一下如何合理使用网络资源进行食品营销。

第八章

食品科学与工程中的新技术

第一节　食品加工新技术的概述

一、食品加工技术的发展历史

人类祖先在"茹毛饮血"时代，以自然界中未经任何加工的天然食源作为人类赖以生存的物质基础，他们对食物生吞活剥，既生吃植物，也生吃飞禽走兽和鱼虾，当时的饮食加工并未出现。食品加工起源于社会成员明火加热或者煮熟肉类、根茎和植株，使之适于人类食用。距今 5 万~1 万年前，人们已经钻木取火。到了周口店"北京人"时期，人们普遍学会了烤食捕获来的动植物。火的利用是人类饮食革命的开端，它把人与野兽区分开来，对人类发展做出了巨大贡献。

人类最早发明的食品加工器具是陶器，距今已有近万年。它的出现意味着"烹饪"的开始，也标志着食品加工的开始。公元 3000 年前，我国江南人就用大米做粥、制糕；西汉时已用石磨磨小麦和加工面饼；西汉时就有豆腐生产，五代时豆腐已成为日常食品；谷物酿酒大约起源于新石器时代，到了商代，已相当普遍；秦汉以前，就有酱的生产，龙山文化时期就开始用谷物造醋；公元前 3000~前 1500 年，埃及人发现了某些加工食物的方法，如干藏鱼类和禽类、酿造酒类、烘焙面包等；在古代长期的发展过程中，食品加工技术逐渐形成，与食品保藏相关的加工技术不断出现，使食物的持续供给得以实现，为人类生存和社会发展奠定了基础。在此过程中，由于加工技术的发展，促进了食品由原始的满足充饥的基本功能逐渐向美味、养生、延年益寿等多种功能转变。《黄帝内经》《崔氏食经》《田时御食经》《四时酒要方》《白酒方》《膳食养疗》等著作的出现说明食品加工已形成初步理论体系。

人类历史上的两次工业革命极大地推动了食品加工技术及食品加工业的发展。18 世纪

60 年代至 19 世纪上半期的第一次工业革命，开创了以机器代替手工的时代。食品加工的规模由于工业革命而迅速扩大，但是食品加工仍然依靠技艺和经验在家族内部世代相传，缺少科学的支撑。随着工业革命的深入和工业技术的发展，19 世纪新的食品加工技术不断出现。1810 年英国第一个获得了镀锡薄板罐的专利权；1849 年美国设计制造了制罐机，2 个普通工人使用机器每天可以制造 1500 个空罐，而以前 2 个熟练技术工人每天只能制造 120 个空罐；1861 年，巴尔的摩的罐头制造者使用氯化钙把杀菌水温提高到 121℃，将加热时间从 6h 缩短到 30min；1874 年发明了蒸汽压力杀菌釜，促进罐头工业迅速扩展；1858 年法国发明了第一台液氨制冷机；1873 年瑞典开发了第一台制冷压缩机，冷藏技术发生了质的变化；法国化学家和微生物学家路易斯·巴斯德于 1862 年开发了"巴氏杀菌"的过程；至 20 世纪初的第二次技术革命结束时，从前的小规模加工业的面貌已经改变，食品工业得以形成。

　　20 世纪是食品加工技术发展最快的一个世纪，食品加工技术获得了全面发展，建立了较为完备的技术体系，为现代食品加工业的确立奠定了基础。在食品工业的发展过程中，人们最初以具体的产品为研究对象，针对产品加工中的问题，分别进行各种产品的生产过程和设备研究。因此，早期的食品加工技术是针对特定产品的专门技术。然而，食品的种类繁多，不同食品加工过程中的许多工序相同或相似，其加工技术具有共性。随着食品加工业的发展，人们逐渐认识到不同产品的生产过程是由为数不多的基本操作组成的，即所谓的单元操作。单元操作源自于化学领域，19 世纪末英国学者戴维斯提出了这种观点，但当时未引起足够重视。1915 年美国学者利特尔首先提出"单元操作"这一概念，明确指出："任何化工生产过程不论规模如何，皆可分解为一系列名为单元操作的过程，例如：粉碎、混合、加热、吸收、冷凝、浸取、沉降、结晶、过滤……"基于单元操作，食品加工技术的分类、原理、定量评价等不断发展并完善。至 20 世纪末，食品加工技术已经相当成熟，食品加工通用设备和专用设备的生产已成为专业化，有力推动了食品加工业的快速发展。21 世纪以来，信息技术迅猛发展，科学技术交流日益频繁，全球科学技术进入了快速发展期，新技术、新方法不断出现，这些为食品加工新技术出现和发展提供了机遇。

二、 食品加工新技术的发展现状

（一）我国食品工业现状

　　目前食品工业已成为我国工业大类中的支柱产业之一。尽管多年来我国食品工业持续、快速发展，在国民经济建设和改善人民生活等方面发挥了巨大作用。但是，目前我国食品工业仍存在着一些不足，与发达国家之间还存在差距，其中食品加工技术创新和转化不足是关键问题之一。①食品工业化程度低：我国食品工业总值与农业总产值之比为（0.3∶1）～（0.4∶1），发达国家为（2∶1）～（3∶1）。可见，我国食品工业发展空间很大。另外，我国现有食品资源工业化程度低，目前我国城镇居民饮食消费中工业化食品只占 1/3，而美国高达 90%，西欧也达 85%。西方国家由于工业化程度高，食品工业的增加值一般可达农产品原料的 3 倍，而我国只有 1.6 倍。②食品企业的发展不够平衡：当前食品工业的经济形势不容乐观，全面竞争的时代已经开始，决定企业命运的根本是产品市场竞争能力的高低。在我国，食品加工企业两极分化现象仍较严重，缺少竞争力强和知名度高的产品，食品企业大部分属中小型，加工技术水平、管理水平参差不齐，产品质量难以保证。许多企业依赖大量人力、财力和物力的投入，而不是依靠科技进步来提高生产水平，因而产品同一化现象严重，造成销售不畅、效益低下。③食品工业技术含量不高：我国食品行业总体上仍属于传统工业，食品加工业技术含量和产品附加值偏低，正处于以初加工和劳动密集型为主向深加工和资金、技术密集型的转型过程。

（二）食品加工新技术的现状

技术的进步是与科技发展的总体水平相关联的。一项食品加工新技术的出现，在特定的时期称为新技术。随着技术的成熟和广泛应用，其逐渐转变为一般性的食品加工技术。因此，评价一项食品加工技术是否新，应从特定的历史时间点加以看待。食品加工技术的成熟与否，可从对食品加工技术的原理、内在规律的认知，相关设备的研发与制造水平，以及技术和设备应用的成熟性和普及性等方面加以考量。当一项食品加工技术在理论方面已经完善、并已成熟应用时，即可看作一般的食品加工技术；反之，该食品加工技术仍属于食品加工新技术，仍需在理论和实践上不断完善，才能够在食品加工产业中发挥其应有的作用。

依据单元操作的食品加工技术类群已经形成，主要包括物料粉碎、混合、输送、分离、蒸发与浓缩、干燥、杀菌、冷冻、吸收、萃取、灌装与包装技术等，构成了现代食品加工技术的主体。在每一类单元操作中，基本都形成了多种成熟的技术和方法。例如常用的杀菌技术主要有巴氏杀菌、高温短时杀菌、瞬时超高温杀菌，这些杀菌方法均是利用热效应杀菌。脉冲强光杀菌、脉冲电场杀菌、超高压杀菌等新技术属非热杀菌，其杀菌机理不同，作用效果也不同。由此可见，目前食品加工技术类群已经较为完整，新技术层出不穷，形成了以一般技术为主，新技术繁荣发展的格局。然而，由于对许多新技术的认知还不够，相应的装备还不成熟，或者是与食品加工工艺的结合尚不完美。因此，食品加工新技术的开发和应用等方面仍存在很多问题。

三、 食品加工新技术的发展趋势

（一）食品加工技术发展的一般规律

明确什么是科学，什么是技术，对于人们准确认识食品加工技术发展规律，合理运用相关技术或开发新技术具有积极的意义。一般认为，科学是反映客观世界的本质联系及其运动规律的知识体系，它具有客观性、真理性和系统性。技术是为某一目的共同协作组成的各种工具和规则（即制作方式与使用方法）体系，旨在提高劳动工具的效率性、目的性与持久性。由此可见，技术是劳动工具的延伸与扩展，是一种特殊的劳动工具。

科学与技术是两种性质不尽相同的社会文化。科学的基本任务是认识世界、有所发现，从而增加人类的知识财富；技术的基本任务是发现世界、有所发明，以创造人类的物质财富，丰富人类社会的精神文化生活。科学要回答"是什么"和"为什么"的问题，技术则回答"做什么"和"怎么做"的问题。现在人们已经习惯把科学与技术统称为科学技术或科技，其说明科学与技术呈现一体化趋势，科学的技术化和技术的科学化成为时代的特征。因此，现代意义上的食品加工技术是科学与技术的统一体。食品加工技术的发展具有以下特点。

（1）由单纯的技术发展为科学与技术的统一　在数万年的人类发展历史中，古代的食品加工是对食品加工技艺的总结，即加工技术，没有真正意义上从科学的角度认识食品加工的本质和规律。19世纪的生产力发展水平不高，科学发展的水平也不高，这也使得食品加工的研究和开发处于较低的水平。20世纪初美籍奥地利经济学家约瑟夫·熊彼特出版了《经济发展理论》，提出了以创新为核心的经济发展理论，第一次把技术进步视为经济发展中最主要的因素，提出了技术创新所引发的生产方式的创新、组织方式的创新和管理模式的创新，为科学和技术的创新与融合提供了强大的动力。20 世纪食品加工科学技术获得了全面的发展，成为现代食品工业的重要支撑。

（2）从科学发现、发明到应用的周期越来越短　进入 20 世纪 30 年代以后，西方国家的工业化，特别是现代化建设，使得经济发展成为社会发展最主要的部分，从而促使食品加工技术不断更新，科学技术转化为生产力的速度不断加快。

（3）技术更新周期缩短　19 世纪技术更新周期为 80～90 年，20 世纪 50 年代为 15 年左右，20 世纪 90 年代以后为 5～10 年，当代的更新周期进一步缩短。人类积累的总体科技能力不断提高，科技研究领域日益扩大并深化，科学研究工具更为先进，各国普遍重视科技发展，这些是推动食品科学技术快速发展的根本所在。

（二）食品加工技术的发展趋势

在食品加工中为了满足人们对食品不断增多的要求，传统的食品加工技术其存在的局限性也凸显了出来。在此情况下，为了提升食品加工的效率，其新技术在发展的过程中也必然会向着全面化、多样化的方向进步及完善，以此来满足现代食品加工业所提出的各项加工要求，并为新产品的开发提供良好的技术支持。对于食品加工业来说，如何保证其加工效率也是其发展过程中的重要内容。在食品加工过程中其生产效率直接决定了食品加工的生产总值及所取得的效益，而加工技术作为影响食品生产的主要因素之一，其技术的使用必定会向着高效化的方向发展，这样才能使食品加工在实际中可以取得更好的生产效益，进而提升食品加工业的整体水平。安全一直是食品行业在发展中所必须重视的内容，也是人们对食品生产主要关注的部分。因此，在食品加工中其安全性如何得到有效提升也成为在其加工技术发展中的主要趋势，只有不断地提升食品加工技术的安全性，保证加工过程中不会对食品品质产生影响，才能使得食品加工行业得到持续、健康的发展。在食品加工中许多新技术的使用需要有较高的能耗及成本的支持，因此，这些新技术在使用中其价值及效益也无法得到相应的保障，为了提升新技术的使用优势及效益，其节能化发展也成为一种必然趋势。食品工业的发展对食品新技术的要求越来越高。

（1）多学科交叉日益广泛深入　食品加工涉及各类原料和产品，特别是现代食品工业为了满足人们营养、功能等消费需求，食品加工将朝着追求安全、营养、美味、方便、多样化的方向发展，这就要求在加工技术上不断突破和创新。当今食品加工技术的创新，在以力学、传热学及热力学等为理论支撑的加工技术不断发展的同时，围绕声学、光学、电磁学、辐射科学等领域的食品加工新技术的科学研究及技术开发将进一步发展。由于食品加工原料是以生物材料为主，加工过程中通常伴有化学及生物变化。因此，食品加工也与化学和生物学紧密相关。这就要求在食品加工新技术开发和应用过程中应尊重科学规律，加强学科整合及团队建设，切实推进食品加工新技术的发展，满足新产品、新工艺的技术要求。

（2）食品加工新技术的数学化趋势　数学思想和数学方法是揭示食品加工技术的机制、提示其内在规律的主要手段，也是食品加工技术应用中过程控制的基础。特别是食品加工新技术的不断出现，多学科交叉更为普遍，所涉及的理论和技术问题更为复杂，影响因素更为多元化，这就更加需要运用适当的数学思想和数学方法表达其内在的规律，这样做不仅可加快食品加工新技术开发的进程，也为新技术的可靠应用提供了保障。

（3）适应食品产业发展的需要　食品加工业和农业有着密切的关系，食品加工业是农业的延伸和发展，通过农产品深加工，可以大大提高农产品附加值，也是提升产业核心竞争力的重要保证。食品加工业与人们生活息息相关。随着社会发展，人们对食品安全与卫生、食品营养及功能性、食品的保藏性及食品的方便性等提出了更高的要求，这就要求食品加工技术与未来的食品产业发展相适应，同时有针对性地加强新技术的开发和应用，推动食品产业发展，满足大众的需求。

第二节　超临界流体萃取技术

一、　超临界流体萃取技术概述

（一）超临界流体萃取技术发展历史

超临界流体萃取技术（Supercritical fluid extraction，SFE）是 20 世纪 70 年代末才兴起的一种新型生物分离精制技术。自 70 年代用于提取分离操作后，各国学者迅速认识到其独特的物理化学性质，开始进行了多方面的研究。1978 年在联邦德国埃森举行了全世界第一次"超临界气体萃取"专题讨论会。20 世纪 80 年代，该技术开始获得飞速发展，被广泛应用于化学、石油、食品、医药和保健品等领域，受到世界各国的普遍重视。国外如德、美、日、加等工业发达国家也相继研制出工业化的生产装置。我国在超临界流体萃取技术方面的起步较晚。1985 年北京化工学院（现北京化工大学）从瑞士进口第一台超临界流体萃取设备，并进行了一些初步的超临界萃取理论方面的探讨，此后清华大学、华东化工学院（现华东理工大学）、中国科学院大连化学物理研究所等单位也相继从瑞士、日本、美国等国引进超临界流体萃取设备。在我国，超临界流体萃取技术被列为"九五"期间国家重点开发的高科技项目，并且我国也已研制出超临界二氧化碳萃取工业化生产成套装备。

（二）超临界流体萃取技术定义和原理

所谓超临界流体萃取又称流体萃取、气体萃取或蒸馏萃取（Destraction），是利用超临界流体，即温度和压力略超过或靠近临界温度（T_c）和临界压力（P_c），介于气体和液体之间的流体作为萃取剂，从流体或固体中萃取出待定成分以达到分离和纯化目的的一种分离技术。超临界流体萃取实际上是介于精馏和液体萃取之间的一种分离过程，在大气压附近精馏时，把常压下的气相当作萃取剂；压力增加时，气相的密度也随之增加，当气相变成冷凝液体时，分离过程即成为液液萃取。在这个物理条件连续变化的过程中，超临界流体萃取结合了蒸馏和萃取的特点。

物质有三种状态，气态、液态和固态。当物质所处的温度、压力发生变化时，这三种状态就会相互转化。但是，事实上除了上述三种常见的状态外，物质还有另外一些状态，如等离子状态、超临界状态。当稳定的纯物质达到超临界状态时，都有固定的临界点：T_c 和 P_c。当物质的温度和压力处于它的临界温度和临界压力以上的状态时，成为既非气体也非液体的流体，称为超临界流体。

对于超临界萃取而言，超临界萃取溶剂的选择非常关键，它应满足下列条件：化学反应稳定，对设备无腐蚀；临界温度不太高也不太低；临界压力低，以节省动力；纯度高，溶解性好，以减少溶剂循环量；价廉，易得；无毒。表 8-1 所示为一些常见超临界流体溶剂的临界数据。二氧化碳（$T_c = 31.06℃$）及乙烷（$T_c = 32.4℃$）的临界温度是超临界溶剂临界点最接近室温的，两者的临界压力（二氧化碳：$P_c = 7.39MPa$，乙烷：$P_c = 4.89MPa$）也比较适中，但二氧化碳的临界密度（$\rho_c = 0.448g/cm^3$）是最高的。可见二氧化碳具有最适合作为超临界萃取溶剂的数据。此外，二氧化碳无色、无味、无毒、不易燃烧、化学惰性、低膨胀性、价廉、易制得高纯气体等特点，所以，二氧化碳超临界流体萃取得到了最为广泛的应用。迄今为止，90%以上的超临界萃取应用研究使用二氧化碳作为萃取溶剂。

表 8-1　　　　　　　　　　常用超临界流体溶剂的临界数据

物质	沸点/℃	临界点数据		
		临界温度/℃	临界压力/MPa	临界密度/（g/cm^3）
二氧化碳	-78.5	31.06	7.39	0.448
甲烷	-164.0	-83.0	4.6	0.16
乙烷	-88.0	32.4	4.89	0.203
乙烯	-103.7	9.5	5.07	0.20
丙烷	-44.6	97	4.26	0.22
丙烯	-47.7	92	4.67	0.23
正丁烷	-0.5	152.0	3.80	0.228
正戊烷	36.5	196.6	3.37	0.232
正已烷	69.0	234.4	2.97	0.234
甲醇	64.7	240.5	7.99	0.272
乙醇	78.2	243.4	6.38	0.276
异丙醇	82.5	235.3	4.76	0.27
苯	80.1	288.9	4.89	0.302
甲苯	110.6	318	4.11	0.29
氨	-33.4	132.3	11.28	0.24
水	100	374.2	22.0	0.344

二、　超临界流体萃取技术在食品中的应用

超临界流体萃取技术在萃取和精馏过程中，作为常规分离方法的替代方法，有着许多潜在的应用前景。近二十年来，该技术的研究取得了很大的进展，特别是超临界二氧化碳流体萃取技术以其提取率高、产品纯度好、过程能耗低、处理简单、不产生有害物质等优势，在食品工业加工应用中正在不断扩展。

（一）超临界流体萃取技术在植物油脂上的应用

植物功能性油脂提取的传统方法包括水蒸气蒸馏法、有机溶剂提取法、压榨法等。这些

传统方法容易使油脂中不耐热的有效成分损失，或者溶剂残留在最终产品中，降低产品品质，提取率不高。高效、低价、无损地从植物原料中分离出高品质功能性油脂的提取技术一直是油脂行业关注的焦点。超临界流体萃取技术可以解决这一问题，油脂提取率高且能保证植物油脂的品质及质量。

（二）超临界流体萃取技术在芳香成分上的应用

传统型提取香精香料的方法由于要对进行萃取的原料物质进行加热的操作过程，不可避免地会导致香精香料中含有的不耐热物质和化学成分不稳定物质遭到一定程度的破坏，从而丧失其独特的香气与特殊的味道。因此，选择一种新型、高效的技术应用于天然香料的提取过程，可以提升天然香料的品质。鲜花中含有不稳定的芳香成分，这种芳香成分受热易氧化分解变质，而超临界二氧化碳具有合适的临界温度和操作温度，因此可选择超临界二氧化碳流体萃取技术对鲜花中的芳香成分进行提取。

（三）超临界流体萃取技术与其他高新技术联用

与传统的提取技术相比，尽管超临界二氧化碳萃取技术具有无可比拟的优越性，但也存在着自身不可克服的问题，如对极性大、相对分子质量超过 500 的物质萃取效果较差，需要大量实验来确定流体的种类及配比。对于成分复杂的原料，单独采用超临界二氧化碳流体萃取技术往往不能有效地分离各组分，使得提取纯度不够等。随着科学技术的发展，国产设备技术逐渐成熟，超临界设备的投资将会大大降低，若与其他单元操作结合应用将进一步提高生产效率。

首先，结合超临界流体萃取技术-精馏分离技术。为了提高超临界流体的分离效果，可将超临界流体萃取装置与分子蒸馏、精馏柱、层析柱联用，最大限度地发挥超临界流体的萃取分离效果。其次，SFE-GC 联用。这是超临界流体萃取技术与色谱技术联用最成功的一种模式。大多通过一根毛细管限流器对超临界流体萃取技术进行降压，然后低温补集萃取物，再快速升温切换进样而实现的。再次，SFE-HPLC 联用。SFE-HPLC 具有高选择性、高灵敏性、自动化程度高等特点，其操作简单快速，可完成动态分析过程。SFE-HPLC/2D-HPLC 在线联用系统已被成功地应用于灵芝子实体的高效、快速萃取和在线分离分析。据相关报道，SFE-HPLC 联用法操作简便快速，萃取完全。此外，超临界流体萃取技术还可与核磁共振、微波处理、吸附分离及超滤分离等技术联合应用，并取得了较好的试验效果。总之，超临界流体萃取技术与其他分离分析技术联用，提高了分离分析的准确度、精密度与操作速度。同时，联用技术也极大地推动了超临界流体萃取技术的发展，为进一步探索开发超临界流体萃取技术的应用前景提供了借鉴和参考。

第三节　超声波辅助萃取技术

一、超声波辅助萃取技术概述

（一）超声波辅助萃取技术的定义

超声波是指频率高于 20000Hz、人耳听觉以外的声波，它是由物质振动而产生的，并且只能在介质中传播；同时，它也广泛地存在于自然界。许多动物都能发射和接收超声波，以蝙蝠最为突出。但超声波还有它的特殊性质，如具有较高的频率与较短的波长，所以，它也与波长很短的光波有相似之处。自从蝙蝠在夜间疾速飞行靠超声波导航的奥秘被揭示后，人类开始科学地开展超声技术的研究。1880 年 Curie 等发现了压电效应，随后超声技术开始应用于国防和医疗卫生等领域。20 世纪 50 年代，超声波技术开始应用于化学化工领域，之后扩展到农业、环境、食品等领域。近年来人们发现超声波具有促进物质溶解，提高萃取率、缩短萃取时间等特点，将其应用于药物、食品、农业、环境、工业原材料等样品组分的萃取中，取得了很好的效果。

超声波辅助萃取（Ultrasound-assisted extraction，UAE）技术也称为超声波提取，是利用超声波产生强烈的空化效应、机械振动、热效应、高的加速度、乳化、扩散、击碎和搅拌作用等多级效应，增大物质分子运动频率和速度，增加溶剂穿透力，从而加速目标成分进入溶剂，促进提取的进行。

（二）超声波辅助萃取技术的原理

超声波辅助萃取之所以能提高有效成分的萃取率，主要是利用了其所具有的空化效应、机械效应、热效应等作用。

（1）空化效应　通常情况下，介质内都会溶解一定量的微气泡，它们包围在被破碎物的胶质外膜周围。这些微气泡在超声波的作用下产生振动、膨胀，然后突然闭合，气泡闭合瞬间在其周围产生高达几千个大气压的瞬间压力，形成微激波，造成被破碎物细胞壁及整个生物体破裂，同时超声波产生的振动作用加强了细胞内物质的释放、扩散及溶解，这就是超声波的空化效应。当液体发出嘶嘶的空化噪声时，表明空化开始。空化现象包括气泡的形成、成长和崩溃过程，是超声化学的主要动力。空化作用促使粒子的运动速度加快，破坏粒子力的形成，使许多物理化学和化学过程急剧加速，对分散、萃取等过程有很大的促进作用。对植物样品萃取而言，空化效应有利于加速待测物中有效成分进入溶剂，缩短体系到达平衡的时间。

（2）机械效应　超声波在介质中的传播可以使介质质点在其传播空间内产生振动，从而强化介质的扩散、传质。这就是超声波的机械效应。超声波的机械作用主要由辐射压强和超声压强引起。辐射压强，沿声波方向传播，对物料有很强的破坏作用，可使样品组织表面变形；超声压强则将给予溶剂和样品固体以不同的加速度，使溶剂分子运动的速度远大于样品固体的速度，在它们之间产生摩擦，这种能量相当大，甚至能打开 2 个碳原子之间的化学键，导致大分子物质分解或解聚。

（3）热效应　和其他物理波一样，超声波在介质中的传播过程也是一个能量的传播和扩散过程，即超声波在介质的传播过程中，其声能可以不断被介质的质点吸收并大部分或全部转化为热能。当振动频率固定，超声波产生的热量在单位时间内恒定，可导致体系温度升高。实验证明，用 10W 超声功率处理 50mL 的水，在绝热状态下，理论上 2min 可使水温升高 $5.7℃$。所以超声波作用到样品提取系统中，可以使体系介质内部温度迅速升高，加快固体样品中化合物质的扩散速度，改变目标物质在固-液两相中的分配常数。在实际样品萃取时，欲维持体系温度恒定，必须将超声波本身所产生的热量有效地释放至体系外。除空化效应、机械效应、热效应外，超声波还具有乳化、扩散、击碎等多级效应，这些效应有利于使细胞中的目标分子转移，并充分和溶剂混合，促进萃取的进行。另外超声波的凝聚作用也不容忽视，即超声波可使悬浮于气体或液体中的微粒聚集成较大颗粒而沉淀。

二、 超声波辅助萃取技术在食品中的应用

超声波辅助萃取可有效提高萃取效率、缩短萃取时间、节约成本，甚至还可以提高产品的质量和产量。因此，超声波辅助提取可应用于食品中各类有效成分的萃取，如食品营养成分（蛋白质、油脂、多糖、纤维素、果胶等）萃取、食品感官成分（色素：叶绿素、火棘红色素、辣椒红素、玉米黄色素、枣红色素、荔枝皮色素、甘草色素、姜黄色素等；精油：薰衣草精油、生姜精油、丁香花精油、苦杏仁精油、野菊花精油、沙姜精油等）萃取、食品原料中活性成分（多酚、黄酮类、萜类等）萃取，此外还用于食品分析检测（如农药残留、食品添加剂、重金属）中样品的萃取。以下以几种物质的萃取为例，简要介绍超声辅助萃取技术在食品中的应用。

（一）超声波强化萃取核桃仁油

核桃仁油富含多种不饱和脂肪酸，对降低人体血清蛋白中的胆固醇、防止动脉粥样硬化和血栓的形成具有积极的作用，广泛应用于食品、医药等领域。核桃仁油的萃取可采用压榨法或溶剂萃取法。传统的压榨法具有油品质量好、色泽浅、风味纯正等优点，但压榨后饼渣中的残油量高、出油率比较低，且能耗较大；由于溶剂浸出法提油率高，易实现大规模生产，而被现代大多数油脂生产企业所采用。但是溶剂法存在提取时间长、溶剂耗量大、污染环境等问题，结合超声波辅助萃取，则能改善传统溶剂提取法的不足，即缩短萃取时间，降低溶剂耗散，提高出油率，产品品质好，色泽清亮，油味醇香纯正。

（二）超声辅助甲醇萃取柑橘皮中橙皮苷

橙皮苷是柑橘皮中最丰富的类黄酮成分，具有保护血管系统、消炎止痛、抑菌等作用，在药剂行业和食品工业上具有极大的应用潜力。柑橘加主的下脚料或鲜食橘皮中富含橙皮苷，大多被直接丢弃，造成资源浪费及环境污染。超声波辅助甲醇萃取法可将甲醇溶剂含量从90%降到60%，萃取时间从150min降到40min，萃取次数由2次减少到1次，萃取得到的橙皮苷含量反而增加27%~36%，因此超声波辅助萃取法比索氏法节约成本节省时间，效率高。近年来，超声辅助萃取技术广泛地应用于各种植物活性成分的研究，已被证明是一种快速、高效、环保的萃取方法。

（三）超声辅助碱萃取花生多糖

花生是豆科植物落花生的成熟种子，具有补虚、益寿、抗衰老、美容之功效，因而被誉为"长生果"。它是全世界公认的健康食品，在我国被认为是"十大长寿食品"之一。我国花生资源丰富，榨油后的花生饼粕多用作鱼和家畜饲料。已有研究证实花生中含有一定量的花生多糖。大量药理及临床研究证实，多糖具有调节免疫、降血糖、降胆固醇、降血脂等多种生理功能。碱提有助于解除细胞壁聚合物分子间的物理和化学作用，使不溶性纤维素、木质素、半纤维素与果胶多糖之间的键断裂，从而提高多糖产率，但过高的碱浓度会由于发生脱酯和 β-消去反应而引起多糖结构的破坏，因此采用稀碱溶液辅以超声波萃取可避免对多糖结构的破坏，且提高多糖得率。

（四）超声波辅助萃取茶叶中拟除虫菊酯农药残留

拟除虫菊酯类农药是一类广谱杀虫剂，茶叶中拟除虫菊酯类农药残留量的高效、准确检测方法，对于保障茶叶质量安全具有重要的意义。目前，茶叶样品拟除虫菊酯类农药残留量

的预处理技术主要有浸渍过夜、微量化学法、匀浆法、振荡器振荡、水浴摇床振荡。这些方法一般难以高效提取茶叶中农药残留，在实际应用中受到一定限制。超声波辅助萃取技术借助超声波对媒质产生独特的机械振动作用和空化作用，可以加速待测物在提取液中的溶解，提高萃取效率，目前已广泛应用于农药残留的研究。

第四节　膜分离技术

一、　膜分离技术概述

膜分离技术（Membrane separation technology，MST）的工程应用是从 20 世纪 60 年代海水淡化开始的，1960 年加利福尼亚大学洛杉矶分校的加拿大学者 Loeb 和 Souridjan 教授研制成了世界上具有历史意义的第一张高性能（高脱盐率和高透过水量）非对称的醋酸纤维素反渗透膜，并首次用于海水和苦咸水的淡化工作，从此使反渗透从实验室走向工业化应用阶段，其后各种新型膜陆续问世。我国膜科学技术的发展是从 1958 年研究离子交换膜开始的。60 年代进入开创阶段，1965 年着手反渗透的探索，1967 年开始的全国海水淡化会战，大大促进了我国膜科技的发展。70 年代进入开发阶段，这一时期，微滤、电渗析、反渗透和超滤等各种膜和组器件都相继研究开发出来。80 年代以来我国膜技术跨入应用阶段。

膜分离技术是天然或人工合成的高分子薄膜以压力差、浓度差、电位差和温度差等外界能量位差为推动力，对双组分或多组分的溶质和溶剂进行分离、分级、提纯和富集的方法。膜分离技术具有节能、高效、简单、造价较低、易于操作等特点，可代替传统的分离方法，如精馏、蒸发、萃取、结晶等技术，可以说是对传统分离方法的一次革命，被公认为 20 世纪末至 21 世纪中期最有发展前景的高新技术之一，也是当代国际上公认的最具效益技术之一。

分离膜的根本原理在于膜具有选择透过性，按照分离过程中的推动力和所用膜的孔径不同，可分为 20 世纪 30 年代的微滤（Micro-filtration，MF）、20 世纪 40 年代的渗析（Dialysis，D）、20 世纪 50 年代的电渗析（Electrodialysis，ED）、20 世纪 60 年代的反渗透（Reverse-os-mosis，RO）、20 世纪 70 年代的超滤（Ultra-filtration，UF）、20 世纪 80 年代的气体分离（Gas-separation，GS）、20 世纪 90 年代的渗透蒸发（Per-vaporation，PV）和乳化液膜（E-mulsion liquid membrane，ELM）等。

二、　膜分离技术在食品中的应用

（一）膜分离技术在乳制品加工中的应用

膜分离技术在乳制品工业中的应用已有多年，其在食品工业中的应用仅次于饮料业，国外将膜分离技术应用于食品工业首先就是从乳制品加工开始的。膜分离技术应用在乳制品加工中，主要用于浓缩鲜乳、分离乳清蛋白和浓缩乳糖、乳清脱盐、分离提取乳中的活性因子和牛乳杀菌等方面。膜分离技术应用于乳制品工业中，可简化生产工艺，降低能耗，减少废水污染，提高乳制品综合利用率。目前膜分离技术在乳制品工业中的应用主要有：乳制品灭菌及浓缩、乳制品的标准化、乳蛋白浓缩、乳清的回收与加工利用等（表8-2）。

表8-2　　　　　　　　　膜分离技术在乳及乳制品生产中的应用

MST 应用范围	MST 类型
乳蛋白的分级分离、废水中乳清蛋白回收	MF、UF
乳清中酪蛋白、脂肪和乳糖去除	MF、RO
乳品标准化、全乳或乳酪乳清分离	UF
发酵微生物生长阻滞因子分离	UF
全乳与脱脂乳浓缩	RO、UF
乳酪乳清浓缩	RO
乳清脱矿物质、脱盐	ED
细菌及其芽孢去除	MF

资料来源：杨方威，冯叙桥，曹雪慧，等，2014.

（二）膜分离技术在果蔬汁、饮料加工中的应用

果蔬汁、饮料的常规浓缩方法是采用多级真空蒸发法，但是该法由于热影响会导致果蔬汁风味芳香成分的大量损失及色素分解和煮熟味的产生。自1977年Heatherbell等成功运用膜分离技术制得了稳定的澄清苹果汁后，其在果蔬汁加工工艺中的研究与应用发展很快。采用膜分离技术对果蔬汁澄清、浓缩和除菌，具有快捷、方便、节省贮罐设备和人力等优点，且可优化生产工艺，提高果蔬汁产量和质量，降低生产成本。在食品饮料行业中常用的膜分离技术有：RO、UF、MF和ED等。现在膜分离技术广泛应用于果蔬汁、饮料等饮品的脱酸、脱苦、澄清、浓缩、过滤、除菌、天然色素提取及加工废液处理等方面，它对于提高饮料产品的质量，降低饮料生产成本等均具有重要的现实意义。另外，随着膜技术的发展进步，用无机陶瓷膜超滤澄清、联合膜分离进行浓缩也已成为果蔬汁加工的重要发展方向。

（三）膜分离技术在发酵、酿造食品加工中的应用

发酵液大都是具有生物活性的低聚糖、氨基酸、多肽、蛋白质、酶制剂等物质，具有黏度大、目的产物浓度较低等特点。膜分离技术在发酵、酿造食品加工中主要应用于酒类、调味品、有机酸和氨基酸等产品的生产，是提高发酵、酿造食品品质的首选方法。采用膜UF技术有效除去了白酒因高级脂肪酸乙酯含量过高降度后出现的浑浊、失光现象，且过滤效果好，酒中香味物质损失少，运行成本低。膜分离技术在啤酒无菌过滤、生产鲜生啤酒、生产无醇啤酒、酵母液中啤酒回收等方面有着广泛应用，在提高啤酒的品味、品质和产量方面有着重大的作用和广阔的发展前景。

（四）膜分离技术在粮油食品加工中的应用

膜分离技术在粮油加工中主要用于谷物蛋白的分离、糖类物质的分离与精制、大豆蛋白和多肽的分离、大豆乳清中功能性成分的分离以及油料、谷物油脂的精炼等。以玉米淀粉为原料，采用膜分离等技术，生产高纯度（纯度可达99.9%）的葡萄糖浆，进而生产高纯度的无水葡萄糖。膜分离技术在大豆加工中的应用主要有大豆油脂精炼、制备大豆分离蛋白和多

肽、分离纯化大豆多糖、处理大豆乳清废水等方面。

（五）膜分离技术在水产品、畜禽产品加工中的应用

有独特分离特性的膜分离技术，也广泛应用于水产品、畜禽产品加工领域。膜分离技术在水产品及水产品调味料的生产，藻类醇、多糖等物质的提取纯化，蛋白质酶解物的分离纯化，畜禽的血液、脏器、皮骨等副产物资源利用等方面均具有广泛的应用和研究。以水产品、畜禽产品及其副产物为原料，采用将传统方法与 NF、UF、MF 组合的集成膜工艺提取和精制超氧化物歧化酶、凝血酶、肝素、抗菌肽、明胶、硫酸软骨素等生物活性物质，这对于进一步提升水产品、畜禽产品深加工技术及食品工业发展的水平都有重要意义。

膜分离技术要实现在食品工业中的规模性广泛应用，还要取决于诸如膜污染机制研究，性能优良、抗污染膜材料的研制开发等相关方面的发展。为了使食品生产提高产品质量，降低成本，缩短处理时间，今后的研究方向将是分离技术的高效集成化。多种类型的膜分离技术在产品应用中协同发展，UF、MF、RO 等多种分离技术联用，取长补短，实行多级分离也是一大发展趋势。同时，优化食品加工中的膜分离过程，建立膜通量衰减模型，探明膜污染、堵塞过程和机制，研究开发最合理的膜清洗、防污染方案是膜分离技术的另一个应用研究重点。随着膜科学技术的不断进步，对膜选择性、操作可靠性、稳定性的不断深入探究，高分子膜和无机膜等新型膜材料的开发，膜分离技术性价比的逐步提高，人类终将能够解决膜分离技术中诸如膜污染、膜通量衰减、费用较高等缺陷。膜分离技术在食品工业中的应用前景十分广阔，其优越性将日益彰显，也将推动 21 世纪的食品科学与工业继续向前发展。

第五节 微波技术

一、微波技术概述

微波是频率在 300MHz~300GHz 的高频电磁波，其对应的波长范围为 1mm~1m。家用微波设备的工作频率一般为 2.45GHz，而工业微波系统的工作频率通常为 915MHz 或 2.45GHz。20 世纪 40 年代，微波技术开始应用于食品工业中，因其具有加热速度快、时间短、操作安全、易于操作和能耗低等优点，目前已被广泛应用于食品的加热烹调、干燥、杀菌、辅助提取等领域。研究证实，微波加热可以较大限度保留食品的生物活性成分，使产品保持良好的色泽，降低抗营养因子，同时提高淀粉和蛋白质的消化率。然而，在大量水存在时进行微波烹饪，会造成营养物质的大量流失。此外，过度加热通常会导致微波干燥物料焦煳、产生异味，尤其是在干燥的最后阶段。微波杀菌不仅能降低食品中微生物含量，还能使酶失活，但其不均匀性会影响产品品质，缩短保质期。微波技术的原理主要在于微波技术的热效应和非热效应。

1. 微波技术的热效应

传统加热主要依靠热传导和对流传热，热量从物料表面传导到内部，往往是一个缓慢的过程。而微波加热是一种依靠物体吸收微波能将其转换成热能，使自身整体同时升温的介电加热方式。在微波加热过程中，物料中的极性分子产生定向移动，将电磁波传递并转化为热

能，使物料迅速升温。食品加工中主要利用微波的热效应，食品中的水分、蛋白质、碳水化合物和脂肪等都是极性分子，其电偶极矩来源于组成分子的原子（极化）上的分离电荷，当微波电场作用时，分子的电偶极矩与微波电场平行排列，当电场方向变化时就会引起分子偶极的转动，引起分子间剧烈地摩擦，使分子热运动加剧，从而加热物料。微波加热效率取决于物料对微波能量的吸收和损失，主要与样品的几何形状、介电性能等因素有关。

2. 微波技术的非热效应

微波除普遍存在的热效应外，已有大量研究证实了微波过程存在非热效应，即微波与生物体之间存在复杂的生物效应。目前，有多种关于微波非热效应的理论模型，如电穿孔、细胞膜破裂、磁场耦合等。在微波辐照下，微生物细胞膜的分子结构重新排列，诱导磷脂双层膜发生不可逆电穿孔，导致孔隙的形成和对离子和分子的渗透性增加，使细胞内物质（DNA、蛋白质等）渗出，细胞膜电位遭到破坏，细胞正常生理功能受损，细胞生长受到抑制甚至死亡。微波的非热效应除了会引起蛋白质构象发生改变，降低化学反应的活化能，提高反应速率；还能诱导细胞基因突变，染色体畸形，阻断细胞正常繁殖。然而，由于食品体系的复杂性，相关微波非热效应的理论机制仍处于探索假说阶段，作用机制仍存在争议。

二、 微波技术在食品中的应用

目前，应用微波技术对食品进行干燥、杀菌等已经成为食品行业的重要部分。为适应工业生产的需要，微波炉、微波干燥、杀菌、萃取等设备的发展已日趋成熟。连续式微波真空萃取、微波茶叶杀青机、间歇式大功率微波干燥机、连续式微波熟化农副产品等新型微波加工设备的研发，能够缩短生产时间，大幅提升产品品质，降低生产成本。

（一）微波干燥

有研究证实，微波加热可以较大限度保留食品的生物活性成分，使产品保持良好的色泽，降低抗营养因子，同时提高淀粉和蛋白质的消化率。微波干燥是以体积加热为基础的传热传质的复杂过程，具有收缩率低、容重小、干燥效率高、比传统干燥节能等优点。干燥过程中，高频电场能转换成热能，从而使物料内部的液态水分大量蒸发，然后通过内部压力梯度扩散到表面，使物料迅速脱水。但由微波引起的受热不均，通常会导致物料局部焦糊、产生异味，尤其是在干燥的最后阶段。为提高干燥速率，保证产品品质，常采用微波与其他传统干燥相结合的方法，包括真空微波干燥、热风微波干燥、微波远红外复合干燥、微波对流干燥、微波冷冻干燥等。

（二）微波杀菌

与传统杀菌相比，微波杀菌能使食品中的微生物（沙门氏菌、李斯特菌、大肠杆菌等）在较短时间内失活，主要用于包括粮油制品、果蔬制品、肉制品、乳制品等的杀菌。一般来说，微波功率越大或时间越长，对微生物的杀灭效果越好，且细菌数量与样品温度之间存在显著的相关性。此外，微波杀菌与常规杀菌相结合不仅能缩短常规杀菌时间，还可以避免微波的不均匀性。粮油制品的货架期比较短，因其含有大量的营养物质，易滋生细菌而腐败变质。一般的常规加热杀菌中，食品内部的细菌很难被杀死，从而导致其货架期变短且品质下降。微波具有极强的穿透性，能将制品表面和内部的细菌均杀死，而使其保鲜期增加数倍。据国外报道，瑞典用 2450MHz，80kW 的微波面包杀菌机用于每小时加工 1993kg 面包片的生产线上。经微波处理后，面包片的温度由 20℃ 上升到 80℃ 仅需 1~2min，处理后的面包片的保存期由原来的 3~4d 延长到 30~60d。

（三）微波辅助提取

微波辅助提取过程中，极性分子与电磁波相互作用产生了快速的内部加热，导致植物组织细胞的损伤，微波辅助提取具有提取效率高、操作简单、时间短等优点。目前，微波辅助在提取食品中的多糖、黄酮、多酚、生物碱、油脂和色素等方面的报道较多，大多是针对液料比、溶剂浓度、微波功率、提取时间等工艺条件的优化。

近年来，微波技术在食品加工中的应用研究成果丰硕，但目前仍存在不足：①微波场的不均匀性所导致的食品冷热点，通常会使微生物失活不完全，从而引发食品安全问题；②微波的非热效应理论仍存在争议，并缺乏快速有效的温度检测和控制系统；③复杂的食品体系与微波之间的相互作用机制不成熟；④大多数相关研究仍处在实验阶段，很少有关于中试与规模化工业应用的报道。针对上述问题，今后的深入研究方向应如下：①寻找新的温度检测方法，为改善微波的不均匀性寻找新的途径；②加强对各类物料性质的综合研究，完善微波与物料间相互作用与影响的理论，并实现量化研究；③加强对不同食品微波加工工艺与设备的综合研究与开发，实现物料加工过程的在线检测与控制，有利于加快微波技术的工业化进程；④进一步研发新的组合加工技术，充分发挥各自的优势，在保证产品质量和安全的同时提高加工效率。

第六节　低温等离子体技术

一、　低温等离子体技术的概述

等离子体是在高温、电磁场等高能量作用下电离空气或稀有气体等产生的一系列基本态或激发态的中性带电活性物质（原子、离子、电子和光子）的集合。由于系统中正负电荷总数相等，呈电中性，故称其为等离子体，也被称为第四态物质。根据等离子体产生方式的不同，可分为高温等离子体和低温等离子体。前者是将气体加热到 1000K 以上的高温，形成温度高达 $10^6 \sim 10^8$K 的高温等离子体，因此这种方法不适用于易挥发及热敏性食品的加工。由于高温等离子体中的电子温度、等离子体温度以及重粒子温度基本相等，因此高温等离子体属于热力学平衡等离子体。而低温等离子体是通过施加高能量电场，破坏气体原有的平衡状态，形成接近环境温度的低温等离子体。由于低温等离子体整个体系宏观表现为常温状态，在一定程度上避免了温度过高对食品组分的破坏作用。与高温等离子的热平衡特性不同，低温等离子体可分为热力学平衡的热等离子体（$10^3 \sim 10^5$K）和非热力学平衡的冷等离子体（电子温度为 300~100000K）。

低温等离子体包含多种活性成分，如活性氧（O、O_3、H_2O_2、·OH）、活性氮（NO、NO^{2-} 和 NO^{3-}）、带电粒子、电子和光子等。原子氧（O）通常由分子氧的电子冲击解离形成，也可以通过解离重组 O_2 和电子冲击激发态原子氧产生。原子氧（O）和羟基自由基（·OH）均具有很高的反应活性，可以与几乎所有的细胞成分发生反应，这对微生物灭活及去过敏原等具有重要作用。带电粒子通常是在高能量电场或电磁场作用下，诱导自由电荷载流子加速，致使电子、原子和分子之间发生弹性或非弹性碰撞产生。弹性碰撞伴随着动能的再分布，传递能量的量级较小；而非弹性碰撞的能量转移高达 15eV，能够诱导各种离子体产生激发、电离和解离等反应。

根据放电方式不同，低温等离子体技术进一步可分为辉光放电、电晕放电等离子体射流、射频放电、微波放电、介质阻挡放电和大气压等离子体射流等。其中介质阻挡放电和大气压等离子体射流由于设备结构简单，易操作，工作效率高，成为两种应用较为普遍的低温等离子体系统。

二、 低温等离子体技术在食品杀菌中的应用

新鲜果蔬、生鲜肉和海鲜等生鲜及热敏性食品采用的传统杀菌保鲜技术包括高温杀菌和冷冻保鲜等，这些处理通常存在杀菌不彻底、产生二次污染等问题，而且还会对最终产品的风味、质地和颜色等方面产生不利影响，缩短货架期的同时还会使食品的价值降低。目前，随着社会科学的快速发展，低温等离子体技术被广泛应用于材料加工、电子学、生物材料、聚合物加工和生物医疗器械等领域。因为，低温等离子体技术应用在杀菌保鲜和农药降解等方面有诸多优点，能最大限度地保持食品原有的营养及感官特性，且不会产生有毒有害的副产品，具有较高的经济效益，所以低温等离子体技术在食品领域也得到了极大的应用，成为杀菌保鲜和农药降解的新型技术。

（一）低温等离子体杀菌技术在果蔬中的应用

新鲜果蔬是补充人体维生素、葡萄糖及能量的主要来源，但其质软且容易携带致病菌及化学农药，在流通过程中难以长时间贮藏。近年来，低温等离子体技术被广泛应用到延长果蔬的保存时间和保持其新鲜程度。低温等离子体技术运用在果蔬可分为杀菌保鲜及农药降解两种作用效果。低温等离子体技术作为一种冷杀菌技术，用于果蔬产品杀菌及降解农残时，它能克服现有灭菌方法的一些不足之处，具有作用时间短、杀菌温度低以及在处理过程中对食品营养价值和感官性能破坏较小等许多独特优势。但该技术目前还处于实验室研究阶段，灭菌的工艺参数、食品种类和低温等离子体的激发装置等都会影响实验结果，给多数实验结果的比较、归纳和优化带来困难。因此，研发适用于生鲜及热敏性食品杀菌保鲜的低温等离子体发生装置和设备，探究最适宜的等离子体灭菌工艺参数，分析不同种类食品、不同环境和不同暴露条件等对食品保鲜效果的影响，对提高低温等离子体技术在食品工业中的应用具有重要的意义。

（二）低温等离子体杀菌技术在肉及肉制品中的应用

肉及肉制品富含丰富的蛋白质，营养价值高，其组成较其他食品更接近人体需求，颇受人们喜爱。但肉及肉制品在屠宰、加工、贮藏和运输等流通过程中致病菌可通过不同途径传播，易造成污染而导致其腐败变质，保质期缩短。研究证实，低温等离子体技术能够杀灭肉及肉制品在加工、贮藏等流通过程中所附着对人体有害的微生物，保证食品的风味、营养及颜色等品质指标不发生显著变化，延长食品的货架期，达到食品长期储存和保持食品品质的目的。利用该冷杀菌技术对肉及肉制品进行处理时，具有安全无污染、低耗能以及对灭菌环境温度要求低等优势，所以在肉及肉制品杀菌保鲜方面的作用较为显著，能够较好地对其进行杀菌保鲜，延长货架期，并且不改变其相应的性质，如味道、营养及颜色等品质指标。但目前该技术仍处于基础研究阶段，还存在着一些问题，如穿透能力不强，对食品表面的微生

物能产生较大影响；而对于深入肉制品组织内部的细菌，其灭菌效果还不够好。因此，可以将该技术与其他非热处理技术联合使用以提高其杀菌效果，进而更有效地提高肉及肉制品的安全性和货架期。

（三）低温等离子体杀菌技术在海鲜及海鲜制品中的应用

海鲜及海鲜制品营养丰富且容易受到微生物的侵袭，即使在冷链运输或冷藏条件下，表面依然有嗜冷菌生长繁殖，从而导致其腐败变质。为了延缓海鲜及海鲜制品的腐败，延长保鲜时间，近年来低温等离子体技术在海鲜及海鲜制品领域的应用已有大量研究。目前，我国各大中超市海鲜及海鲜制品仍以裸露或覆盖保鲜膜置于冷柜销售为主，容易使得致病菌通过不同途径传播，为保证海鲜及海鲜制品的新鲜度，保持其营养价值，抑制微生物的生长是海鲜及海鲜制品在销售及流通等过程中的首要任务。低温等离子体技术作为一种非热杀菌技术，对海鲜及海鲜制品进行杀菌处理前后温度无明显变化，较好的保持了海鲜及海鲜制品独特的生鲜风味以及有效避免其结构和质地发生变化，产生的活性物质能对其进行高效杀菌，显著提高生鲜海产品的食用安全性。但该技术也存在一定的局限性，如成本较高，经济效益不明显。此外，低温等离子体产生的高活性 ROS 会促进海鲜及海鲜制品中脂肪的氧化，从而对其风味产生不良影响，因此可采用添加天然抗氧化剂等方法延迟或抑制脂肪氧化以预防低温等离子体技术处理对海鲜及海鲜制品品质的影响。

作为食品领域的一种新型非热加工技术，低温等离子体技术凭借其安全、绿色、成本低、快速和方便等优势广泛应用于食品安全控制及食品加工等领域。在今后的研究过程中，应针对低温等离子体技术的工作原理、杀菌机制以及该技术对食品结构和品质指标的影响等方面进行机理研究，并对该技术所处理过的食品进行各项指标及安全性评价。此外，还应以风险评估作为基础，加强低温等离子体技术在食品加工过程中的技术规范、监管法规以及应用标准的制定工作，从而不断推动低温等离子体技术在食品工业中的应用。

第七节　超高压技术

一、　超高压技术概述

超高压食品加工技术始于 19 世纪末，首先应用于食品杀菌。1895 年，Royer 进行了超高压处理杀死细菌的研究；1899 年，美国科学家 Bert Hite 发现在 450MPa 压强下处理后的牛乳的保鲜期会延长；1914 年，美国物理学家 Biagman 发现静水压下蛋白质的变性和凝固；1986 年，日本京都大学林力丸教授率先开展高压食品研究，提出超高压技术在食品工业中应用，并于 1990 年生产出世界上第一个超高压食品——果酱；1991 年，日本开始试销高压一号食品——果酱；1992 年，在法国召开高压食品专题研讨会；1992 年，美国开始建立商业化的高压杀菌设备；1993 年，法国推出高压杀菌鹅肝小面饼。

经过多年的研究发现，超高压技术的优点主要有：能够较好地保持被加工食品的营养品质、风味、色泽以及新鲜程度；具有冷杀菌的作用；能够改善生物多聚体结构、调节食品质构，得到新物性食品；具有速冻和不冻冷藏效果；能够简化食品加工工艺，节约能源；加工原料利用率高，无"三废"污染。特别是当今社会对食品的营养越来越重视，能够保持食品营养水平的超高压技术将会越来越重要。超高压技术被誉为"当前七大科技热点""21世纪十大尖端科技""食品工业的一场革命"等。美国已将超高压食品开发列为21世纪食品加工、包装的主要研究项目。在我国，超高压技术在食品工业的应用尚处于起步阶段。不过我国学者已经注意到超高压技术所具有的潜在价值，并开始了对超高压技术的研究。2003年，"超高压低温灭菌工艺和设备"被列入国家"863计划"。

超高压技术（Ultra-high pressure processing, UHP）又称为高静水压技术，是指利用100MPa以上的压力，在常温或较低温度条件下，使食品中的酶、蛋白质及淀粉等生物大分子改变活性、变性或糊化，同时杀死细菌等微生物的一种食品处理方法。超高压技术的实现方式是以水或其他液体介质为传递压力的媒介物，然后将进行真空密封包装的被加工食品放入其中，在一定温度下对其进行加压处理。

二、 超高压技术在食品中的应用

（一）超高压在食品杀菌上的应用

超高压技术能够杀菌、抑制酶活力，从而延长食品保藏期，是因为超高压作用于食品时主要破坏的是非共价键，而对共价键几乎不起作用。因此，食品中的一些物质，如氨基酸、维生素、风味或者香味物质不会被破坏，从而能够保持食品的风味、营养物质。超高压处理还能够增加蛋白质食品对蛋白酶的敏感度，提高可消化性和降低过敏性。这些优点让超高压技术成为一种理想食品杀菌方法。加热法和超高压法两种杀菌方式的比较见表8-3。

表8-3 加热法和超高压法的比较

性质	加热法	超高压法
微观	破坏共价键，使食品中营养、感官物质，如维生素、色素、芳香物质等发生变性，同时也破坏了蛋白质、淀粉等大分子物质	对共价键几乎没有影响，只影响氢键、盐键等非共价键，能较好地保持营养物质及感官特性
操作	操作安全，灭菌效果好	操作安全，灭菌均匀，自动化高
处理过程中的变化	物理变化，化学变化	物理变化
温度	高	一般低于60℃
能耗	高	低

资料来源：许世闯，2016.

（二）超高压技术在食品冷冻解冻上的应用

为了延长货架期，一些食品需要以冷冻方式贮藏。传统冷冻方法会导致通过-5~-1℃的最大冰晶形成带的时间过长，而形成冰晶大颗粒，冰的密度比水小，因此体积会变大从而会刺伤组织细胞造成机械性损伤。一旦解冻，细胞内的营养物质将会流失，从而影响食品的品质。而超高压冷冻可以解决这个问题，基本避免了冻品组织的破坏和变形，解冻后能够使得食品汁液流失量相对较少，获得保持原有品质的速冻食品。

（三）超高压技术在食品成分和品质改变上的应用

超高压能引起食品成分的非共价键（氢键、离子键、疏水键）的破坏或形成，使食品中的酶、蛋白质、淀粉等生物高分子物质失活、变性、糊化，从而使物料改性、产生新的组织结构，改变食品的品质和某些物理化学反应速度。超高压对食品原有的味道和特有的风味影响不大，对食品的色泽会有改变，但有些色素（类胡萝卜素、叶绿素、花青素等）对超高压有抵抗能力。相对于传统热加工方式，超高压加工能够更好地保持食品的色泽、风味、香气及营养成分等，因此具有很好的优势。

（四）超高压技术在物质辅助提取上的应用

超高压辅助提取的原理是给样品加压后，细胞在高压下会发生细胞膜破裂，细胞的完整性遭到破坏，从而使细胞内物质能够释放出来并溶解，达到加快物质提取速度以及提高提取率的效果。与加热辅助提取以及超声波辅助提取等方法相比，超高压辅助提取的优势在于它可以作为易被氧化（苹果多酚、维生素 C 等）的物质以及对温度敏感物质（维生素 C 等）的辅助提取方法。加热辅助提取方法会破坏热敏感性物质，超声波辅助提取也可能因为提取时间长而导致易氧化物质的氧化破坏。而超高压辅助提取可以在常温或者相对较低的温度下进行，而且高压处理保留时间也相对较短，因此避免了因热效应引起的有效成分结构变化、损失以及生理活性的降低，也降低了因提取时间过长而导致的易氧化物质的损失。

超高压技术在很多方面相对于传统技术有很大的优势，在国内超高压技术的应用仍然在上升阶段，具有广阔的发展前景。目前，日本在超高压技术的研究和实际应用方面处于国际领先水平，欧美国家的超高压技术也比较先进，在国内仅有为数不多的厂家对超高压技术有所应用。阻碍超高压在国内应用的因素主要有：国产超高压设备性能不稳定，易损坏；实现超高压的设备耗资较大，又有落后但能够替代超高压的传统技术存在；超高压设备大多数是间歇式的，没有实现连续性的生产，这可能会影响实际生产的效率；国家法规的相关标准参数的制定没有参照超高压；还有就是我国食品深加工水平较低。但是随着我国人民物质生活条件的提高，对食品营养健康的要求也会越来越高，能够良好保持加工食品营养及风味、色泽的超高压技术越来越重视。因此，未来国内的超高压技术的研究和应用必将更为深入。

第八节　微胶囊造粒技术

一、微胶囊造粒技术概述

由粉末状的原料制成颗粒状成品的加工过程称为造粒。通过造粒可以提高食品在口感、风味、颜色、相对密度等方面的均一性，在外形美观的同时，有效改善因吸湿而引起的食品变性。微胶囊造粒技术，是将固体、液体或气体物质包埋、封存在一个微型胶囊内成为一种固体微粒产品，它能够使被包裹的物料与外界环境隔离，最大限度地保持其原有的色香味、性能和生物活性，防止营养物质破坏和损失，并具有缓释功能。该造粒技术中所用到的微胶囊是指一种具有聚合物壳壁的微型容器和包装物。由于此项技术可以改变物质形态（通常是将原先不易加工储存的气体、液体转化成为稳定的固体形式）、保护敏感成分、隔离活性物质、降低挥发性，使不相溶成分混合并降低某些化学添加剂的毒性等，为食品工业高新技术的开发奠定了基础。

微胶囊粒子的大小一般在 $5\sim200\mu m$，在某些实例中这个范围可扩大到 $0.25\sim1000\mu m$。当胶囊粒子小于 $5\mu m$ 时，因布朗运动加剧而很难收集到。而当粒度超过 $300\mu m$ 时，其表面静电摩擦因数会突然减少失去了微胶囊的作用。微胶囊厚度通常在 $0.2\sim10\mu m$。在食品工业中，为了获得特殊的胶囊化产品，关键就是要选择好具有该特性的壁材。在微胶囊化技术中，应该根据不同芯材的要求，选择适当的壁材。

（一）芯材

被包覆的物料称为芯材，也习惯称作心材、袋心、内核、填充物，它可以是单一的固体、液体或气体，也可以是固-液、液-液、固-固或气-液混合体等。由于芯材选择具有一定的灵活性，因此有可能设计出某些有特殊用途的微胶囊产品。例如，能控制芯材释放速度的缓释产品，在医药、农药、纺织、精细化工、食品香料和防腐剂生产上特别有用，能起到节约芯材使用量，延长作用时间的效果。可以用做芯材的物质很多，针对食品工业，常用的芯材见表 8-4。

表 8-4　　　　　　　　　　　　　食品工业中常用的芯材

类型	名称
生物活性物质	超氧化歧化酶（SOD）、硒化物和免疫球蛋白
氨基酸	赖氨酸、精氨酸、组氨酸和胱氨酸等
维生素	维生素 A、维生素 B_1、维生素 B_2、维生素 C 和维生素 E 等
矿物质	硫酸亚铁等
食用油脂	米糠油、玉米油、麦胚油、月见草油和鱼油等
酒类	白酒、葡萄酒和乙醇浸出液
微生物细胞	乳酸菌、黑曲霉和酵母菌等
甜味剂	天冬氨酰苯丙氨酸甲酯、甜菊苷、甘草甜素和二氢查尔酮等
酸味剂	柠檬酸、酒石酸、乳酸、磷酸和乙酸等
防腐剂	山梨酸和苯甲酸钠等
酶制剂	蛋白酶、淀粉酶、果胶酶和维生素酶等
香精香油	橘子香精、柠檬香精、樱桃香精、薄荷油和冬青油等
其他	焦糖色素和酱油等

（二）壁材

微胶囊外部的包覆膜称为壁材，也习惯称为囊壁、包膜、壳体。对于一种微胶囊产品来说，合适的壁材非常重要，不同的壁材在很大程度上决定着产品的物化性质。无机材料和有机材料均可以作为微胶囊的壁材，最常用的是高分子的有机材料，包括天然和合成两大类。在食品工业中常用的壁材见表 8-5。

表 8-5　　　　　　　　　　　　　　　食品工业中常用的壁材

类型		名称
蛋白质壁材		酪蛋白及其钠盐、乳清蛋白、明胶蛋白、大豆蛋白、小麦蛋白等
碳水化合物壁材	变性淀粉	辛烯基琥珀酸淀粉酯、淀粉糖浆、环糊精、多孔淀粉等
	植物胶	树胶（阿拉伯胶、刺梧桐胶等）、海藻胶（海藻酸钠、琼脂、卡拉胶）等
	微生物多糖	普鲁兰多糖、黄原胶、凝胶多糖、结冷胶等
	纤维素及其衍生物	羧甲基纤维素、羧乙基纤维素、乙基纤维素、硝酸纤维素等
	甲壳素及壳聚糖	甲壳素、壳聚糖
	低分子糖及其衍生物	蔗糖、海藻糖、葡萄糖、乳糖、麦芽糖、木糖、阿拉伯糖、半乳糖、果糖、甘露糖、山梨糖醇等
蜡及脂类壁材	油脂	羊毛脂、牛脂、羊脂等
	饱和脂肪酸	月桂酸、肉豆蔻酸、棕榈酸、硬脂酸等
	蜡	动物蜡（蜂蜡、四川白蜡、紫胶蜡和鲸蜡）、植物蜡（甘蔗蜡和米糠蜡）、矿物蜡（石蜡）
	树脂	虫胶
复合壁材	简单混合壁材	如 25% 阿拉伯胶与 50% 变性淀粉、25% 麦芽糊精混合
	非共价复合壁材	如酪蛋白酸钠与乳糖
	共价复合壁材	蛋白质-多糖共价物

（三）微胶囊的组成结构及原理

微胶囊相当于一种微型容器，外面是壁材，里面是芯材。用不同的芯材和乳化剂进行结合，再与壁材结合所得到的微胶囊结构形态不相同。典型的微胶囊结构形态见图 8-1。

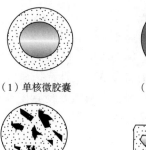

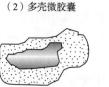

（1）单核微胶囊　　　　（2）多壳微胶囊　　　　（3）多核微胶囊

（4）微珠/微球　　　　（5）无定形微胶囊　　　　（6）复合微胶囊

图 8-1　典型的微胶囊结构形态

资料来源：卢艳慧，李迎秋，2021.

　　针对不同的芯材和用途，选用一种或几种复合的壁材进行包覆。通常，油溶性芯材采用水溶性壁材，而水溶性芯材采用油溶性壁材。高分子包囊材料本身的性能也是选择包囊材料所要考虑的因素，如渗透性、稳定性、溶解性、可聚合性、黏度、电性能、吸湿性及成膜性等。

二、 微胶囊造粒技术在食品中的应用

　　微胶囊造粒技术具有使食品功能成分损失少、延长食品货架期、遮盖和减少异味等优点，微胶囊造粒技术已经在食品的多个领域广泛使用，例如：油脂、酶和微生物、食品添加剂、果蔬饮料等。微胶囊技术使得人们品尝到了更多美味的食物，同时也使食物的营养价值和经济价值得到提高。

（一）油脂的微胶囊化

　　将油脂制备成微胶囊需要将液体油脂与乳化剂相结合，再与壁材结合形成固体颗粒。食用油成为我们日常饮食中必不可少的物质，而且还有一部分油脂含有不稳定的不饱和脂肪酸，在光照、氧气和水等的影响下容易变质。变质后的油脂会产生刺激性味道，使油脂的感官质量和经济价值受到影响。当人体食用变质油脂后，会导致人体的氧化和衰老。除此之外，油脂的流动性差，会影响调味品和汤类的包装、消费和运输。微胶囊化后，提高了油脂的耐贮藏性能，改善了贮藏稳定性，大大提高了加工和运输性能，扩大了其应用范围。

（二）酶和微生物的微胶囊化

　　酶的催化效率很高而且广泛应用于食品各个方面，其特异性强，但是酶使用条件很高，若不符合酶的应用条件易降低催化作用。将酶和微生物制成微胶囊，可以使酶和微生物的稳定性更高，达到缓释的目的。

（三）常用食品添加剂的微胶囊化

1. 防腐剂的微胶囊化

　　若食品中加入适量的防腐剂有利于延长食品的货架期，使食品的营养价值和经济价值更高。通常防腐剂在应用之前都需要进行毒理学实验测试，确保即使大量或者过量使用，它们依然不会对人体产生不利影响。微胶囊技术在防腐剂方面的应用不仅使防腐剂的毒性降低，而且使防腐剂的释放效果得到改善，使防腐剂的保存时间更久，使食品的保质期增加。

2. 甜味剂的微胶囊化

　　甜味剂在糕点、糖果、蜜饯的生产中应用广阔。这些添加剂受湿度和温度的影响很大，当外界环境发生改变时，甜味剂的功能特性也会随之发生改变，从而使食品的功能特性和感官质量受到影响。利用微胶囊技术使甜味剂保存得更加完整，而且调味剂微胶囊应用于食品中，使得食品的甜度更加持久。箭牌口香糖中的甜味剂就是利用微胶囊技术制得的，制得的微胶囊表面覆盖着硬化油，具有易储存、耐高温、味道持久等特点。

3. 酸味剂的微胶囊化

　　酸味剂可以使一些食品获得良好风味，但是若酸味剂不经任何处理嵌入到食品中，由于酸味剂的 pH 很低，因此食品的营养和风味会受到影响。采用微胶囊技术对酸味剂进行微胶囊化，再嵌入到食品中使酸味剂不直接接触到食品，使酸味剂的功能特性保存得更加完整，并且制备成了微胶囊，酸味剂的释放速率更加合适，从而使食品风味更加完美。

4. 着色剂的微胶囊化

番茄红素含有多种功能特性，其中类胡萝卜素的抗氧化能力最强，它是一种应用于食品中的新型功能特性的天然色素、食品添加剂，它已经被食品添加剂联合专家委员会（JECFA）视为一种含有丰富营养的物质，在保健食品方面已有广泛应用。最近几年，由于番茄红素和姜黄素的功能特性，不管是国内还是国外都对番茄红素和姜黄素产生了浓厚的科研兴趣。利用研磨工艺和喷雾-淀粉流化技术，对番茄红素微粒产品制备工艺条件进行优化，得到的番茄红素微粒产品稳定性更高。

5. 香精香料的微胶囊化

香精香料极不稳定，易氧化、受潮，而且其味道容易流失，还可与其他物质或成分发生反应，在贮藏和运输过程中也容易发生损耗。利用微胶囊化技术把香精香料制备成微胶囊，使香精香料的功能特性和风味保存得更加完整，稳定性也更好。

（四）果蔬饮料的微胶囊化

目前，果蔬饮料多采用海藻酸钠钙化，微胶囊技术与果蔬饮料制备流程相融合，可使果蔬饮料中的营养成分更加丰富。利用微胶囊技术对果蔬饮料进行处理，可以改善果蔬饮料的色泽和风味。

由于微胶囊的技术优势众多，在食品方面应用广泛，不仅使功能性物质得到有效开发，而且提高了其经济价值。目前，微胶囊技术在很多领域都取得了很大的进步，但仍存在环境污染、芯材释放时间长等问题。微胶囊技术可以从三个方面再做进一步的研究：①核心材料智能释放，有效追踪功能性物质；②壁材梯度化，有效感应环境压力；③微胶囊直径更短，使胶囊与载体涂层间的相容性和更多的功能特性得到改善。随着微胶囊技术研究得越来越透彻，微胶囊技术将为食品行业同行提供更广阔的应用，更多的控制和更灵活的方式，不断创造出人们更感兴趣的食品。

第九节　膨化加工技术

一、　膨化加工技术概述

（一）膨化加工技术的定义及特点

膨化技术始于国外，可追溯至 1856 年，美国沃德首次申请食品挤压技术的专利。中国的膨化技术起源于青铜炊具诞生之后，有人用沙炒玉米、麦粒、稻米等，把谷物膨化后再投入生产。进入 21 世纪，膨化技术蓬勃发展，许多企业投入大量精力在膨化技术的研究上，并且取得了一定的成就。膨化加工技术是利用相变和气体的热压效应原理，使被加工物料内部的液体迅速升温汽化，并依靠气体的膨胀力带动组分中高分子物质的结构变性，从而使物料成为具有网状组织结构特征、定型的多孔状物质的过程。依靠膨化加工技术生产的食品统称为膨化食品。目前常见的膨化食品主要有薯片、锅巴、虾片、速溶粉、果蔬脆片、脱水蔬菜等。膨化食品具有以下特点。

1. 营养成分保存率和消化率高

原料中的淀粉在膨化过程中很快被糊化，其微晶束状结构被破坏，温度降低后也不易再缔合成微晶束，因此糊化后的淀粉经长时间放置也不会回生。富含蛋白质的物料经高温短时间膨化，蛋白质彻底变性，组织结构变成多孔状，有利于和人体消化酶的接触，使蛋白质的利用率及可消化率提高。

2. 改善食用品质

使用膨化技术可使原本致密的组织结构变成具有多孔的结构，制得的即食膨化食品松脆性好，膨化速溶粉、膨化脱水蔬菜的溶解性、复水性能佳。

3. 食用方便，品种繁多

无论是膨化即食食品（打开包装即可食用），还是膨化的非即食食品（如膨化脱水蔬菜、速溶粉），可以广泛利用谷物、肉类、果蔬等为原料，加工成形式多样的方便食品，食用简便。

4. 生产设备简单、占地面积小、能耗低、生产效率高

用于加工膨化食品的设备简单，可较快地组合或更换零部件而成为一个多用途的系统，具有占地面积小、能耗低、生产效率高等优势。

（二）膨化食品的种类

由于膨化食品营养保留率高、易于消化、食用方便、口感好，产品种类繁多，适合不同年龄的消费群体。膨化食品的常用分类方法有：按加工原料分类，按产品的食用特点分类，按产品的膨化度分类，按膨化技术方法分类，按加工工艺过程分类等。

1. 按加工原料分类

（1）淀粉类膨化食品　淀粉类膨化食品是指以玉米、大米、小米、马铃薯等富含淀粉的原料生产的膨化食品。

（2）蛋白质类膨化食品　蛋白质类膨化食品是指以大豆蛋白、花生蛋白、玉米蛋白、小麦蛋白粉、马铃薯蛋白等植物蛋白，鱼肉、畜禽肉等动物蛋白为原料，加工而成的膨化食品。

（3）淀粉和蛋白质混合的膨化食品　淀粉和蛋白质混合的膨化食品是指以富含淀粉、蛋白质的动植物食品为原料经混合后加工而成的膨化食品。

（4）果蔬膨化食品　果蔬膨化食品是指以水果、蔬菜为原料加工的膨化食品。

2. 按产品的食用特点分类

（1）即食膨化食品　指可直接食用的膨化食品，如爆米花、薯片、雪饼、锅巴等。

（2）速溶膨化食品　指具有速溶性的粉末类膨化食品，需使用热水冲饮。如速溶藕粉、速溶薯粉等。

（3）膨化脱水蔬菜　指采用膨化技术加工的脱水蔬菜，需复水后食用。产品复水性好，在汤料生产中可广泛应用。

3. 按产品的膨化度分类

（1）轻微膨化食品　指经轻度膨化加工的食品，如植物组织蛋白（人造肉）、锅巴等。

（2）全膨化食品　指经充分膨化加工的食品，如玉米膨化果、麦圈等。

4. 按膨化加工工艺条件分类

（1）挤压膨化食品　指利用螺杆挤压机膨化生产的食品，如麦圈、虾条等。

（2）焙烤型膨化食品　①利用焙烤设备膨化加工的食品，如雪饼、饼干等；②利用微波膨化加工的食品，如虾片、薯片、膨化米等；③油炸膨化食品，指采用油炸膨化加工的食品，根据其温度和压力的不同，又可分为高温油炸膨化食品和低温真空油炸膨化食品，如油炸薯片、油炸土豆片、锅巴等；④气膨化食品，指采用气流膨化技术加工的膨化食品，如果蔬脆片、脱水蔬菜等。

二、　膨化加工技术在食品中的应用

（一）挤压膨化技术在食品生产中的应用

挤压膨化设备有单螺杆挤压机、双螺杆挤压机和多螺杆挤压机，目前应用较多的是单螺杆和双螺杆挤压机，三螺杆挤压机是近年来出现的新产品。三螺杆挤压机混合特性好，节能环保，生产效率高，前景可观，但其设计及作用机制方面研究不足，该技术还处于理论阶段，应用于实际生产还需要进一步深入研究。双螺杆挤压机以其性能佳、效率高、成本低、产品质量好、适用范围广而广泛应用于食品与饲料行业。目前挤压膨化加工技术生产的膨化食品有人造肉、马铃薯、脱水苹果、速溶饮料、代乳饮料和强化食品等。除了在食品加工中的应用，挤压膨化技术在蛋白质改性、膳食纤维改性、植物细胞壁破除方面也有一定的应用。由于膨化食品营养损失少，容易被人体消化吸收，深受消费者的喜爱，且挤压膨化的生产产量大，适合连续化生产。

（二）气流膨化技术在果蔬脆片生产中的应用

与国外相比，我国的果蔬膨化加工理论研究水平较落后。国内大多数果蔬膨化产品是采用油炸膨化或真空低温油炸膨化技术，产品比较酥脆，但因含油量太高，缩短了保质期，限制了它的消费群体，又由于它的设备价格比较高，因而限制了其应用。果蔬低温气流膨化产品具有以下几个特点。①绿色天然：果蔬膨化产品一般都是直接进行烘干、膨化制成，在加工中不添加色素和其他添加剂等，纯净天然；②品质优良：膨化果蔬产品有很好的酥脆性，口感好；③营养丰富：果蔬膨化产品不经过破碎、榨汁、浓缩等工艺，保留并浓缩了鲜果的多种营养成分，如维生素、纤维素、矿物质等，经过干燥后的产品，不仅具备了果蔬固有的低热量、低脂肪特点，而且与果蔬汁、用果蔬汁制成的果蔬粉相比，能保留果蔬更多的营养成分；④食用方便：果蔬膨化产品可用来生产新型、天然的绿色膨化小食品，携带方便，易于食用；⑤易于贮藏：膨化果蔬产品的含水率一般在7%以下，不利于微生物生长繁殖，可以长期保存。另外，该产品克服了低温真空油炸果蔬产品仍含有少量油脂的缺点，不易引起油脂酸败等不良品质变化。

随着膨化技术的发展，产品种类进一步丰富，如膨化香蕉片、膨化大枣、膨化菠萝蜜芯片、强化钙膨化虾片、咸鸭蛋白淀粉膨化食品、膨化咖啡等膨化即食食品。现阶段食品品质不断提高，膨化技术在生产食品方面发挥着重要作用，这些零食在世界各地得到广泛认可，因而膨化技术在食品行业发展空间巨大。现阶段对于膨化技术的研究不断突破，它既可充分利用资源，又可加快良性循环，使膨化技术向着纵深发展，在不久的将来膨化技术和其他生产技术结合的新产品开发成为研究重点。另外，优化设备的操作参数和原料加工工艺参数，使产品品质得到提高也将是研究热点之一。

第十节　3D 打印技术

一、　3D 打印技术概述

（一）3D 打印技术的定义

3D 打印技术就是通过计算机辅助软件设计（Computer aided design，CAD）并配合数字化加工设备，生产出具有三维结构的产品，3D 打印技术应用较为广泛，在食品、医药（动物标本）、自动化、航空航天等领域都有应用。

3D 打印技术和非热加工技术一样，作为一种新技术应用在食品科学领域，具有创新性、便捷性（有效提升加工效率）、营养健康、环境友好（绿色、减少浪费）和可持续发展（减轻世界范围内的贫困和饥饿）等优势。自从第一台食品 3D 打印机投向市场，成功打印出生日蛋糕，而后更多的研究集中于改良食品 3D 打印原料配方与营养结构，优化打印程序与打印设备，从而提升 3D 打印食品品质。随着 3D 打印技术在食品领域研究不断深入，除了生产定制化食品，食品 3D 打印还可以生产特医食品、细胞培养肉等。

（二）3D 打印技术的分类

3D 打印技术按照前期设计和后期发展可以分为 3 种类型：生物驱动型（Bio-driven）、自下而上型（Bottom-up）和自上而下型（Top-down）。生物驱动型 3D 打印机（以 Modern Meadow™为代表）致力于为细胞培养肉提供高效的培养平台，这种平台确保细胞在可控条件下生产出复杂的肌肉（脂肪结构），能够自动生产出和传统养殖同品质的肉，通过这样的 3D 打印平台，可以有效解决传统畜牧业养殖、后续加工生产出现的高污染、高消耗、不可持续（资源紧缺）等问题。细胞培养肉 3D 打印平台的搭建，也将部分/全部解决传统养殖业、食品行业中面临的问题。

芬兰和美国的团队正在研发的自下而上型 3D 打印技术，旨在进一步有效利用现有范围内的新食品资源（如藻类、昆虫），解决食物供应短缺的问题。自上而下型 3D 打印技术是目前最常用的一种，是将 3D 打印技术与食品制造有机结合，它的打印原料不是传统打印机常用的工业金属材料，而是可食性原料，比如面糊、巧克力汁、奶酪、砂糖、凝胶等，以大众需求为导向，通过计算机蓝图完成食物的"搭建"工程，通过 3D 打印机的打印成型，即可开发"可以打印""复制性很强甚至无差别"的食品。

二、　3D 打印技术在食品中的应用

（一）3D 打印果蔬、甜点、粉质类食品

众所周知，水果、蔬菜的摄入有助于补充人体中微量元素，达到控制体重和预防慢性疾病的目的。甜点、粉质类食品的多元化开发满足消费者对于个性化饮食的消费需求。在过去 10 年中，3D 打印技术在食品工业领域应用广泛，像巧克力、面团、奶酪、果蔬切片、水凝胶以及代餐粉类食品原料大多属于可打印或者选择性打印食品原料，其中涉及食品 3D 打印方面的研究比较多。表 8-6 总结了 3D 打印技术在果蔬、甜点及粉质类食品中的研究现状。

表 8-6   3D 打印技术在果蔬、甜点及粉质类食品中的研究现状

研究对象	研究结论
蔬菜冻干粉	果蔬冻干粉配合卡拉胶、刺槐豆胶等亲水胶体的添加，可以制作出适合吞咽障碍患者的特殊膳食
山楂酱	以山楂酱为原料，加入 0.1% 的增稠剂（黄原胶：魔芋胶 =7：3），山楂酱具有较好的打印性能
果蔬凝胶	加入大豆蛋白提取物的山楂粉凝胶具有良好的 3D 打印特性
巧克力	巧克力 3D 打印的沉积冷却环节影响其流变特性，打印室温影响 3D 打印巧克力的热转移动力学与打印稳定性，添加硬脂酸镁有助于巧克力 3D 打印的挤压成型
小麦面粉	小麦蛋白质含量在 9%~10% 时，3D 打印效果较好，通过低场核磁共振技术可以进一步了解以小麦为原料的 3D 打印凝胶贮藏特性

从表 8-6 可以看出，果蔬、甜点及粉质类食品的 3D 打印研究主要集中于原料差异和打印参数对 3D 打印食品特性（如流变、感官、质构）的影响。3D 打印食品可以满足个性化消费需求，经过 3D 打印以后大多不需要热加工环节，可直接食用。如果经常食用 3D 打印甜点类食品，往往因为糖、油脂含量高引发慢性病风险，未来这类 3D 打印食品的开发可以考虑在打印特性和感官品质多元化的基础上，丰富打印原料来源（如添加果蔬制品），逐步降低糖、油脂用量，满足多元化人群的营养和消费需求。

（二）3D 打印畜产品、水产品

肉类和水产类，富含水果蔬菜中普遍缺乏的动物蛋白与活性成分，适量摄入这类食物，能够增强体质，肉和水产类食物在热加工后，在提升食用安全性的同时更为适口。目前，关于 3D 打印畜产品、水产品，仅有少量研究以畜产品、水产品这种纤维化肉质为研究对象。表 8-7 总结了 3D 打印技术在畜产品和水产品中的研究现状。然而，这类食品经过 3D 打印后，还需要后续热加工环节才能安全食用。目前，肉/水产品属于不可打印类食品原料，这类食品的 3D 打印特性还需进一步优化提升，国内外在 3D 打印肉/水产品的后续热加工方向开展的研究比较少，这类食品的 3D 打印能否承受后续热加工的同时维持 3D 打印特性，还需要做更多基础性的研究工作。

表 8-7   3D 打印技术在畜产品和水产品中的研究现状

研究对象	研究结论
火鸡肉汤	胶体的添加有助于提升纤维状肉制品（猪肉、水产、鸡肉）黏合度、打印特性，实现火鸡肉汤真空低温加热 3D 打印
酸乳	加入亲水胶体和乳清蛋白有助于 3D 打印酸乳风味和质构的形成
蛋清	5% 蛋清蛋白的添加，有助于改善 3D 打印胶状食品的稳定性
鸡肉凝胶	响应曲面和遗传算法拟合 3D 打印鸡肉凝胶制品质构
鱼糜	淀粉添加量在 12% 时，以鱼糜为基础的 3D 打印仿制蟹肉凝胶打印效果较好

（三）3D 打印特殊食品

3D 打印特殊食品的开发能够满足多元化人群的个性化营养需要，除了能够满足健康人群的营养需要，它还能满足那些患有慢性或特殊疾病（糖尿病、肾脏病、消化系统疾病、吞咽障碍）人群的营养需求。对于年长或体弱患者，3D 打印特殊食品质软，易做成糊状、泥状，易于咀嚼、消化，能够更好满足该类人群的消费需求与食用安全。3D 打印能够适应特殊环境（如航空航天、军事），满足食品批量生产需求。对于其他人群，它会根据消费者群体的多元化需求做出灵活调整。目前，很多 3D 打印食品在某种程度上实现了食品构型多元化，但它在营养价值方面打了折扣。因此，3D 打印特殊食品的开发，就是要在持续优化食品构型的前提下，逐步平衡其内部营养，通过"美食视觉冲击"，提升消费者购买欲。这类3D 打印特殊食品会着重考虑多元化人群（如运动员、儿童、怀孕妇女、患病人群）营养平衡需要，在设计阶段会逐步优化食品原料比例，如降低不必要食品原料比例，而提高健康食材占比。

当今，全球环境资源也日趋紧张，同时人类对食物的需求量却呈现持续增加的趋势。越来越多的定制化、"精准"饮食应运而生。随着食品加工产业链升级与供给侧结构改革，食品 3D 打印技术这种重要的未来食品加工新技术受到广泛关注。从打印原始食品原料发展到3D 打印细胞培养肉，完成具有"复制、粘贴"属性的批量化食品生产，可以看出，食品 3D 打印技术不断走向成熟，它在食品工业领域的应用面逐渐拓宽。

思政案例

食品 3D 打印是一种新型高科技应用技术，汇集三维建模、机电控制、食品科学等诸多学科。截至 2021 年，在食品 3D 打印加工技术方面，73% 的公开量为国内专利申请。其中，江南大学在果蔬食品加工技术领域、食品材料制备技术领域和新型食品加工技术领域合计公开专利 23 件。3D 打印应用在果蔬食品加工技术领域缩短了复杂的长时间处理过程，节约成本，操作性强，完整提供了加工与储运的全过程工艺及建议事项；应用在食品材料制备技术领域简化打印工艺，操作便捷，对环境没有严格要求，提高 3D 打印的适应性、可操作性；应用在新型食品加工技术领域使食品具有更丰富的口味和视觉效果，实现产品多元化、个性化、自动化的制作。庞用作为独立申请人，在食品 3D 打印加工技术方面公开专利 11 件，主要涉及 3D 打印用巧克力和 3D 打印用蛋糕的制备，不仅保留原有产品的特性和口味，而且造型新颖美观。安徽省中日农业环保科技有限公司公开专利 11 件，该公司采用纳米米粉和富硒米粉，不仅可以满足 3D 打印的工艺要求，还补充了人体所需的硒元素，满足不同消费者的需求，实现产品的多元化、个性化、自动化的制作，丰富 3D 打印食品材料的种类。芜湖启泽信息技术有限公司公开专利 8 件，提供一种 3D 打印的适合特定人群食用的养生饼干，不仅可以使口感更加清新，而且更有利于健康。广西筑梦三体科技有限公司公开专利 6 件，主要是对巧克力 3D 打印制备方法的研究，制成既保留有巧克力原有特性和口味，又造型新颖美观的巧克力产品。芜湖凯奥尔环保科技有限公司公开专利 5 件，采用 3D 打印的方式进行米粉制备，可实现米粉的多元化、个性化、自动化的制作，丰富 3D 打印食品材料的种类，可以满足不同消费者的需求。大连工业大学公开专利 5 件，将食品 3D 打印技术应用到海产领域，实现创意制作的多元化，制作出高精度、造型独特的 3D 打印鱼糜制品，完全摆脱模具束缚，满足人们对食品的个性化定制的需求。

课程思政育人目标：食品3D打印是一种新型高科技应用技术，通过对近年来国内外食品3D打印技术相关专利申请情况进行分析，展示我国在食品高新技术方面的优势，引导学生关注国内外食品行业最新发展动态，熟悉食品行业需求与发展方向，认真做好自我定位，通过自身努力，加强我国科技创新，实现我国从大国向强国的转变。

🔍 **本章思考题**

1. 简述食品加工技术的发展现状。
2. 简述食品膨化技术的定义和特点。
3. 利用二氧化碳进行超临界萃取有哪些优点？
4. 微波技术在食品工业中有哪些应用？
5. 超高压技术在食品工业中有哪些应用？
6. 微胶囊技术应用在食品工业的哪些方面？
7. 3D打印技术可以应用在食品工业中哪些方面？

第九章

食品文化、职业道德与规范

本章学习目的与要求

1. 了解中国饮食文化，弘扬中华民族传统文化，增强民族自豪感；
2. 熟悉食品从业人员职业道德规范，培养诚信自律的品德，增强法律意识和社会责任感。

第一节　食品文化

一、　食品文化的内涵

文化的产生是自然界"人化"的过程，也是人类所生活、所依赖的天地万物"人类化"的过程。人在改造自然，使其顺应人之生存的过程也在被改造。一般将文化分为 4 个层次，分别是：物质文化层次、制度文化层次、行为文化层次、心态文化层次。

食品文化涉及第一层次的物质文化，第二层次的制度文化，第三层次的行为文化，又与第四层次的心态文化相联系。所谓食品文化，是附着在食品上的文化的意义。食品对于动物和人是不同的，人在享用食品的时候，已经摆脱了对物欲的单纯追求，而追求饮食的美化、雅化，将饮食行为升华为一种精神享受所呈现出的文化形态，是通过人们吃什么、怎么吃、吃的目的、吃的效果、吃的观念、吃的情趣、吃的礼仪等表现出来的。"饮食男女，人之大欲存焉"（出自《礼记·礼运》），饮食是人类生存最基本的需要。食品文化就是以食品为物质基础所反映出来的人类精神文明，是人类文化发展的一种标志。因为饮食的重要性，所以食品文化往往居于文化的核心地位。

所有的生命都离不开营养。最初的食品，仅仅是维持生命所必需，而且来自大自然，是原始形态的东西。后来，人类开始用火制作熟食，进入了文明时期，一个自觉的主动创造的时代产生了。于是，食品成为人类的智慧和技艺的凝聚物，人类的食品与动物的食物便有了质的区别，食品具有了文化的意义。人们在食品上面附加了许多意义，通过食品来寄托自己的感情表达自己的思想，说明人与自然的关系等，这就是食品升华为文化的过程。比如，汤的烹制过程需要调和五味，思想家、政治家由调和五味推而广之用来说明君臣之间的协调，比喻社会的和谐；哲学家进而推广到天人合一、阴阳燮理。汤的烹制成为中国古代哲理的最好比喻物，因此，汤便有了文化的意义，便有了汤文化。

二、　中国饮食文化特征

我国历史悠久、地域辽阔、环境多样、食物种类繁多，这为我国饮食提供了坚实的物质基础。先人在漫长的生活实践中，不断选育和创造了丰富多样的食物资源，使得我国的食物来源十分广泛。从先秦开始，中国人的膳食结构以粮、豆、蔬、果、谷等植物性食料为基础，主食是五谷，副食是蔬菜，外加少量的肉食，主食、副食界限分明。传统主食以稻米和小麦为主，另外小米、玉米、荞麦、土豆、红薯等也占有一席之地。各种面食，如馒头、面条、油条以及各种粥类、饼类和小吃类食品使得人们的餐桌丰富多彩。长期以来作物"南稻北粟"的分布局面形成了中国饮食主食以水稻和小麦为主要原料的状况。由于中国长期以来生活水平受到经济条件的影响，肉食在中国饮食中占的比重较小，百姓的日常饮食以谷物粮食和蔬菜为主，肉食为辅，通常只有在节日或者宴请时才会制作肉食。

中国饮食文化的多样性特征突出，从地域上来看，中国幅员辽阔，自然地理区域分布明显，具有鲜明的差异性。由于地理区域的差异，各地饮食文化的发展也随之存在巨大差异，呈现出鲜明的多样性。按照地区命名的几大菜肴体系及其饮食文化圈，是中国饮食文化多样性的典型代表。

中国自古以来就是一个多民族的国家，这些民族在不同的自然环境和社会环境中，各自创造了富有特色的饮食文化。从宗教上来看，中国从古至今，有许多宗教教派，各种宗教教派都有自己独特的饮食文化，呈现出多样性。从社会阶层上来看，中国历史上的饮食文化，在不同的社会阶层中有着截然不同的需求和心态。普通民众通过饮食文化活动，只是为了实现普通简单的社会交往需求。贵族和富裕阶层通过饮食文化活动，则主要是为了显示其优越、富贵的社会地位。中国饮食文化形成了宫廷饮食、贵族和官府饮食、民间饮食等多种层次。

中国自古代就强调饮食结构的丰富与整体的平衡，中国人一直是以素食为主的杂食型食物结构，明显有别于西方的肉食型食物结构。从烹调技艺上来看，重视火候，善于使用油脂，讲究色、香、味、形、器等各方面的和谐，是各大菜系普遍奉行的基本准则。"五味调和"一直是中国饮食文化在调味方面所奉行的理论和追求的境界。从饮食享用上来看，中国人在饮食享用的过程中，从对菜点的设计到环境的选择等，都在强调对一种"和合"气氛的追求。从膳食结构、烹调技艺到饮食享用上，中国饮食文化追求的都是"和"字，"以和为美"是中国饮食文化追求的根本之道。中国人一向以"和"与"合"为最美妙的境界，"和合"思想体现在烹饪上，表现为"五味调和"。烹制食物时在保留原味基础上进行"五味调和"，调和既要合乎时序，还要注意时令，这样才能达到"美味可口"的烹调目标。

中国菜讲究"五味调和百味香"，中国人要品"味"，故烹调上以"调"为基本手段，即将多种原料再加上各种配料、调料，在锅里加热、搅拌、调和而成。中国的调味品十分丰富，烹调方法多样，如炒、爆、熘、炸、烤、煎、烧、焖、煨、铁扒、烩、熏、炖、烘、煮等。每一种烹调方法都会对味有不同的影响，"调"是掩盖原料的本味，本味与调味料融合后会产生出丰富的味道。中国厨师让中国菜回"味"无穷，中国烹调特别强调随意性，而不像西式快餐连锁店那样严格讲究标准化，不同店面的口感与味道都相同。

三、 西方饮食文化特征

饮食文化是跨文化交际中非语言文化的重要组成部分，也是文化和哲学思想的具体表现。中国人注重味道，把追求美味奉为进食的首要目的，"民以食为天，食以味为先"，人们在赞美食物时，经常提到"色香味俱佳"，而西方人认为如果一道菜或主食尽管味道好，但营养价值低，其意义不大，所以西方人进食特别讲究食物的营养成分，注重蛋白质、脂肪、糖类、维生素及各类无机元素的含量是否搭配适宜，热量供给是否合理，营养成分是否能为进食者充分吸收，有无其他副作用。20 世纪 60 年代出现的现代烹调思潮，特别强调饮食健康，追求清淡少油，采用新鲜原料，在烹调过程中保持原有营养成分和味道，蔬菜基本上都是生吃，说明西方饮食重视营养是普遍性的。

西方人延承游牧民族、航海民族的文化血统，以渔猎、养殖为主，以采集、种植为辅，荤食较多，吃、穿、用都取之于动物，动物蛋白质和脂肪摄取量大，饮食结构以动物类食物居多，主要是牛肉、鸡肉、猪肉、羊肉和鱼等，肉食在饮食中比例一直很高。希腊文化是西方文化的摇篮，希腊文化的一个显著特点是自然崇拜，即对自然物本身的崇拜。在饮食文化上，西方人更多关注食物营养，把饮食看作是维持人类生存的一种必需手段，建立科学合理的膳食结构，这一思想导致西方饮食中对准确性的重视。西方哲学重科学、重理性，所以饮食上注重食物营养以及食物搭配，讲究"天人两分"，西方饮食严格以营养和健康作为最高标准。

现代西方饮食文化受近代西方文明的影响较深，西方发达的科学知识使得人们充分认识到饮食营养成分的作用。西方人首先讲究饮食的营养成分能量结构，对味道以及菜肴的观赏美感倒不是很重视。西方人对于饮食的烹调也比较讲究营养成分的保留，为了更好地保留食物的营养成分，西方人对很多食物选择生食或者烹至半熟。因此，西方人的饮食可以用"方便实用"来概括，面包、果酱、奶酪、黄油、生蔬菜等进行简单的组合就可以构成一顿有营养的早餐，在制作上以保持食物的原味为主要原则。

不同的饮食目的必然导致不同的烹调方法，为保证食物的热量和营养，西方食品在制作方法上注重团块性和实在性，烹调上以煮、煎、炸为主，用大块肉直接放入水或油中制作，加入少量调味品，由于肉块大难以使味道完全进入肉的内部，加工出来的成品仍为原料本身的味道。为了强调饮食的科学与营养，烹调全过程严格按照制式规范操作，调味料的添加量精确到克，烹调时间准确到秒。部分荷兰人的厨房如化学实验室般备有天平、液体量杯、定时器、刻度锅，调料架上排着整齐划一的几十种调味料瓶。

西方哲学重科学、重理性，在认识活动中采用理智的方法，与中国人采用直觉的方法正相反。直觉的方法是不可明说的，理智的方法必须通过描述，而且是越详尽越好。直觉的方法产生一种特殊的见解，所见属个人自身；理智的方法能获得普遍的认同，能为人所共知。直觉的方法不多依赖思维、推理和经验，理智的方法则必须依靠思维、推理和经验。注重理性分析的民族，对待饮食的态度必然也主要依靠理性。此外，在群体关系上，西方人注重个体与个性，这是西方饮食方式中产生分餐制的深层原因。在饮食活动中，人们想吃什么点什么，各吃各的菜肴，各自随意添加调料，表现了西方对个体的尊重。

人类社会是一个开放的社会，具有不同的生活背景、价值观念、宗教信仰、风俗习惯，因此不同的意识形态以及不同的语言、种族和性别的人都可以在这个开放的社会中生活，在饮食生活中应该客观地对待这些差异，承认差别的存在，尊重不同的个人生活方式、情趣、风格，不干预他人的正当权利。公正的价值并非只是个人对正当权利的维护，更多的是人类整体对社会的稳定和健康发展的共同维护。还要注重饮食资源的平等共享，每一个人不是孤立的个人，任何一个个体都处在与他人的相互联系中。当我们在享受饮食生活、满足个人饮食欲望时，必须关注其他社会个体的感受和利益，不破坏共同的生活环境，不损害社会共同资源。当人们很方便地从社会上获取自己想要的饮食资源时，应切记饮食资源共享的一面，即有义务、有责任为社会节约和提供一定的饮食资源，以供他人所需。

第二节　食品行业职业道德规范

一、　我国食品安全问题分析

随着经济高速发展，技术不断进步，随之而来的是食品安全问题层出不穷，形势不容乐观。农药残余、致病菌对食品的污染，工业废料对食品的污染等传统的食品安全问题时有发生。近几年，我国爆发了上百起 H5N1 型禽流感疫情，上亿只家禽被扑杀。在食品加工业，同样存在着严重违法生产。不法商贩在利益驱使下，背弃职业道德操守，以次充好、以假乱真，甚至掺杂有毒、有害添加物。2008 年"三鹿奶粉"的三聚氰胺事件发生，对社会造成严重影响，政府监管部门采取一系列措施，严防食品安全事件的再度发生。然而在 2011 年相继发生的双汇"瘦肉精"事件、沈阳"毒豆芽"事件、上海"染色馒头"事件以及"地沟油"事件，一次又一次的将食品企业的职业道德与食品安全推至舆论关注的风口浪尖。食品安全事件集中在生产、销售不符合安全标准的食品或伪劣食品、标注虚假生产日期、未取得许可从事生产食品活动等方面。

（一）生命价值观缺失导致食品安全问题

生命价值观是现代生命伦理学的核心理念，食品是人类生命赖以生存的物质，对于生命的尊重要从维持生命存在开始。对人生命的尊重就是尊重人的生命形式，即尊重人类每一个个体的生物学意义上的生命存在和健康利益。维护生命的神圣是一种朴素的伦理观念，传统道德中都有尊重生命、关爱生命、敬畏生命的内容。追求生命价值就是在生命神圣、生命质量原则基础上对生命的一种重新审视，强调人的生命本身的质量以及生命对他人和社会的意义。判断生命的价值不是以获取物质利益为标准，而是以为社会做出贡献为尺度。

我国许多食品安全问题也是生命价值的异化造成的，人们对待不同利益主体所持有的不同态度，导致了价值理性与工具理性的错位。市场经济利益诱导部分食品从业人员将食品安全的工具理性置于价值理性之上，过度强调自身经济利益的最大化，由此形成食品安全问题的伦理困境，使得食品生产存在安全隐患。评判食品生产的两个标准点是食品从业人员获得经济利益和维护消费者生命健康。生产者获得经济利益是一种工具合理性。工具合理性即在选定目标之后，选择实现该目标的最佳途径，也就是策划实现该目的的手段和程序。合乎目的性地获取经济利益是一种价值合理性判断，合乎目的性要求食品的生产、流通和销售等环节必须能满足最广大人民群众对食品安全的需求，只有当对最佳目标的权衡、比较和选择服务于人的最终目的时，才能带来自身最大的经济利益。

（二）诚信危机加剧食品安全问题

食品是为了满足人们身体的基本需要。食品企业生产出不安全的食品，会给消费者造成严重伤害。食品企业作为食品市场的供给主体，在市场上保证所提供食品的安全性对维护食品市场秩序起着重要的影响作用，而食品企业保证供给食品的安全性取决于其供给能力和动机，在很大程度上要依赖于食品企业的规模、经营管理水平、食品从业人员的素质和食品企业的发展战略等因素。在我国很多小规模食品企业的生产工艺和加工设备落后，员工甚至不了解食品安全的基本注意事项，造成监管难度加大。一部分食品企业管理人员不注重形成长期的合理的市场信誉，只注重短期效益，趋利观念浓厚，为追求利润最大化而跨越道德底线，造成食品安全隐患严重。食品营销人员作为专门从事食品销售的群体，同样追求利润的最大化，部分营销人员销售伪劣食品扰乱市场秩序，损害广大消费者利益。

诚信是社会中交往双方的共同利益特别是共同根本利益之所在，诚信要以社会的需要和利益为基础，而社会需要和利益是特定社会中人们共同的需要和利益。交往双方共同的需要和利益构成诚信的社会基础，诚信出现在具有某种共同利益的个人与个人、个人与组织、组织与组织之间，超出这一范围诚信就可能会失效。

市场经济就是一个围绕多种利益群体展开的交往活动，诚信在利益群体的交往活动中起润滑剂的作用，而企业作为市场经济的最重要主体，其一切活动均属于交易行为，因而在本质上具有契约行为的性质。交易行为能否持久而顺利地进行，关键要靠双方或多方的信誉来加以保障。互惠互利、诚实守信、公平竞争是市场经济的内在规则，因此，食品企业的诚信体现了市场经济规律和伦理要求。福山认为除商品、金钱等资本外，诚信本身也是一种社会资本，在一定的条件下可以把诚信这种道德理念商品化。诚信缺失导致比较利益难以实现，离开诚信交换难以进行，比较利益也就很难从潜在的比较优势转化成现实的利益。诚信促进社会联系便利，商业交易成本降低，社会成本降低。诚信缺失将提高交易成本，降低市场运行效率，不利于市场经济体制的良性与健康发展。韦伯指出，严格限定的契约都是在诚信原则之上发展的，食品企业与消费者通过社会诚信建立契约关系，食品企业生存与发展的基础是诚信的现实运用。质量是企业生存和发展的生命线，当食品安全问题使社会信任度逐渐降低时，失信食品企业将面临社会道德谴责和法律惩罚。

（三）食品从业人员责任感缺失

食品从业人员责任感缺失是经济利益驱动所致。利益原则是支配人类社会活动的基本原则，社会个体或组织其行为的主要依据可以归结为一定的利益关系，社会用利益导向行为取代了价值导向行为。追逐利益是推动商品交换关系不断扩展和经济持续发展的原始动因，追逐利益的行为应是道德的行为，但由于经济利益驱动使人的私欲膨胀则逐利成为道德失范的基本诱因。

食品从业人员责任感缺失是义利冲突的结果。义利冲突表现为经济价值和道德价值的冲突。人们在经济活动中追求的利益未必符合道德价值，经济行为的互利与道德行为的互利是不同的，二者常体现为义与利的对立。经济行为中从利己的动机出发并不能保证结果永远是利他的，还存在着损人利己的可能，而道德行为中的利他动机使其结果和动机均是利他的。

食品从业人员责任感缺失是拜金思想泛滥的结果。获取个体物质利益是经济行为的动机和诱因，但个体对物质利益最大化的追求如果达到无度的地步则引起拜金思想泛滥。道德观念被抛离经济活动的同时，物质利益、拜金主义和享乐主义成为支配经济活动的基本信条，道德成为个人利益最大化的牺牲品。单纯谋利的动机和取向使得经济活动失去了应有的基本理性和必要秩序。金钱至上并不能保障主体的经济权利得到普遍尊重和有效保护，反而舍弃了经济主体应有的社会成就感和责任感，割断了谋利与道德价值和人文精神的联系。

食品从业人员责任感缺失使市场信用失常。信用是人们在经济活动中的基本行为准则，是任何社会中经济主体生存与发展必不可少的一项道德原则。市场经济刺激了社会生产和商业的发展，使生产和经营成为获取经济利益的手段。如果获取利益过程中市场监督机制不健全，则会导致掺假作假成为最大化谋利的捷径。伪劣食品充斥市场，损害了人们的身体健康，降低了公众的生活质量，加剧了人们之间的不信任心理，经济生活中的信用危机最终会阻碍我国的经济发展。

二、 食品从业人员的职业道德规范

（一）食品行业职业道德的含义

中华民族是崇尚道德的礼仪之邦，历来把道德建设摆到非常突出的位置。道德是调整个人与个人之间、个人与社会之间关系的行为准则和规范的总和，依靠社会舆论、传统习俗、个人信念和组织纪律来维系。职业道德是指从业人员在一定职业活动中应遵循的、体现一定职业特征的、调整一定职业关系的行为准则和规范，这既是从业人员在进行职业活动时应遵循的行为规范，同时又是从业人员对社会应承担的道德责任和义务。

当前，公平、公开、公正的思想广泛传播，这既是市场经济的原则，也是时代发展的潮流，促使各行各业加强职业道德建设，以树立行业形象，维护行业公信力。我国《新时代公民道德建设实施纲要》针对职业道德建设提出了明确要求，即爱岗敬业、诚实守信、办事公道、服务群众、奉献社会，为各行各业的职业道德建设指明了方向。爱岗就是热爱自己的本职工作，敬业就是要用一种恭敬严肃的态度来对待自己的职业，对本职工作一丝不苟、尽心尽力、忠于职守。诚实守信是人的一种品质，指在社会交往中能够讲真话，能忠实于事物的本来面貌，不歪曲事实，守信用，讲信誉。办事公道指处理各种职业事务时以国家法律、法规、各种纪律、规章以及公共道德准则为标准，秉公办事，公平、公正地处理问题，对不同的对象一视同仁。服务群众是国家机关工作人员和各个服务行业工作人员必须遵守的道德规范，从业人员必须树立全心全意为人民服务的思想，热爱本职工作，文明待客，对群众热情和蔼，服务周到，说话和气，想群众之所想，急群众之所急，帮群众之所需。

食品行业职业道德指从事食品生产、加工、流通等环节的从业者，根据食品行业的性质，依法遵守与食品安全相关的法律法规，保证食品质量安全。在职业活动中体现以人为本，恪守诚信，遵纪守法，履行社会责任感的职业操守。

（二）食品行业职业道德的基本要求

第一，要讲良心。良心是人们在社会生活中履行对他人、对社会义务的过程中形成的一种道德意识、道德责任和自我评价能力，是一定的道德观念、道德情感、道德意志和道德信念在个人意识中的统一。良心是个人自我认识和自我道德控制的核心，是道德规范自律的最高体现。良心是道德主体内心的道德标准，在人们的社会行为中起着重要作用。履行道德义务的积极效果和影响，使人内心感到满足和欣慰，没有履行道德义务的不良后果和影响，会使人感到内疚、惭愧和悔恨。自律是道德主体应坚持的信念，自律保证了道德主体具有道德责任感，自律使食品从业人员在履行责任的过程中获得自我实现。食品从业人员要时刻保有良心，这也是我国社会主义道德建设的要求。伪劣食品生产者正是从良心丧失开始逐步走向违背道德、违背法律之路。

第二，要讲义务。道德义务是指在道德上对社会和他人应尽的责任，是人们自觉认识到并自觉履行的道德责任。道德义务来源于一定的社会经济关系以及与之相适应的道德关系，道德义务的产生是客观的，是不以人的意志为转移的，道德义务是一种被人们所认识的客观道德责任。建立食品安全管理体系，需要明确在食品生产链条中各环节工作人员的道德义务。

第三，要讲公正。公正是指符合一定道德规范的行为，主要指处理人际关系和利益分配的一种原则，即一视同仁和得所当得。公正是一种社会价值尺度，也是一种基本的社会道德原则。公正是基于人类自身利益、自身存在和进步的普遍要求。公正表示一种理想的社会目标，甚至可视之为衡量社会文明的终极目标。公正的实质是权利和义务的交换、利益与责任的交换，公正原则的基本含义就是社会中各种收益和风险、权利和责任应该得到合理的分配。

第四，要讲信誉。信誉是依附在人与人之间、企业与企业之间和商品交易之间形成的一种相互信任的生产关系和社会关系。信誉的本质是人与人交往中的产物，属于社会关系的范畴。人首先作为社会人存在，不断发生着人与人的交往，信誉的内涵是一种人际关系。信誉构成了人与人之间、企业与企业之间、商品交易之间的双方自觉自愿的反复交往，双方甚至愿意牺牲部分利益来延续这种关系。信誉是食品企业管理水平、技术水平和道德水平的综合反映，是企业生产、经营、服务等行为在社会消费者心目中的形象与声誉，是社会对企业经营行为的社会价值所做出的认可和客观评价，也包括企业对自身行为的自我认识。信誉是现代企业经营的第一成功要则，在激烈竞争的市场经济中，信誉至上是现代企业谋求生存、争取发展的重要条件和手段。注重产品信誉的企业能赢得良好的社会信誉，塑造良好的企业形象，产品也深受广大顾客的喜爱。食品企业应自觉地把"质量第一，信誉至上"作为经营的第一要则。信誉是评价企业道德水平的重要标志，一家企业具有信誉，包括产品质量信誉、经营作风信誉和服务信誉，说明这家企业获得了社会的认可和良好评价，反映出企业履行责任、遵守道德规范的自觉程度。信誉是企业发展的力量源泉，信誉带来企业的信任度、美誉度和知名度，直接影响着企业的经济效益和社会效益，食品从业人员应将信誉视为企业的生命。

（三）食品行业职业道德规范

规范即标准，是人们在生活实践中衡量事物的一种原则。在社会生活中，人们需要通过认识来把握事物，这就要求人们除了研究事物的发展规律外，还需要根据事物的规律和自身经验制定一种行为准则，以便通过自身的行为约束产生预期的理想效果。职业道德规范是所有从事职业活动的人必须遵守的基本职业行为准则。食品行业与人类健康紧密相关，这对食品从业人员提出了更严格的职业道德规范。

爱岗敬业要求食品从业人员热爱本职工作，忠于职守，维护本职业的尊严，专心诚挚对待工作，自觉承担对企业、社会和消费者的责任与义务，以高度的使命感和责任感为社会提供安全食品和良好服务。爱岗敬业是为人民服务精神的具体化，是对食品从业人员工作态度的普遍要求。对从事食品生产等工作在社会中的地位和作用有基本认识并产生职业情感，只有自觉认识到食品行业的性质、社会意义和道德价值时，才能产生对工作职责的道德感和自豪感，进而形成热爱工作岗位的荣誉感和幸福感。

尊德重行要求人们在追求物质生活的同时，还应追求崇高的精神境界，把道德精神的实现看作是人生多种需要中的一种最高层次的需要，食品从业人员要重视道德价值、道德自觉以及人格完善。追求崇高的道德，成为实践中无私奉献、勇于牺牲的精神支柱，被称为"崇德"思想。儒家把完善的道德看作是人类社会发展的终极目的，孟子提倡"富贵不能淫，贫贱不能移，威武不能屈"，《大学》中指出，"大学之道，在明明德，在亲民，在止于至善"。食品从业人员要重视个体的修养实践，"躬行实践""身体力行"，道德只有在实践中得以贯彻，才能发挥规范人的行为、调节人际关系、完善人的本质的效用。在当前的食品行业中，追求理想的道德人格，是食品从业人员崇高的精神境界的标尺之一，勇于实践的精神是推动食品行业发展的强大动力。

诚实守信是人类生活的最基本要求，在各个时代、各个民族中都受到广泛重视。社会主义市场经济是法制经济，也是道德经济，诚信是社会契约的前提，道德是商业文明的基石。与我国市场经济体制相应的社会信用体系缺失是导致食品安全事件频繁发生的重要原因，可见，诚实守信具有不可替代的重要地位和作用。诚实守信不仅是做人之本，也是食品企业生存和发展之本。诚实守信的伦理道德是促成合作的前提和基础，也是促成合作的重要机制。信用交易已成为现代市场的主要交易形式，食品企业倡导诚实守信、建立健全社会信用制度，不仅是维护社会主义市场经济秩序、促进市场公平竞争的基础，也是全球化市场融合的必然要求。

遵纪守法是伦理道德的基本要求，伦理道德总是和法律法规相互配合发挥作用。食品生产营销活动必须在遵纪守法的前提下进行，法律与道德相互依托，共同保证正常的社会运行秩序。伪劣食品的出现是因为部分食品从业人员知法违法，不按法规政策正确进行经济活动，而是在利益驱动下丧失良心，违反道德准则。此外，执法不严、打击不力以及地方保护主义等更是助长了这种风气。食品从业人员作为经济主体要获得经济利益，但也要遵守伦理道德原则，更要遵纪守法，还要敢于运用相关法律法规同违法行为作斗争，这也是食品从业人员应尽的责任和道德义务。

以人为本是以人为价值中心和社会本位，把人的生存和发展作为价值目标，依靠人、尊重人、为了人、服务人，一切有利于促进人的全面发展和实现人的根本利益。以人为本的发展观把人的生存与发展作为最高的价值目标，就是让人民从经济和社会的发展过程中得到更多实惠。在发展经济的同时，要更加关注人和社会的全面发展，逐步提高全民健康素质。食品作为人存在与发展的物质基础，食品质量与安全决定了人自身的健康与发展。维护食品安全是落实以人为本的科学发展观的重要内容。食品安全是关系到广大人民群众的身体健康和生命安全的焦点问题，也是经济健康发展和社会稳定的热点问题。食品安全工作惠及公众的身体健康和生命安全，关注食品安全就是关注人的生命和健康，就是尊重人、关爱人，是和谐社会本质的要求。

和谐发展表达了社会的根本利益和基本要求，规定了个人利益和社会整体利益之间的应有关系，以及人们道德行为的整体方向。食品安全是和谐社会的重要组成部分，食品安全居于社会个体的基本需求层面，是保证人的社会价值实现的基本前提条件，食品不安全将严重冲击人们的生活，严重破坏和谐社会的构建。创造良好健康的生活环境、实现和谐的社会目标能从根本上激发个体的社会责任感，提高食品安全性对于建设和谐社会意义深远。

三、 食品行业职业道德的运行机制及建设

食品产业是一个道德产业。食品安全不仅需要法律法规，也需要政府监督管理，更需要道德治理，需要企业和从业者用道德自律约束自身行为。加强职业道德建设有利于促进形成团结向上、爱岗敬业的食品团队文化。食品行业从业人员是一个富有特殊使命的集体，工作中需要搞好分工与合作。在这样的集体中提倡不断学习、忠于职守、敢于担当、团结协作等职业要求，有利于增强团队的凝聚力和整体工作效能。加强职业道德建设有利于树立和维护食品行业的良好社会声誉。食品行业过硬的产品质量是赢得良好社会声誉的基础，而过硬的产品质量有赖于广大从业人员严谨的工作态度和良好的职业素养。从一定意义上讲，从业人员的职业道德水平决定着食品的质量安全水平。加强职业道德建设有利于营造食品行业健康发展的良好氛围。食品从业人员就像体育比赛的裁判员，对企业的相关环境条件和业务运行情况进行评判。只有在工作中始终坚持公正、公平，才能搭建起企业平等竞争的发展平台，对企业认真实施标准化生产、严格质量安全控制才能形成正确导向，从而引领行业健康有序发展。加强职业道德建设有利于提高全社会的道德水平。职业道德既是一个从业人员的生活态度、价值观念的表现，又是一个职业集体甚至一个行业全体人员的行为表现。食品行业是社会众多行业之一，职业道德建设加强及职业素养提高，首先是对农业系统职业道德建设的贡献，进而也是在为提升整个社会道德水平注入正能量。

（一）食品职业道德的运行机制

保障当代中国的食品安全，需要有相应的实施职业道德规范的有效机制，这种机制一方面体现职业道德规范的基本原则，另一方面能切实保障食品安全。当代中国食品安全有效机制主要有利益平衡机制和从他律走向自律机制。

利益平衡要求从社会整体利益出发，协调各利益主体的行为，平衡其相互利益关系，以引导、促进或强制个人目标和行为运行在社会整体发展目标与运行秩序的轨道上，从而达到经济总量的平衡、经济结构的优化和经济秩序的和谐。获得利益的首要条件就是在不伤害其他主体获得利益的前提下，对利益主体作超越形式的平衡的权利分配，以实现实质上的利益平衡和社会公正。国家要通过立法、行政等手段给消费者提供特殊保护，维持食品企业与消费者之间的利益平衡，建立和维护健康有序的市场经济秩序。利益平衡机制是解决食品安全问题的有效杠杆。

从他律走向自律机制。他律是道德主体据以行动的道德规范和行为动机，受制于道德之外的某种力量，受外在根据的支配。他律一般指外在的规范，如法律法规、群众监督和社会舆论等。自律是道德主体借助于对自然和社会规律的认识，借助于对现实生活条件的认识，自愿认同社会道德规范，并结合个人的实际情况践行道德规范，从被动的服从变为主动的律己，把外部的道德要求变为自己内在的良好的自主行动。自律是人内心的一种道德要求，是人自我要求的行为，自律是道德主体在社会实践中内化他律而来的。从他律走向自律的机制是实现诚信和落实社会责任的动力。如果道德主体尚未将道德规范内化为自己的道德品格，未完成从他律走向自律的历程，其道德性是不完全的。食品从业人员要以维护消费者自身健康发展作为最终目的，把生产符合质量标准要求的食品当作自己获取经济利益的手段，保证

社会健康、稳定、持续发展，实现个人利益与社会整体利益共赢。

（二）食品行业职业道德体系建设

可以通过内心信念、教化说服和舆论导向来实现道德规范对食品从业人员的影响。食品行业监管部门要明确社会价值导向，始终不渝地坚持正面的宣传和教育，树立良好的企业认同意识。培养道德需要自律和他律相结合，品德高尚的人其成长过程要经过从他律向自律的转变。道德品质的形成需要一个发展过程，低级阶段需要道德定向与奖惩等他律因素相关联，高级阶段可以达到自律水平。最终，人们可以用道德原则对自己的思想和行为进行自我约束。在我国社会主义市场经济发展的初期阶段，食品从业人员的道德水平并不很高，在食品行业道德建设中必须充分重视他律的作用。食品从业人员在占有食品安全信息上处于优势地位，与消费者之间存在着信息不对称现象，在主观上从自身利益最大化出发，在利己主义动机的驱使之下，部分食品从业人员倾向于采用机会主义的行为方式，在最大限度地增进自身效益的同时做出不利于消费者的行动，引出道德风险问题，给消费者带来损失，产生食品安全事件。

职业活动是人类基本的实践活动，职业道德可以调节职业活动中的各种关系，职业道德规范缺失的市场经济不会是理性、有序的经济。职业道德是社会道德体系的重要组成部分，是发展物质生产、提高工作效率的精神动力，是社会精神文明发展程度的显著标志，也是协调人际关系、建立优良的社会道德风尚的重要手段。食品从业人员伦理道德建设是一项复杂的系统工程，需要政府、企业和社会的支持和配合。道德建设和道德教育的最终目的是将道德核心、道德原则和道德规范转化为食品从业人员的内心信念，以诚挚的态度把道德要求化为自己的行动。

发挥食品安全监管的有效作用。政府作为国家的代言人，居于社会的核心地位，行政意志具有强制性、规范性和渗透性。政府可以通过制定法律，再辅以教育以及其他惩罚训诫机制将道德调节引导至政府调节的领域，使监管遍及食品生产、流通和销售的各个领域和角落，从而塑造出食品企业和从业人员的思想与行为习惯。食品监管人员作为食品市场交易的守护人，应该更好地担负社会责任，确保食品安全，在经济快速发展与公众健康之间做出坚定的选择，采取负责、有效的行动。

加强消费者的监督作用。相对于食品生产者、销售者而言，食品信息的不对称使消费者在自我保护方面处于弱势地位，食品从业人员有责任帮助消费者提高食品安全意识，关注食品的质量与安全，增强防范意识，学习一定的有关食品的知识和识别技巧，防范少数食品生产企业利用信息不对称实施机会主义行为欺骗消费者。

塑造道德楷模。道德楷模是道德理想的集中体现，其特有的感召力、吸引力和辐射力体现着道德的长久价值。道德楷模是先进道德文化的凝聚者和传承者，受到人们的尊重和敬仰，成为一种文化的象征。道德教育中树立道德楷模对提高食品从业人员的道德品质有很强的感染力和说服力。

正确的道德舆论导向。社会舆论监督的制约作用有利于促进市场经济良性发展，食品企业违规行为是社会热点问题，要合理利用舆论和社会约束机制防范食品安全隐患。道德舆论是一种强大的精神力量，对人们的道德心理活动具有重要的导向作用，对社会道德行为产生重大影响。道德舆论是人们对客观道德现象的心理倾向，反映公民共同的道德意见及言论。道德舆论在社会舆论中占有主导地位，具有其他社会舆论的一般特征，而且对其他舆论有支配和引导作用。道德舆论的产生是社会道德现象的反映，食品安全需要发挥社会舆论和新闻舆论的监督作用。社会舆论反映整个社会对个体行为的监督，表达社会和集体中绝大多数人的愿望和意识，具有明显的行为约束优势。社会舆论通过对食品安全行为的褒贬向有关成员传达社会反应，指明行为准则，引导行为方向，规范行为方式，用精神力量促使食品从业人员遵循社会道德秩序。新闻媒体要注重加强导向作用，强化企业社会责任，改变社会公众的食品消费观念。新闻舆论揭露食品企业不履行道德责任的行为，其产品信任度会大大降低，在透明的社会舆论监督环境中促进食品企业主动承担道德责任，把食品企业完善食品安全的积极性和创造性充分调动起来。新闻媒体应充分发挥舆论监督作用，要大力宣传安全食品和负责任企业，还要揭露曝光食品安全方面的违法犯罪行为。

强化道德规范教育。道德教育是有目的、有计划地培养人们思想品德的道德实践和教育活动，规定受教育者的品德所需达到的规格、要求和质量。食品企业道德教育通过有组织、有计划地对员工施加系列的道德影响，促进食品从业人员具备合乎社会需要的道德品质，成为自觉履行道德义务和责任的人。应加强社会主义道德、诚信的宣传教育，提高食品从业人员良好的道德品质，促进形成行业良好的道德风尚。道德教育目标作为道德教育活动的出发点，是检验和评价食品企业道德教育活动的主要标准，具有对各方面道德教育力量的协调功能，确立道德教育目标对食品企业道德教育活动的顺利实施非常重要。

继承和发扬传统美德。中国古代道德教育和道德修养理论是中国传统文化的一个重要组成部分，"君子喻于义，小人喻于利""见利思义""己所不欲，勿施于人"等思想具有鲜明的中国传统文化特色，食品从业人员应将习惯和道德作为非正式约束提升到和宪法、法律等正式约束同等重要的位置。

 思政案例

案例一：四川省李某某等 5 人生产、销售有毒、有害食品民事公益诉讼

四川省达州市通川区某鱼庄由李某某等五人合伙经营，2018 年 8 月 14 日至 11 月 14 日，五被告安排厨师高某某将店内顾客食用后的废弃油脂过滤回收，将回收油与新油按照 2：1 的比例混合再次进行熬制，熬制后的油脂直接用于火锅搭锅，提供给消费者食用。2019 年 12 月，李某某、高某某因犯生产、销售有毒、有害食品罪，分别被达州市通川区人民法院判处有期徒刑两年、缓刑三年和有期徒刑一年、缓刑两年，并处罚金，宣告从业禁止令。2020 年 6 月 24 日，达州市人民检察院向达州市中级人民法院提起民事公益诉讼，诉请法院判令五被告连带支付销售金额十倍的惩罚性赔偿金 495040 元，并在市级以上公开媒体向社会公众赔礼道歉。同年 9 月 22 日，达州市中级人民法院公开开庭审理后当庭宣判，支持了检察机关全部诉讼请求。判决后，被告未上诉，一审判决已生效。本案在公益诉讼检察办案环节贯彻落实"四个最严"食品安全标准，为食品安全持续提供法治保障。

案例二：上海查处生产经营标注虚假生产日期的食品案

2019 年 8 月，上海市松江区市场监督管理局接到举报，反映上海和亦食品有限公司涉嫌篡改产品生产日期。执法人员在接到举报线索后，迅速成立专案小组，严密部署。在调取该

公司的远程视频监控，锁定违法行为后，第一时间赶赴现场，摸准时机，成功进入现场抓住现行，当场破获当事人篡改产品生产日期的违法行为。案发后，上海和亦食品有限公司对已出厂销售的54包德式经典煎肠全部召回。当事人篡改临近保质期及超过保质期食品的生产日期的行为违反了《中华人民共和国食品安全法》第三十四条的规定，松江区市场监督管理局依据《中华人民共和国食品安全法》第一百二十四条，吊销该企业食品生产许可证，没收违法生产的产品及工具、设备等，并处罚款301万元。该案系打击篡改保质期违法行为，维护食品安全的典型案例。

　　课程思政育人目标：以上述食品安全案例为思政点，增强学生的社会责任感和以人为本的理念，使学生形成良好的职业道德修养，特别是作为食品从业者，必须严格遵守《中华人民共和国食品安全法》的各项规定。引导学生实时关注国家食品安全，关注相关政策法规，增强法律意识，诚信自律，践行社会主义核心价值观。

🔍 **本章思考题**

　　1. 食品文化的内涵是什么？

　　2. 食品行业职业道德基本要求是什么？

　　3. 如何进行食品行业职业道德体系建设？

参考文献

［1］王桂军，张辉，金田林.中国经济质量发展的推动力：结构调整还是技术进步［J］.经济学家，2020（6）：59-67.

［2］侯文琛.食品科学与工程科学的作用前景探讨［J］.科研与教育，2020，49（2）：245-246.

［3］虞德容，郭婷，任妮.我国近10年国家自然科学基金生命科学部资助情况分析［J］.江苏农业科学，2021，49（13）：234-241.

［4］段珺，高振.基于文献专利计量的食品科技发展态势分析［J］.中国农业科技导报，2021，23（8）：114-126.

［5］朱蓓薇，孙娜，李冬梅，等.传统主食制造产业发展现状与对策研究［J］.中国工程科学，2020，22（6）：151-157.

［6］张振林.地方本科高校开展高等工程教育专业认证的思考［J］.湖北工程学院学报，2019，39（4）：44-48.

［7］游丽君，李晓玺，陈谷，等.IFT国际认证项目对食品科学与工程专业本科教学改革的启示［J］.农产品加工，2021（6）：98-100，103.

［8］李学鹏，范金波，励建荣，等.地方高校食品专业"五位一体"新工科卓越人才培养体系的构建与实践［J］.中国食品学报，2021，21（11）：417-425.

［9］Firoz Alam, Alexandra Kootsookos. Engineering Education：Accreditation & Graduate Global Mobility［M］.CRC Press：2020-12-18.

［10］盛婧.基于工程教育认证的课程教学质量评价体系构建策略研究［D］.哈尔滨：哈尔滨理工大学，2021.

［11］周杰，黄小卉.试论OBE理念下工程教育专业人才培养方案的改革研究［J］.内蒙古师范大学学报（教育科学版），2018，31（9）：13-18.

［12］梁成伟，王金华.生物化学［M］.2版.武汉：华中科技大学出版社，2017.

［13］陈培琳，游卿翔，常青，等.植物多糖消化酵解特性的研究进展［J］.食品工业科技，2019，40（1）：299-304，310.

［14］张雷，王文利，程智美，等.乳铁蛋白生理活性及作用机理研究进展［J］.食品工业科技，2021，42（9）：388-395.

［15］Rick Parker.食品科学导论［M］.北京：中国轻工业出版社，2005.

［16］曾国章.矿物质与儿童营养性疾病关系的探讨［J］.中国妇幼保健，2007，22（33）：4698-4700.

［17］郭亚，张学欢，丁维莲.无机元素缺乏或过量对儿童健康的影响［J］.广州化工，2020，48（10）：35-37.

［18］卢静文.现代生物技术在食品工程中的应用［J］.现代食品，2018（3）：148-150.

［19］阚建全.食品化学［M］.北京：中国农业大学出版社，2016.

［20］谢明勇.高等食品化学［M］.北京：化学工业出版社，2014.

［21］汪东风，徐莹.食品化学［M］.3版.北京：化学工业出版社，2019.

［22］黄泽元，迟玉杰. 食品化学［M］. 北京：中国轻工业出版社，2017.

［23］Sha, L. & Xiong, Y. Plant protein-based alternatives of reconstructed meat：Science, technology, and challenges［J］. Trends in Food Science and Technology, 2020, 102：51-61.

［24］Lorenzo et al. Bioactive peptides as natural antioxidants in food products - A review［J］. Trends in Food Science and Technology, 2018, 79：136-147.

［25］Toldra, F. Lawrie's Meat Science［M］. 8th. Duxford：Woodhead Publishing, 2017.

［26］王储炎，丁璇，储冬冬，等. 不同烹调和贮藏方式对番茄中 VC 含量的影响［J］. 食品工业科技，2015, 36（9）：350-352.

［27］王延华，范荣波，周霞，等. 不同贮藏方式对 5 种水果中维生素 C 和总糖含量的影响［J］. 食品工业，2020, 41（11）：305-307.

［28］吉宁，王瑞，韩泽峰，等. 不同成熟度水晶葡萄贮藏品质研究［J］. 河南农业科学，2019, 48（9）：117-124.

［29］相坛坛，王明月，吕岱竹，等. 香蕉果实中 VB2、VB6、叶酸含量测定及营养价值分析［J］. 热带作物学报，2021, 42（6）：1745-1749.

［30］Zdunek A, Pieczywek P M, Cybulska J. The primary, secondary, and structures of higher levels of pectin polysaccharides. Comprehensive Reviews in Food Science and Food Safety, 2021, 20（1）：1101-1117.

［31］徐树来，王永华. 食品感官分析与实验［M］. 北京：化学工业出版社，2014.

［32］方忠祥. 食品感官评定［M］. 北京：中国农业出版社，2010.

［33］王璋，许时英，汤坚. 食品化学［M］. 北京：中国轻工业出版社，2007.

［34］蒋爱民. 食品原料学［M］. 3 版. 北京：中国轻工业出版社，2020.

［35］朱蓓薇，董秀萍. 水产品加工学［M］. 北京：化学工业出版社，2019.

［36］郎玉苗，谢鹏，李敬，等. 熟制温度及切割方式对牛排食用品质的影响［J］. 农业工程学报，2015, 31（1）：317-325.

［37］刘业学，王稳航. 从肌肉的组织结构和生成机制探讨"人造肉"开发的仿生技术［J］. 中国食品学报，2020, 20（8）：295-307.

［38］Listrat, A. How muscle structure and composition influence meat and flesh quality［J］. The Scientific World Journal, 2016, 1-14.

［39］Dhua S, Kumar K, Kumar Y, et al. Composition, characteristics and health promising prospects of black wheat：A review［J］. Trends in Food Science and Technology, 2021, 112, 780-794.

［40］安红周，杨柳，林乾，等. 不同加工精度籼米的感官品质和营养品质［J］. 中国粮油学报，2021, 36（3）：1-7.

［41］王永华，吴青. 食品感官评定［M］. 北京：中国农业出版社，2018.

［42］卫晓怡. 食品感官评价［M］. 北京：中国轻工业出版社，2018.

［43］高向阳. 现代食品分析［M］. 北京：科学出版社，2018.

［44］尼尔森. 食品分析［M］. 5 版. 王永华等，译. 北京：中国轻工业出版社，2019.

［45］Zheng, Han, Yang, et al. Application of high pressure to chicken meat batters during heating modifies physicochemical properties, enabling salt reduction for high-quality products［J］.

LWT, 2017, 84, 693-700.

[46] 中国食品发酵工业研究院, 中国海诚工程科技股份有限公司, 江南大学. 食品工程全书. 第三卷. 食品工业工程 [M]. 北京: 中国轻工业出版社, 2005.

[47] Jiang, Xiong. Role of interfacial protein memebrance in oxidative stability of vegetable oil substitution emulsions applicable to nutritionally modified sausage [J]. Meat Science, 2015, 109, 56-65.

[48] 任显凤. 粮油黄曲霉与毒素同步检测及木霉阻控技术研究 [D]. 北京: 中国农业科学院, 2020.

[49] 焦连国. 猪源沙门菌分离鉴定及鼠李糖乳杆菌预防断奶仔猪腹泻效果研究 [D]. 北京: 中国农业大学, 2019.

[50] 李蕊蕊. 葡萄酒酿造过程中单宁的变化规律 [D]. 济南: 齐鲁工业大学, 2016.

[51] 贾爱霞. 小麦加工过程中营养组分的变化和富集工艺的研究 [D]. 郑州: 河南工业大学, 2011.

[52] 陈辉. 食品原料与资源学 [M]. 北京: 中国轻工业出版社, 2007.

[53] 石彦国. 食品原料学 [M]. 北京: 科学出版社, 2016.

[54] 靳烨. 食品原料生产安全控制技术 [M]. 北京: 科学出版社, 2013.

[55] 曾名湧. 食品保藏原理与技术 [M]. 2 版. 北京: 化学工业出版社, 2014.

[56] 卢晓黎, 杨瑞. 食品保藏原理 [M]. 2 版. 北京: 化学工业出版社, 2014.

[57] 文连奎, 张俊艳. 食品新产品开发 [M]. 北京: 化学工业出版社, 2010.

[58] 吴澎, 张仁堂. 食品营销学 [M]. 北京: 化学工业出版社, 2012.

[59] 邓亚军, 谭阳, 冯叙桥, 等. 新型加工食品果蔬纸研究进展 [J]. 食品科学, 2017, 38 (21): 302-307.

[60] 邓亚敏, 邵俊花, 冯叙桥, 等. 复合果蔬肉制品研究与应用进展 [J]. 食品工业科技, 2016, 37 (2): 394-399.

[61] 袁铭, 押辉远, 牛江秀. 功能性食品素材来源研究进展 [J]. 洛阳师范学院学报, 2020, 39 (8): 26-30.

[62] 吴金鸿, 施依, 陈婷珠, 等. 3D 打印技术在未来食品加工业中的机遇与挑战 [J]. 上海交通大学学报, 2021, 55 (z1): 97-99.

[63] 师平, 白亚琼. 3D 打印技术在食品加工领域中的应用 [J]. 食品工业, 2021, 42 (10): 231-235.

[64] 刘倩楠, 张春江, 张良, 等. 食品 3D 打印技术的发展现状 [J]. 农业工程学报, 2018, 34 (16): 265-273.

[65] 李新建. 食品企业管理 [M]. 北京: 对外经济贸易大学出版社, 2013.

[66] 姚雨辰. 基于物联网的食品供应链可追溯系统 [J]. 江苏农业科学, 2014, 42 (6): 276-278.

[67] 李梅. 生鲜食品网络营销策略分析 [J]. 北方经贸, 2021 (11): 52-54.

[68] 马玲, 郑郁雯. 网红食品流行现状及社交网络营销研究 [J]. 绍兴文理学院学报, 2019, 39 (8): 111-119.

[69] 纳食. 食品品牌 Logo 视觉营销三步走 [J]. 中国食品工业, 2021 (5): 84-87.

［70］毕越. 食品加工的高新技术及其发展趋势分析［J］. 饮食科学，2017（20）：145.

［71］刘志勇，葛邦国，杨若因，等. 低温气流膨化干燥技术生产果蔬脆片的研究进展［J］. 农产品加工（学刊），2012（4）：88-90，104.

［72］王晶晶，孙海娟，冯叙桥. 超临界流体萃取技术在农产品加工业中的应用进展［J］. 食品安全质量检测学报，2014，5（2）：560-566.

［73］周玉凤，张海东，熊昆，等. 超临界 CO_2 萃取植物功能性油脂的研究进展［J］. 食品工业科技，2019，40（20）：334-339.

［74］许世闯，徐宝才，奚秀秀，等. 超高压技术及其在食品中的应用进展［J］. 河南工业大学学报（自然科学版），2016，37（5）：111-117.

［75］卢艳慧，李迎秋. 微胶囊技术的研究进展及在食品行业中的应用［J］. 中国调味品，2021，46（3）：171-174.

［76］付婷婷，覃小丽，刘雄. 食品的微波加工研究新进展［J］. 中国粮油学报，2020，35（4）：187-194.

［77］杨方威，冯叙桥，曹雪慧，等. 膜分离技术在食品工业中的应用及研究进展［J］. 食品科学，2014，35（11）：330-338.

［78］戴妍，袁莹，张静，等. 食品 3D 打印技术在现代食品工业中的应用进展［J/OL］. 食品工业科技：1-13［2022-02-08］.

［79］庞杰，申琳，史学群. 食品文化概论［M］. 北京：中国农业大学出版社，2014.

［80］王鹏. 食品从业人员伦理学［M］. 哈尔滨：黑龙江大学出版社，2012.

［81］赵丽芹. 2020 年中国食品学界大事记［J］. 食品与机械，2021，37（1）：1-15.

［82］中国科学家发现番茄"美味的秘密"［J］. 中国食品. 2017（4）：296.

［83］张宁. 食品微生物检验技术课程思政教学探索［J］. 河南农业，2022，（3）：44-45.

［84］胡学智，沈天益. 纪念我国发酵法生产味精四十周年——回忆 617 短杆菌谷氨酸发酵的研究［J］. 工业微生物，2006，36（2）：4-6.

［85］梁早清，柳春红. 基于案例教学设计的食品质量与安全专业核心课程思政教育［J］. 科教文汇，2022（5）：103-106.

［86］于爱华. HACCP 体系在餐饮企业食品安全管理中的应用研究［J］. 现代食品，2021，29（21）：135-138.

［87］李德远，王邈，胡杰，等. 航天环境对人体营养代谢的影响与航天食品开发［J］. 食品研究与开发，2012，33（4）：202-204.

［88］马志英. 趣谈航天食品［J］. 食品与生活，2022（2）：6-11.

［89］司晓晶，韩梅，张路遥，等. "食品质量管理"线上教学模式与课程思政的融合和实践［J］. 农产品加工，2021（4）：97-98，103.